U0213309

象山茶韵

象山茶文化促进会 编

伊建新 竺济法 编著

光明日报出版社

图书在版编目（CIP）数据

象山茶韵 / 象山茶文化促进会编；伊建新, 竺济法
编著. -- 北京：光明日报出版社, 2024. 10. -- ISBN
978-7-5194-8254-1

Ⅰ. TS971.21

中国国家版本馆CIP数据核字第2024MK5554号

象山茶韵

XIANGSHAN CHA YUN

编　　者：象山茶文化促进会

编　　著：伊建新　竺济法

责任编辑：谢　香　　　　　　　　责任校对：徐　蔚
封面设计：李尘工作室　　　　　　责任印制：曹　净

出版发行：光明日报出版社
地　　址：北京市西城区永安路106号，100050
电　　话：010-63169890（咨询），010-63131930（邮购）
传　　真：010-63131930
网　　址：http：//book.gmw.cn
E - mail：gmrbcbs@gmw.cn
法律顾问：北京市兰台律师事务所龚柳方律师

印　　刷：三河市华东印刷有限公司
装　　订：三河市华东印刷有限公司
本书如有破损、缺页、装订错误，请与本社联系调换，电话：010-63131930

开　　本：170mm×240mm
字　　数：350千字　　　　　　　印　　张：20.75
版　　次：2024年10月第1版　　　印　　次：2024年10月第1次印刷
书　　号：ISBN 978-7-5194-8254-1

定　　价：128.00元

编辑委员会

象山茶香飘千年

宁波茶文化促进会会长　郭正伟

近年来，习近平总书记高度重视茶文化，几乎每年都有茶文化相关重要讲话。2020 年，他向首个"国际茶日"发了贺信，提出"让更多的人知茶、爱茶，共品茶香茶韵，共享美好生活"。习近平总书记的深情寄语，如同春风拂面，为茶文化的繁荣发展注入了新的活力。他的一系列重要指示，如同明灯高悬，为我们指明了茶文化、茶产业、茶科技的前进方向。

茶，这一片绿叶，香飘四海，韵致千年。当《象山茶韵》这部书稿缓缓展开，我们仿佛踏入了一个诗意盎然、禅意深远的境界，深深感受到了象山茶文化那如同陈年老酒般醇厚而深沉的底蕴与魅力。

象山，这片钟灵毓秀的土地，自然风光如诗如画，人文底蕴丰富厚重。茶，作为象山的璀璨明珠，承载了千年的历史沉淀与深厚的文化内涵。从宋、元、明时期的高僧虚堂智愚、竺仙梵仙、楚石梵琦等留下的茶文化瑰宝，到当代茶产业的蓬勃兴起，象山茶文化在传承与创新的交融中，不断焕发出新的生机与活力。

《象山茶韵》的编纂，无疑是一项充满挑战与意义的重要工作。编写组的同仁们，历经艰辛，克服重重困难，搜集了大量珍贵的历史资料与访谈记录，以细腻的笔触展现了象山茶文化的独特魅力与深厚底蕴。这部书稿，不仅是对象山茶业历史的一次全面回顾，更是对象山茶文化的一次深刻挖掘与传承。

　　我曾在象山工作多年，对象山茶文化的发展始终怀揣着热切的关注与殷切的期望。近年来，象山茶文化促进会在推动茶文化、茶产业、茶科技"三茶"统筹发展方面取得了显著的成绩，为象山茶文化的传承与创新作出了不可磨灭的贡献。我衷心期盼，象山茶文化促进会能够继续发挥其引领作用，深入挖掘象山茶文化的内涵与价值，引领象山茶产业迈向更加辉煌的未来。

　　我深信，在象山茶文化促进会的引领下，象山茶文化必将迎来更加璀璨的明天。茶香飘逸，韵味无穷，《象山茶韵》不仅是一部书，更是一段历史、一种文化、一种精神的传承与延续。让我们携手并肩，共同传承和弘扬象山茶文化，让它在新的时代里绽放出更加绚丽的光彩，为中华文化的繁荣昌盛贡献我们的力量。

2023 年 12 月

山海万象　茶香悠悠

象山茶文化促进会会长　金红旗

　　茶从中国出发，沿着丝绸之路、茶马古道走向世界。宁波象山面海而兴，产茶历史悠久，茶文化源远流长。唐代即有黄土岭茶亭、施茶路人。相传有珠山雨前茶、蒙顶云雾茶流行民间。南宋时有高坎头高僧虚堂智愚出家普明寺即已经茶礼佛，以茶待客。其后十坐道场，讲经说法。今存《虚堂和尚语录》，说茶、咏茶竟有48处之多。中年时期，他曾应高丽国国王邀请，赴高丽讲经5载。期间，即在有关寺院大力推广中国茶艺，影响巨大。晚年，虚堂入住径山，出任杭州径山兴圣万寿禅寺第40代住持，在日本求法弟子南浦昭明回国时，他曾以多部茶典、茶种子及茶具为之送行。由此融入宁波"海上茶路"，宋、明时的石浦港成为茶叶贸易重要港口之一。

　　象山是国家生态文明建设示范县、浙江名优茶产区之一。境内蒙顶山、珠山、大雷山、五狮山、射箭山、荷花芯山、南峰岗等绵延不绝，靠山面海的半岛生态、土质优良的生长条件、温润适宜的气候环境，赋予了象山茶叶上佳的品质。

　　千百年来，柴米油盐酱醋茶，茶叶更已成为象山寻常百姓家庭日常生活的必需品，进而形成了极具地域特色的茶习俗、茶产业、茶文化，成为千年古县深厚历史文化的重要组成部分。元明清及民国时，著名高僧、学者、诗人等均有相应诗文留存，对"象山茶"多有赞誉。

新中国成立初期，我县垦山建造人工栽培茶园，茶叶加工开始发展。改革开放以来，推广应用茶叶先进栽培技术，逐步实现种植规模化、加工精细化、购销市场化。尤其进入新世纪，我县坚持把茶产业作为富民的重要产业来培育，实施科技兴茶、市场兴茶、品牌兴茶、文化兴茶等举措，推进茶树良种化、茶园生态化、产品品牌化，提升茶叶全产业链。目前，全县拥有茶园面积约1.7万亩，遍布15个镇乡100余个行政村，茶树品种涵盖乌牛早、迎霜、鸠坑、龙井43、白叶一号、绿茶，不一而足。逐步形成半岛仙茗、望潮红两大公用品牌，在国家和省市各类名优茶大赛中屡获大奖。

我县高度重视茶文化的传承与弘扬。2012年5月，象山茶文化促进会应运而生，标志着象山茶文化发展由自发进入自觉的阶段。10余年来，我会致力于茶文化的发掘和研究，组织各类茶文化活动、梳理象山茶文化史料、编辑茶文化研究文集，丰富象山茶文化内涵、推动茶文化和茶产业融合发展等方面取得积极成效。尤其是通过开展茶文化"五进"活动，让茶文化走进千家万户的同时，一批优秀的茶文化工作者脱颖而出。2022年1月起，我会组织专门力量编写《象山茶韵》，立书存史，以飨世人。

《象山茶韵》汇聚全体会员的集体智慧，集成了10余年的研究成果，以叙论相间、古今观照的方式，首次比较全面地反映近千年来象山茶文化的概况及其传承发展脉络。该书以茶史、茶事、茶业、茶人为主线，设置了9章内容及附录，包括茶文、茶道、茶诗、茶画、茶楼、茶馆、茶亭、茶艺等，图文并茂、雅俗共赏，具有很强的科普性、可读性和收藏性，可谓是全方位展示象山茶产业发展历程的一扇新窗口，也为促进象山茶文化兴盛注入新动力，对象山茶文化和茶产业发展颇有裨益。

文化为地域之魂，茶文化是半岛象山六千年塔山文化中"一颗璀璨的明珠"，相信通过《象山茶韵》，大家一定能够感受象山茶叶的留齿醇香，感受象山茶文化的悠久绵长，感受"东方不老岛，海山仙子国"的巨大魅力。

是为序。

2023年12月15日

目 | 录

十年耕耘　万叶竞秀

——象山茶文化促进会成立十周年巡礼

2022 年 5 月 21 日是第三个"国际茶日"。象山茶文化促进会也迎来了成立 10 周年。10 年来，在县委、县政府的重视下，在县农业农村局和民政局的大力支持下，象山茶文化促进会以深入挖掘象山本土茶历史、宣传茶文化推进茶产业高质量发展为重点，切实推进茶文化、茶科技与茶产业的融合发展，深化茶文化"五进"（进机关、进社区、进学校、进企业、进家庭）活动，持续提升茶文化引领能力，让茶文化走进千家万户。

深入挖掘象山茶文化的历史

象山产茶历史悠久。据《浙江省农业志》记载：唐代，人们饮茶已很普及，浙江茶叶生产迅速发展。产区遍及 10 个州的 56 个县，其中明州包含奉化、慈溪、象山。《宋会要·食货》载：绍兴三十二年（1162），明州：鄞县、象山等，产茶510435 斤。珠山、郑行山（今射箭山）、五狮山、蒙顶山皆产佳茗，珠山产者尤佳。

南宋象山籍高僧、"海上茶路"代表人物——虚堂智愚是宁波本土史上十分有名气的高僧。虚堂智愚出生于珠水溪（现丹西街道珠水溪村），曾任天童寺、余杭径山寺方丈。入宋求法的日僧南浦绍明，曾在余杭径山寺求教虚堂智愚9年，将径山寺茶宴文化传到日本，被誉为日本茶道之始。自象山茶文化促进会成立以来，经过10年的努力挖掘，虚堂智愚由此揭开了神秘的面纱，有关虚堂智愚及其他历史名人的茶人茶事茶诗茶文的研究文章接连问世。由此象山茶文化的历史脉络已逐渐清晰。一批茶人、茶亭、茶事、古法制茶技艺已得到发掘、整理与宣传。随着第一个国际茶日在高登洋茶场的隆重举办，通过《象山茶苑》《海上茶路》《农业考古》等报刊的大力宣传，以虚堂智愚为代表的象山茶文化已初步形成，大大增强了象山茶文化的自信。

为深入实施茶文化教育宣传，促进会开展茶文化"五进"（进机关、进社区、进学校、进企业、进家庭）活动，倡导健康饮茶，做好茶文化的普及和推广工作，让茶文化走进千家万户，让更多的人感受茶文化之美。

1. 进机关

自象山茶文化促进会成立以来的10年间，其在进机关推广茶文化方面的成就斐然。茶文化工作者们纷纷走进农业农村局、文化旅游局、机关事务局等机关单位，将茶文化的精髓与魅力传递给每一位机关干部。在赏茶、识茶、品茶的过程中，机关干部们不仅领略了茶文化的博大精深，更在茶香中感悟到尚廉崇美、修身养性的深刻内涵。茶文化的浸润，使得机关文化建设焕发出新的生机与活力，为机关干部们提供了一个陶冶情操、净化心灵的绿色空间。在2016年7月1日这个特殊的日子里，为纪念中国共产党成立95周年，象山茶文化促进会积极参与了"红色领航、益暖象山"公益活动。活动期间，他们发放了600余册茶文化资料，让更多的人了解并爱上了茶文化。象山茶文化促进会还注重与权威机构的合作与交流。他们先后邀请了中国农业科学院茶叶研究所研究员姚国坤、浙江大学茶叶研究所所长王岳飞、浙江树人大学茶文化研究与发展中心主任朱红缨教授等专家学者做客塔山讲堂，为广大机关干部和茶文化爱好者带来了一场场精彩纷呈的茶文化讲座。这些讲座不仅丰富了机关干部的文化生活，更让他们对茶文化有了更深入的了解和认识。

2. 进社区

自象山茶文化促进会成立以来的 10 年间，其在进社区方面的成就可谓硕果累累，深受居民们的喜爱与赞誉。特别是在 2021 年 5 月，值此"国际茶日"之际，促进会更是成立了象山茶文化志愿者服务队，将茶文化的魅力带到了社区的每个角落。这支志愿者队伍深入塔山社区、梅苑社区等各个社区，为居民们带来了一场场别开生面的茶文化盛宴。他们不仅为居民们提供品茶服务，还精心表演茶艺，将那些繁复而优雅的茶艺动作展现得淋漓尽致。同时，志愿者们还耐心讲解品茶知识，发放茶知识读物，让居民们在品茗之余，也能深入了解茶文化的内涵与精髓。象山茶文化促进会还与有关部门紧密合作，联合举办了"话说中秋　月光品茗会"等一系列活动。这些活动不仅丰富了社区居民的文化生活，更让广大居民在轻松愉快的氛围中，提升了对茶的认识与了解。

3. 进学校

自象山茶文化促进会成立以来的 10 年间，其在进学校推广茶文化方面的成就可圈可点，为青少年们带来了深远的影响。促进会积极组织茶艺师们深入学校，为中小学生传授茶艺之道，让他们亲身感受中国茶文化的深厚底蕴与独特魅力。在象山县的校园里，茶艺与商务礼仪的表演已成为一道亮丽的风景线。学生们在茶艺表演中展现出的优雅与从容，赢得了广泛赞誉。他们不仅在全国中学生文明风采大赛、茶艺大赛中频频获奖，更是将茶文化的精髓传承得淋漓尽致。值得一提的是，促进会成功推动西周小学成为宁波市茶文化实验学校，并在象山县技工学校建立了茶艺实训室。他们还邀请了十多位茶文化工作者走进西周小学、实验小学、技工学校、宁波建设工程学校、墙头学校等多所学校，开展丰富多彩的茶文化科普活动，为青少年们打开了通往茶文化世界的大门。2019 年 6 月上旬，全国加强乡村治理体系建设工作会议在象山召开。其间，象山墙头学校的小学生茶艺表演队为与会嘉宾献上了一场精彩绝伦的茶艺表演。当时任农业农村部副部长韩俊好奇地询问一位三年级学生欧梓艳为何学习茶艺时，她天真无邪地回答说："为了静心地学习。"这一简单而深刻的回答，赢得了嘉宾们的赞赏与认可。如今，象山茶文化促进会已经成为学校茶文化教育的有力推动者。他们用茶文化的力量，为青少年们带来了心灵的滋养与文化的熏陶。

4. 进企业

自象山茶文化促进会成立以来，其在进企业推广茶文化方面取得了显著成就，赢得了广泛赞誉。10年来，促进会积极组织茶艺师们深入企业，如天安集团、华翔集团、各大银行、保险公司等，为员工们展开茶艺培训，推进商务茶道，使茶文化在企业中生根发芽，开花结果。宁波华翔集团作为其中的佼佼者，设立了专业茶室，开展了一系列弘扬茶文化的活动。在这里，员工们不仅可以品味到各类名茶，更能在茶香中领悟到"清、敬、和、美"的人生哲理。华翔集团将这一理念融入企业文化中，使企业在激烈的市场竞争中保持了稳健的步伐和和谐的工作氛围。多家企业设立了阳光茶室，以茶待客、以茶会友。这里不仅是客户洽谈业务的场所，更是员工们交流心得、增进友谊的温馨空间。茶室的设立为建立企业与客户、企业与员工、员工与员工之间的和谐关系发挥了重要作用。如今，象山茶文化促进会已经成为企业茶文化推广的引领者。他们用茶文化的力量，为企业带来了全新的文化氛围和人文关怀。

5. 进家庭

经过10年的不懈努力，象山茶文化促进会已成功将茶文化推广到千家万户，让居民们在品味茶香的同时，也感受到茶文化的独特魅力。如今，越来越多的家庭开始注重茶文化的传承与发扬，将饮茶作为日常生活的一部分，享受茶带来的健康与宁静。2021年5月，正值第二个"国际茶日"，象山茶文化促进会把握契机，隆重推出"每天一杯茶，健康进万家"主题活动。此次活动旨在通过丰富多彩的形式，如品味茶韵、赠送茶包、分发茶书、讲解茶课、展示茶艺等，让茶文化的芬芳深入每个家庭，融入居民的日常生活。

利用多种媒体，运用各种形式，推动茶文化

2013 年 5 月，象山茶文化促进会会刊《象山茶苑》创刊，现已编辑 11 期。2021 年创办"象山茶苑"公众号。10 年来，在《象山茶苑》《海上茶路》《今日象山》等报刊刊发有关茶文化研究的文章近 80 万字。其中，深入挖掘象山茶文化历史，县政协原主席王庆祥发文《南宋高僧虚堂智愚里籍考》、茶文化学者竺济法撰写的《楚石梵琦：龙团凤饼赐京城》《象山国学大师陈汉章家族："诗清都为饮茶多"》等文章，为进一步研究象山茶文化历史提供比较翔实的依据。

2013 年，象山茶文化促进会联合县文联共同举办"蓬山茶韵"美术、书法、摄影大赛，共收到来自全国各地的 10 余个省份的美术作品和书法作品 100 余幅，摄影作品 350 余件，展示了一场茶文化的艺术盛宴。

2014 年，象山茶文化促进会联合县文联共同举办茶文化青少年书法作品大赛，收到参赛作品 150 余件，在青少年群体中宣传茶文化发挥了较好的作用。利用浙江省微茶楼文化发展协会推出的"百家茶楼"推荐栏目，先后推出半岛仙茗茶业发展有限公司、七碗茶馆、海岸咖啡语茶等，让更多的人了解象山茶文化。

2021 年，象山茶文化促进会向县有关部门申报并成立了范晓霞茶艺大师工作室，开办了一系列茶艺公益活动。工作室茶艺师先后深入学校、机关、社区、企业等为 300 余名茶艺爱好者授课，传播茶文化。

象山茶文化促进会还积极组织茶文化工作者参加各类茶艺大赛。一批优秀的茶文化工作者脱颖而出。目前，象山县已拥有高级茶艺师证书的人士有 144 名，中级 833 名，初级 347 名。评茶员中级 262 人，高级 12 人，技师 3 人。

提升茶品牌，做强茶产业

象山茶文化促进会积极推行茶叶公用品牌制度，推广县域名茶和服务大众做优品牌，为全县做强茶产业、发展茶经济作出了应有的贡献。

1. 促进提升茶产品质量

象山茶文化促进会自成立以来，始终致力于提升茶产品质量，推动茶产业的健康发展。10 年来，促进会积极举办"茶文化杯"名优茶评比大赛。自 2013 年起，已连续 6 年成功举办了这一盛会。这一活动不仅为茶企提供了一个展示自身产品质量的平台，更通过评选出的优秀茶品，推动了整个茶产业的品质提升。促进会还积极组织茶企参与各类茶叶质量评比活动，如"中绿杯""中茶杯""华茗杯""浙茶杯""明州仙茗杯"宁波市红茶质量评比等。在这些评比中，象山茶企屡获殊荣，共荣获国家级奖项 15 项，其中特别金奖 2 项、金奖 7 项；省级奖项 2 项，其中金奖 1 项；市级奖项 2 项，其中金奖 1 项。这些荣誉的取得，不仅彰显了象山茶的高品质，也为象山茶产业赢得了良好的声誉。

在挖掘和传承茶文化方面，象山茶文化促进会同样不遗余力。他们深入挖掘"半岛仙茗"这一具有深厚历史底蕴的茶品牌，并进行整理提升，使其与现代文化元素有机结合，为象山茶产业注入了新的活力。2018 年，促进会成功创建了"象山半岛仙茗"茶叶公用品牌，进一步推动了象山茶产业的品牌化、规模化发展。

如今，全县已逐渐形成以"象山半岛仙茗"区域公用品牌为龙头的品牌格局，这一格局的形成不仅提升了象山茶的整体形象，也有力推进了象山茶产业的快速发展。象山茶文化促进会在促进提升茶产品质量方面取得了显著成就，为象山茶产业的繁荣作出了重要贡献。

2. 积极推动建立无公害茶园、有机茶园、绿色认证茶园

自象山茶文化促进会成立以来，其在积极推动建立无公害茶园、有机茶园、绿色认证茶园的工作取得了显著成就。在促进会的引导下，全县超过 65% 的投产面积成功获得了无公害生产基地和产品认证，标志着象山茶产业在品质管理和环保方面迈出了坚实的步伐。2021 年 4 月，黄避岙乡精制茶厂更是荣获了宁波地区唯一的有机茶发展杰出贡献奖。这不仅是对黄避岙乡精制茶厂在有机茶领域突出贡献的肯定，也进一步彰显了象山茶文化促进会在推动有机茶发展方面所取得的卓越成果。这些成就的取得，不仅提升了象山茶的品质和竞争力，也为推动当地农业的绿色可持续发展贡献了重要力量。

3. 丰富茶产品种类

自象山茶文化促进会成立以来，其在丰富茶产品种类方面取得了显著成就。特别是自 2015 年起，促进会积极邀请了中国农科院茶叶研究所原所长程启坤、时任茶叶加工工程研究中心主任叶阳等业内专家，亲临象山茶场指导红茶生产工艺。在专家的精心指导下，象山县充分利用本地丰富的茶叶资源，不断提升红茶生产加工技术，优化茶类结构。在此过程中，促进会成功开拓了中低档茶原料加工红茶的生产新途径，有效提高了茶叶资源的利用效率，为茶农带来了更为可观的经济效益。此外，促进会还创新研发出御金香工艺白茶。这一新品种的推出，不仅丰富了象山茶的产品线，也为消费者带来了更多元化的品茶选择。

4. 组织茶生产学习培训

自象山茶文化促进会成立以来，象山茶文化促进会积极与县农林局紧密合作，精心组织了一系列茶叶生产加工适用技术、绿茶加工适用技术、茶叶病虫害绿色防控技术等培训班，旨在提升茶农和从业人员的专业技能与知识水平。这些培训活动不仅涵盖了茶叶生产的各个环节，还注重理论与实践的结合，为象山茶产业的健康发展奠定了坚实基础。

自 2013 年起，促进会更是积极组织茶叶技术人员、专业合作社负责人、生

产加工企业管理人员等前往武义、丽水、安吉、余姚、奉化、临海、新昌、余杭等茶叶生产先进地区进行实地考察。通过参观学习当地先进的茶叶生产技术和管理经验，与会人员不仅拓宽了视野，也深入了解了茶叶生产的最新趋势和发展方向。这些考察活动不仅提升了象山茶叶生产的标准化水平，也为茶叶品牌建设注入了新的活力。

多年来，象山茶文化促进会在组织茶生产学习培训方面取得了显著成绩，为象山茶产业的持续健康发展提供了有力的人才保障和技术支持。未来，促进会将继续加大培训力度，创新培训方式，为象山茶产业的繁荣发展贡献更多力量。

5.加强茶产业对外宣传

自象山茶文化促进会成立以来，其在加强茶产业对外宣传方面取得了显著成绩。为深化对外交流，充分展示象山县名优茶的独特魅力，促进会积极组织茶叶生产企业参与各类国际、国内茶叶博览会。这些活动包括中国国际茶叶博览会、海峡两岸茶叶博览会、浙江绿茶（西宁）博览会以及各届中国宁波国际茶文化节等，为象山茶提供了一个广阔的展示平台。通过这些活动，象山茶品牌不仅得到了广泛传播，其对外影响力和知名度也得到了进一步提升。这些活动还为象山茶产业带来了更多的合作机会和市场空间，为产业的持续健康发展注入了新的活力。可以说，象山茶文化促进会在加强茶产业对外宣传方面取得了显著成效，为象山茶产业的繁荣发展作出了积极贡献。

聚合力促提升，切实推进促进会自身建设

自象山茶文化促进会成立以来，其始终将自身建设视为重中之重，持续致力于提升组织的管理水平和服务能力。经过10年的不懈努力，促进会不仅完善了各项制度，还成功吸引了众多会员的加入，目前已有会员105名，为茶文化、茶产业的互动与发展奠定了坚实基础。

在功能性党支部建设方面，象山茶文化促进会积极强化组织建设，开展了

"不忘初心，牢记使命"主题教育活动，并充分利用网络资源，学习县基层党员教育"润物无声"课件，进一步提升了党员的政治觉悟和业务能力。

在社会组织评价成果方面，象山茶文化促进会还取得了显著的成绩。2019年12月，促进会成功通过了社会组织评估，荣获4A级社会组织的殊荣。2020年6月，促进会更是荣获了象山县民政局颁发的"品牌社会组织"称号，这一荣誉不仅是对促进会工作的肯定，更是对其未来发展的期许。2021年，象山茶文化促进会被宁波茶文化促进会评为先进集体，充分展现了其在茶文化领域的卓越贡献和影响力。

这些成绩的取得，充分展示了象山茶文化促进会在聚合力促提升、推进自身建设方面的坚定决心和显著成效。未来，促进会将继续加强自身建设，不断提升服务能力和水平，为象山县茶文化、茶产业的繁荣发展贡献更多的力量。

第一章

半岛茶史　源远流长

象山地处东海之滨，素有"东方不老岛，海山仙子国"之称，山水形胜，土壤肥沃，雨量充沛。具有温润的海洋性气候，而山地又有自身小环境，非常适宜茶叶生长。自古好山好水出好茶。象山茶以其特有的山海风味，受到人们的青睐。

象山茶事始于何时，较难考证。传说南北朝高僧陶弘景曾云游象山，品泉炼丹，留有茶事传说。

象山是宁波"海上茶路"的组成部分。中唐时代，新罗武将张保皋（790-846），曾到象山沿海各地从事茶、瓷贸易。南宋开庆元年（1259），入宋求法的日僧南浦绍明，师从象山高僧虚堂智愚9年。回国时，曾带回7部茶典及虚堂禅师赠送的一套合子式"末茶道具"，使在日本传播佛教与禅茶产生了深远的影响。此后，象山又出现了竺仙梵仙、楚石梵琦两位高僧。清代倪象占、民国陈汉章等著名学者、诗人均有茶文化诗文留世。民国时还出现了红木犀诗社，留下了弥足珍贵的咏茶诗章。

陶弘景与石屋山茶事

石屋山，又名蓬莱山、丹山，位于象山县丹城城西山麓。沿石阶，穿林荫，徐徐而上，首先映入眼帘的是座古老的凉亭，雕梁画栋，盘龙飞凤。石屋山中修竹婆娑，绿树成荫，香烟缭绕。石屋是一处天然岩穴，状如穹庐，上覆巨石，顶平如砥，洞穴口宽5.5米，内深8.3米，可容数十人。屋内左壁乱石支撑，右壁与后壁巨岩嶙峋。覆石上檐处刻有"石屋"两字，经岁月剥蚀，已是依稀隐约。石屋里有一脉泉水自后壁岩缝中流出，曲折而下，淙淙有声，积聚一潭，清澈见底。

山麓下有一口大名鼎鼎的古水井，名叫丹井，也叫丹山井。井口围有六角形石栏，高一市尺多，呈灰色，磨损得很光滑。石栏东面外侧刻着"丹井（秦代）"，末行落款："象山县人民政府一九八四年六月十四日公布"。丹山井是县级重点文物保护单位。

南北朝梁时，有一个真人叫陶弘景(456—536)，兼通儒、道、释，遍历名山大川，每经幽雅的山谷溪涧，定要盘桓流连，顺便寻找奇异的草药。兴之所至，每吟咏自乐。传说他去鄞县参谒阿育王寺受"五大戒律"。后嫌阿育王寺香客烦杂，不适合道佛双修，听说隔海有安化乡，常为仙人所驻足，附近有蓬莱观及徐福所遗丹井、丹灶，便来到蓬莱观。他见山清水秀，绿树掩映，环境清幽，就在此设佛、道两堂，隔日轮番礼拜，并在蓬莱山麓的石屋筑灶炼丹。他在蓬莱观前建炼丹庐，亭内造八卦形的炼丹灶。投丹于井，故名"丹井"。传说，民众饮丹井之水，可以防瘟疫，疗疾病。

蓬莱山腰有一个石穴，也有丈余转方，穴中山泉潺潺，终年不绝。周围茂林修竹郁郁葱葱，十分幽静。传说陶弘景在此筑丹台、丹灶。经过七七四十九天，终于炼出一炉仙丹。他把这第一炉丹投进了蓬莱泉中，霎时间，泉水汩汩冒出。第二天，蓬莱山下百姓来井中取水，只觉得此水胜于往常，泉水清洌，甘甜异常，非寻常之水可比。

过了许多年，象山一带发生了疫病，无医可治。这天晚上，蓬莱山脚一位老者做了个梦，梦见一个仙人指点："若要治好病，蓬莱井中水。"第二天醒来后，便告诉了邻居，说昨晚梦见仙人说蓬莱井水有陶真人仙丹妙药，可以治病。就这样一传十，十传百，十里八乡的人都到蓬莱井取水。蓬莱井顿时热闹非凡，大家提着桶、瓢、罐，有的甚至抱着小缸来提水。大家只觉得泉水清凉宜人，甜滋滋的，沁人心肺，喝下去顿觉精神清爽。没过几天，疫病慢慢消失。大家都说这是仙水，可以治病，十里八乡都把它当作仙水。这一天，城中有一个富户叫佣人提了一个锡瓶来蓬莱泉盛水，佣人小心翼翼把水灌进瓶中，正当他把抱瓶回家时，突然发现锡瓶外面如布满细细银珠，原来是泉水透出瓶壁，用手一抹，冷气直透心窝。周围之人大为惊奇，于是"蓬莱泉"亦称为"透瓶泉"。

相传陶弘景又在井西建造了一座茶亭，叫丹亭。他炼丹困了渴了，就来到茶亭歇歇，命童子汲丹井之水煮蓬莱名茶，茶汁醇厚，清香飘逸。茶亭上道士仙客满座，品茶论古今，饮茗笑红尘。可惜茶亭毁于20世纪40年代，井东的贞白祠（俗称丹山庙）在20世纪50年代改作他用，后来也被拆除了。

陶弘景在《名医录》中载："茗茶轻身换骨，昔丹丘子黄山君服之。"说的是汉代道士丹丘子饮茶升仙的传说。可以想见，陶弘景在象山已有用丹井水服茗泉的经历了。在此期间，梁武帝曾派使臣来礼请他出山，问及因何恋此不舍，陶弘景答之以诗云："山中何所有？岭上多白云。只可自怡悦，不堪持赠君。"陶弘景活至85岁，突感有神人召唤。于是写下了告别诗，当夕安然而去。

象山民众对陶弘景有深深的怀念。清雍正年间诗人钱志朗有诗云："丹泉常透锡，可以已疾疫。汲以玉蟾蜍，磨我古松墨。用写肘后方，敢质陶贞白。"

唐朝时象山立县，人们在山中挖出蓬莱观碑，碑记述观、井、药炉诸事。老百姓改称蓬莱山为炼丹山。到了清朝，炼丹山简称"丹山"，县城遂称"丹城"。如今，丹井井水有半人多深，清澈见底，时有几条小鱼在游弋。正是：

当年掘井寻仙水，

炼丹品茶两相宜。

方士道人今何在，

只有小鱼井底待。

海上茶瓷之路

中国的茶叶自唐代开始通过僧侣传播从东海源源输往日本、朝鲜半岛等东亚及东南亚各地。明代时，象山人俞士吉、武胜跟随郑和下西洋，将茶叶运输到越南、印度、阿拉伯半岛等。那些将中国茶叶传至亚洲、欧洲、非洲的路径，有人称为"海上茶叶之路"。

明清时代，茶叶开始通过海路传播到欧美各国，属于商品贸易。从此之后，中国的茶叶经过海路源源不断的运送到世界各地，也将茶文化传遍世界各地。茶叶、丝绸、陶瓷等商品从那时候起由海上传播到世界各地，这也就有了"海上丝绸之路"。

在宋真宗统治初期的咸平年间（998—1003），北宋国力强盛，对外交流频繁。宋朝强力推进对外开放政策，来华的外国人无论是国别还是数量都超过唐朝，开封成为全球拥有外国侨民最多的国都。这些外来新移民有来自西域、阿拉伯和朝鲜、日本等国，还有的从非洲、欧洲等地远道而来。他们的身份包括驻华使臣、武士、僧侣、教徒、商贾、猎手、艺人、奴婢和留学生各色人等，生动展示了文化交流与中外融合促成的文明进程。日本在大化改新之后，大批遣唐使、遣宋使及为数甚众的佛教僧侣赴中国求法，而由宁波先开辟的"海上茶叶之路"，传播其所蕴含的丰富独特的地域文化也成为必然。

对日本茶文化影响最大并被称为"日本茶祖"的当推荣西。荣西禅师（1141—1215）入宋后，很快培养起饮茶的爱好。他在天童寺学经求法，学习南宋茶俗，投身茶道的研究，领悟到茶禅之义理，并掌握茶的栽种、制作等工艺。1191年，荣西回国时，把茶籽带回日本，进行试种。不久传播到日本各地，遂使饮茶成为日本各阶层的普遍习俗。

南宋开庆元年（1259），入宋求法的另一位日僧南浦绍明，先后9年师从杭州净慈寺、余杭径山寺象山籍高僧虚堂智愚。南浦绍明回国时，曾带回7部茶典及虚堂禅师赠送的一套合子式"末茶道具"，使其在日本传播《百丈清规》及佛教禅茶产生深远的影响。此后，经中国到日本弘法的宋代高僧的推广，中国茶在日本更为普及。以南宋时期对外开放的历史背景，由中国茶和禅各自形成的文化现象，在经历了兴起、发展、成熟的过程之后，最终升华为独具个性特质而又有丰厚、深邃底蕴的茶禅文化，经宁波传播到日本，最终形成为日本的茶道。

唐宋以来，在象山与日本等东亚各国对外贸易中，茶叶始终占有重要地位。北宋元祐二年（1087），朝廷在广州、明州、泉州设立市舶司。石浦港则有日本等商船往来，茶叶则为其主要输出品之一。明朝时，向日本出口的主要有茶叶、瓷器等。明中后期，石浦港仍是我国重要港口之一，茶叶的出口量随之不断增加。浙江多产茶叶，均就近由宁波港、石浦港出口。因嘉靖年间的海禁，原本经广州外运的茶、徽绢也曾改道经宁波港、石浦港出口。郑和第三次出使西洋时，明成祖派使者前往西洋诸国，其正副使官均为象山人。这两个人便是侍郎俞士吉和指挥武胜。《蓬莱清话》卷三"指挥""叙武胜事迹"云："永乐七年（1409），钦赐蟒（袍）玉（带），出使西洋。九年六月初一日，回至南亭海洋，病故。蒙钦差礼部办事官到卫赐祭；又赏缎四表里，新钞一百锭给赏。"《武氏宗谱》录有俞士吉撰《凯亭（武胜）公传赞》文，前有小序："……永乐七年，钦赐蟒玉，同余出使西洋。永乐九年六月初一日回至南亭病卒。惜哉。赞曰：颢气凌霄，忠勇冠军。民艰樵汲，卜筑殷勤。西洋捧日，南亭乘云。天宠以渥，彝鼎铭勋。"以上文字高度浓缩了俞士吉与武胜出使西洋两年的经历。俞士吉，字用贞，出仕后，勤政恤民，政绩斐然。明成祖永乐元年（1403），俞士吉以右佥都御史名义出使朝鲜。明成祖永乐五年（1407），又以礼部侍郎名义出使日本，既促进了两国间的邦交，也显示了泱泱大国的风范。明朝永乐七年（1409），郑和第三次下西洋时，明成祖派刑部侍郎俞士吉为正使官，前往西洋诸国进行册封、访问，俞士吉奏请同乡昌国卫指挥武胜偕行。其出行中，茶叶无疑是不可或缺的商品，只是少见记载而已。

20世纪80年代初，由于出口便捷和茶叶品质优良，象山茶受出口商青睐，尤其是珠茶，因其浑圆坚实，形同珍珠，外销额一路飙升，四海飘香。

象山青瓷传承当代

中国陶瓷在世界历史上享有盛誉，是海上丝绸之路的重要贸易品。陶艺是中华民族的文化瑰宝，历史悠久，蕴含着古人的智慧与审美意趣。从考古发掘的成果和地点看，6000多年前象山沿海一带就有人类活动。除塔山遗址外，另有窑址多处，有陈岙青瓷窑遗址、东塘山古窑遗址等，多为宋代遗存。其中，唐代陈岙青瓷窑遗址被列为县级文物保护单位。

1974年，黄避岙乡陈岙发现了一处青瓷窑场遗址。1983年，在珠溪乡山厂村的山坳里，发现了一处青花瓷窑场遗址。1987年，在东塘山又发现了一处青瓷窑场遗址。陈岙瓷窑属初唐时期，东塘山瓷窑属宋代，珠溪乡青花瓷窑属明清时期。由此可见，从唐至清，象山制瓷业一直在发展。

唐代陈岙青瓷窑遗址在黄避岙乡陈岙村，处于黄大山脚下塔曼礁西边的一个山丘上。窑址北依山丘，坡度平缓，西距象山港约200米，南为稻田。瓷片堆积层厚度有1米多，堆积面积约为6000平方米。窑基有两座并列的青瓷窑，依山而筑。窑头朝西，在山坡下端；窑尾朝东，在山坡上头。窑南的稻田，呈圆形，直径20多米，似为当时的制坯作坊。把窑址、堆积层及制坯作坊连起来看，当年这里是一个完整的窑场。窑场西边黄大山脚下有一条大土沟，还露出灰白色的瓷土，可能就是当时制坯掘土所遗。通过对大量堆积残片的仔细观察后发现，此窑的产品有碗、盘、钵、瓶、瓮、罐6种，造型古朴，釉彩装饰简单。窑具只有很原始的匣钵和填饼两种。该窑未经上釉的胎体中，有的为灰白色。这类胎体坚硬细致，烧结程度好，制瓷技艺高巧，反映出当时的选料、淘洗、捏练等工序操作已高度熟练。在堆积层中，窑具残片数量很多。陈岙青瓷窑建于初唐，属当时著名越窑之一。所产瓷器造型古朴稳重，结实耐用而不失秀气。釉彩的调配和装饰技巧，雅致大方。它在我国唐代青瓷中处领先地位。产品除县内自用外，还可以通过海路运向全国，以至国外。

象山自古是我国著名的深水良港。至唐代，石浦港更成为东南沿海商贾云集、货物丰沛的港埠。自唐贞元年间起，这里的主要贸易品便是越窑青瓷。至唐大中

年间形成瓷器贸易的第一高峰。随着越瓷精品秘色瓷的烧造成熟，五代、北宋时期越窑青瓷的外销更是势头旺盛。当时，明州商团经常在港口装运货物航行于中、日、朝鲜半岛等东亚国家之间。仅唐德宗至南宋绍熙的300年间，这些商团从当时的象山启程去往日本就达100多次。商团带往日本的除了经卷、佛像、药品外，还带去了大量象山产的越窑青瓷。

销往海外的越窑茶具，给世人的文化生活带来了巨大的影响，进而改变了一些国家和地区的风俗习惯。

象山白瓷别具一格

除了青瓷，象山另有别具一格的白瓷，也被命名为象窑，并载入中国陶瓷史，惜今已失传。

象窑白瓷，明、清相关文献多有记载。

清乾隆五十年（1785），乾隆皇帝下旨，由宫廷画师将20种宋、明时代精美陶瓷绘制画册。这些精品以宋代定窑、官窑、哥窑、钧窑、象窑、龙泉窑制品为主，以定窑最多，另有明朝宣德、万历官窑制品，最后结集为《珍陶萃美》《精陶韫古》两本图册。

其中一幅为《宋象窑瑞芝尊》，图中附注楷书说明：

《宋象窑瑞芝尊》，高四寸一分，深三寸六分，口径四寸。有足，腹周瑞芝，上下有蝉翼。考《留青日札》，象窑色如象牙。是器有蟹爪细纹，色白而质润，特稍亚于定瓷耳。

尊为一种酒器，瑞芝为名，取其该酒器腹部周边饰有祥瑞灵芝图案，瑞芝纹为传统雕刻等工艺美术作品常见纹饰。该图考据晚明杭州诗文家田艺衡《留青日札》之语，记载是器色如象牙，另有蟹爪细纹，色白而质地温润，但稍亚于定窑。

这是目前看到最早的宋代象窑珍品。能入乾隆皇帝的法眼，足以说明象窑白瓷的不同凡响。

被列为四库之外古籍·谱录类的《重刊订正〈秋虫谱〉〈鼎新图像虫经〉》，刻印于明嘉靖年间。该书附有宣和盆、平章盆、王府盆、象窑盆四种图像并赞语，其中象窑盆上方有赞语云："砖城巍巍，龙翔虎昂；斜斜者居，乌获之宝。"赞语大意为，蟋蟀中的勇士，如龙似虎，斗志高昂；黄白色的象窑盆，是大力士之宝贵角斗场所。其中"斜"字意为丝黄色，或为形容象窑盆白色微黄之色泽；乌获系战国时代秦国的大力士，后世泛指大力士。象窑盆用于蟋蟀在盆中争斗，比出胜负。蟋蟀善弹跳，估计象窑盆为较大之器物。象窑盆则因此而留下记载。

明万历间杭州著名戏剧家、收藏家、养生家高濂《遵生八笺·瓶花三说》记载云：

❧象窑瑞芝尊图

冬时插梅，必须龙泉大瓶、象窑敞瓶、厚铜汉壶，高三四尺以上，投以硫黄五六钱，砍大枝梅花插供，方快人意。近有饶窑白瓷花尊，高三二尺者，有细花大瓶，俱可供插花之具，制亦不恶。

该记载大意为，冬天瓶插梅花时，必须要选用龙泉窑之大瓶，或象山窑敞口大瓶，或质地厚实之铜汉壶，高度在三四尺以上，并在瓶内投放五六钱硫黄，砍来大枝梅花瓶插供养，这样才让人觉得尽兴。这说明当时象窑烧制的花瓶，器形较大。

明末清初政治家、收藏家孙承泽（1593—1676）在《砚山斋杂记·卷四·窑器》认为，象窑似定窑，但瓷质稍粗，"象窑出浙江宁波府象山县，似定而粗，色带黄，有蟹爪纹，色白滋润者高，俱不贵"。

清代记载象窑的文献，主要有《文房肆考图说》《景德镇陶录》。其成书于乾隆四十年的《文房肆考图说·卷三·古窑器考》记载："或言象窑出今宁波府象山县。核之象窑似定，但多质粗，其滋润者，终逊定器，且次于霍州镇之彭窑。"该语提到象窑次于霍州镇之彭窑。

清代乾隆年间江西景德镇蓝浦，字滨南，号耕余。中年致力于陶瓷研究，于乾隆末年写下了六卷《景德镇陶录》，身后幸得同乡门生郑廷桂整理、补辑为十卷，于嘉庆二十年(1815)刊刻成书。该书卷七《象窑》记载："宋南渡后所烧，出处未详，有蟹爪纹，以色白滋润为贵。其黄而质粗者品低。"

1976 至 1977 年，在韩国西南部新安海域，打捞出一艘元代由宁波港回日本的商船，载有 2 万多件瓷器和大批铜钱、紫檀木，其中瓷器大部分为青瓷，也有部分白瓷，专家认为其中或有象窑白瓷。

象山籍国学大师陈汉章先生引《格古要论》云："象窑有蟹爪纹，色白而滋泽者高，色黄而质粗者低。"

著名茶文化学者竺济法七绝《象窑白瓷》云：

素白象窑今失传，明清文献记兴盛。

宋瓷曾得乾隆誉，非遗添薪盼复正。

虚堂智愚的禅茶生涯与日本茶道

一、虚堂智愚生平

虚堂智愚（1185—1269）是南宋象山籍高僧、"海上茶路"代表人物。俗姓陈，号息耕叟。

《虚堂智愚禅师行状》记载："师讳智愚，象山陈氏子，虚堂其号也，家近邑之普明寺，相距一里许。"这篇行状可为史实凭据，因为其出自虚堂弟子法云手笔，成文在虚堂逝世5年时。

虚堂故里离普明寺一里许的"邑南坎头"。坎头为自然或人工垒石，形似台阶，村名因有坎头而得名。那是吴越晚期的小村，历经千年变迁。坎头陈氏始祖为避兵乱，由福建航海至象山坎头。那地方俗名"小鸡地"，传说村庄不远处有"鹰嘴山"，冲着村内"老鹰叼小鸡"。这"小鸡"就是村中陈氏子孙。

陈氏后代难以兴旺，风水先生提出破解办法，村之四周遍植毛竹，以挡住老鹰的视线，使它叼不到小鸡。翠竹繁茂，人按其特色后称竹家坎头，经久岁月中借用汉字通假谐音简称"竺家坎"。当时小鸡地人再请象山主庙圆峰庙之神泽侯来佑护小鸡，这便是象山庙。至今象山庙犹存。

竺家坎现称珠水溪村。在珠水溪村里不同视角看老鹰山，该山影影绰绰，似雄鹰飞翔，但不会来叼小鸡。山峦起伏，隐藏着风水宝地。《虚堂智愚禅师行状》记有这样一段传奇故事，说的是虚堂的祖父请风水先生到附近山上选择墓地。风

丹城普明寺

水先生说，此地高处可让子孙富贵发迹，低处后代中会出高僧大德。因祖父笃信佛教，表示愿意出位僧人。祖父逝世后坟墓就在山之低处。数年后虚堂的母亲郑氏梦见一老僧来家乞饭，后怀孕生了虚堂。

虚堂故里毗邻普明寺。《浙江寺院揽胜》载："普明讲寺，又称普明院，位于丹城镇南黄土岭东，距县城14公里。"那里是象山古代十八寺院之一。普明寺在历史上屡毁屡建，20世纪50年代废弃，1998年重修，它同一般的小庙小庵相差无几。普明寺旁有涌泉井。普明寺最早的名称为涌泉院，缘自这口古井，如今仍然供应寺院用水，水质甘冽爽口。

虚堂智愚16岁时，依家乡普明寺僧师蕴出家。后遍访高僧，嗣法安吉州道场山护圣万岁禅寺（在今浙江湖州）住持运庵普岩（1156—1226）。出世前，曾任虎丘山云岩寺（在今江苏苏州）、灵隐寺（在今浙江杭州）藏主（藏主为藏殿之主管，掌管禅院大众之阅藏看经）。

南宋绍定二年（1229），虚堂智愚45岁时担任嘉兴兴圣寺住持，以临济宗峻烈禅风而闻名于世，南宋皇家对他非常信任，理宗和度宗两位皇帝均皈依其门下。

宝祐四年（1256），住持名列五山的阿育王寺（在今浙江宁波）。

景定元年（1260）八月，住持柏岩慧照禅寺（在今浙江宁波）。

景定三年（1262），因遭谗言离开柏岩寺，一度住持金文灵照禅寺（在今浙江宁波）。不久，隐居雪窦寺明觉塔所（在今浙江奉化）。

景定五年（1264）正月，住持临安府净慈寺（在今浙江杭州）。

度宗咸淳元年（1265）秋，虚堂智愚奉御旨迁径山兴圣万寿寺，成为该寺住持。咸淳五年（1269）卒，年85岁。

《续藏经》有《虚堂智愚禅师语录》10卷，为临济宗的重要语录，集录虚堂智愚的法语、偈颂、诗文。咸淳十年（1274）十月十一日，庆元府清凉禅寺住持法云禅师撰有《虚堂智愚禅师行状》。

《虚堂智愚禅师语录》约2.5万字，有诗、赞、偈颂500多首，其中有多首关于茶的诗、偈。据法音法师《宋代高僧墨迹研究》记："南宋理宗绍定二年(1229)五月朔日，虚堂从嘉兴府兴圣寺开始，后四十年间到九处名山大刹作住持，先后由嘉兴府天宁寺、嘉江府显孝寺、庆元府瑞岩开善寺、庆元府万松山延福寺、婺州云黄山宝林寺、明州阿育王山广利寺、杭州北山灵隐寺、南山净慈寺等，最后在径山寺，于南宋度宗咸淳五年(1269)十月七日在径山天泽庵圆寂，世寿八十五岁，其门下得法弟子自无尔可宣、闲极法云、禹溪一了等，在日本有建长寺的南浦绍明、巨山志源。还有不少日本留学僧得其熏陶。"

虚堂与日本弟子南浦绍明，为日本茶道界著名人物。南浦绍明师从虚堂9年，回国时带回杭州径山寺茶台子及多种茶典，将径山寺茶宴文化传到日本，被誉为日本茶道之始。虚堂则有18种书法传到日本，其中多种被尊为日本国宝或重要文物。这些书法作为茶挂，曾在日本历代上流社会茶会中经常展出，为茶人所熟知。

二、虚堂智愚与径山茶宴

径山地处今杭州市余杭区，因径通天目山而得名。唐天宝元年（742）国一法钦禅师到径山开山结茅种茶，南宋时列为"江南五山十刹"之一，成为佛教研究中心，大德高僧辈出，参禅求教者纷至沓来。鼎盛时，僧众三千，蜚声中外。

古代寺院有寺产，僧人种茶、采茶，径山寺的茶宴也由此而来。茶礼、茶宴已经成为唐宋以来中国禅僧修行生活的必要的组成部分。径山茶宴在中日佛教文化、茶文化交流史上影响最为重要。径山茶宴东传日本，最著名的要数虚堂智愚、南浦绍明。南宋开庆元年（1259），日僧南浦绍明（1236—1308）入宋求法，在杭州净慈寺拜虚堂智愚为师。后虚堂奉诏住持径山法席，南浦绍明亦随至径山续学，并于咸淳三年（1267）辞山归国，带回中国茶典籍多部和径山茶宴用的茶台子，以及茶道器具多种，将径山茶宴暨中国禅院茶礼系统地传入日本。

虚堂终老于径山寺。在虚堂最后的径山生活中，寺院举办茶宴仪式，这是寺院的传统特色。寺院饮茶之会以"径山茶宴"最著名，被日本僧侣带回国后，逐渐演变成日本的茶道，内容和形式更为丰富。僧人诵经念佛，需要以茶醒脑、驱除睡魔，禅茶一味，为众多寺院共享。径山茶宴经历岁月之久，场面之郑重，形式之讲究，见诸中日文献记载。

时至今日，日本茶道采用的还多是宋代以来的蒸青抹茶。

作为独特的以茶敬客的传统茶宴礼仪习俗，径山茶宴从张茶榜、击茶鼓、恭请入堂、上香礼佛、煎汤点茶、行盏分茶、说偈吃茶到谢茶退堂，有十多道仪式程序，不仅是我国古代茶宴礼俗的存续，也是我国茶俗文化的杰出代表。随着径山茶声名蜚然，不少日本僧侣都来到此地求法学茶。

佛教自印度传来后，到了唐代经禅宗六祖慧能大师进行重大改革，吸收和融合了中国道、儒二家的文化思想，形成了中国化的禅宗文化。茶事活动作为禅宗文化的一个重要组成部分和修行手段，获得了长足发展。由于有了以虚堂智愚等为代表的一批高僧对佛家茶禅文化的对外传播和渗透，才有了日本"茶禅一味"的思想以及今天的禅茶文化精神和功能。

三、虚堂智愚与日本茶道

日本国本至道给石帮良信中所述："日本之禅从中国来的有 38 位之多，为数众多的日本高僧学成归国，还有许多中国高僧来到日本传道。在历史的长河中各有盛衰，大致来说，可分为曹洞宗和临济宗两派，前者是道元学了如净禅师之法而传人的，后者是南浦绍明学了虚堂之法带回日本的。两派各以道元、南浦为中心取得发展。"

南宋时南浦绍明从日本来华留学拜虚堂为师。虚堂到哪家寺院，他也跟随到那里学禅。南浦绍明先在杭州净慈寺拜虚堂为师。此后，虚堂出任径山寺住持，南浦绍明也跟随虚堂上径山寺。南浦绍明领会虚堂宗旨，得益非浅。他在日本作为临济宗的代表，被敕封为"大应国师"，其弟子宗峰妙超敕封为"大灯国师"，与妙超弟子、妙心寺的开山祖、关山慧玄合称为"应、灯、关"，成为日本临济宗最大最有影响的流派。他们以留存后世的《虚堂智愚禅师语录》10 卷为衣钵，对虚堂的虔诚和崇拜，传之一代又一代。

日本《虚堂智愚禅师考》载："南浦绍明从径山把中国的茶台子、茶典七部传来日本。茶典中有《茶堂清规》三卷。"

虚堂给予南浦昭明乃至日本茶道的影响是全方位的。除了完整的茶具、品饮方式等，最重要的还是从茶与禅的角度，全面帮助南浦绍明领会了中国茶文化的"茶禅一味"之真谛。

日本《类聚名物考》《续视听草》《本朝高僧传》都认为日本茶道始于南浦绍明，其从大宋带回"茶台子"等茶道具和茶礼，都实言有据。南浦绍明晚年移居京都，又在京都传播茶礼，其茶礼被其弟子、大德寺开山宗峰妙超所继承，带回的茶道具也从崇福寺转到大德寺。大德寺的茶礼传至一休宗纯、村田珠光，对日本茶道的创立产生了重大影响。

四、虚堂墨迹：日本茶道最受欢迎的挂轴之一

虚堂智愚的书法、诗文具有清雅、质朴、自然美的美学特征，同样有名家的历史地位。在日本，虚堂墨宝多冠以收藏者姓氏、字号等，如安国寺虚堂，生虚堂，尤其是大文字屋虚堂，即为述怀偈语，因遭人为破坏而声名远播，世称"破残虚堂"，也称"撕破了的虚堂"，价值最高。多种虚堂墨宝被尊为日本国宝。

日本大德寺一休宗纯（1394—1481）尊崇虚堂智愚，以"虚堂七世法孙"自居。其弟子村田珠光、武野绍鸥、千利休，都尊虚堂为高祖。一休虽雄视一世，猖狂不羁，但对虚堂老祖，佩服得五体投地。他时常对当世人说："只有他一人能肩负起虚堂传来的松源禅，甚至宣称自己是虚堂转世来的。"他88岁临终时，还念念不忘虚堂老祖，写下遗偈：

"须弥南畔，谁会我禅？虚堂来也，不值半钱！东海纯一休。"

据记载，传到日本的虚堂智愚墨迹有36件，目前能见到的至少还有19件，包括《虎丘十咏诗》《与德惟送行偈》《顶相自赞》《为李季三书普说偈》《与殿元学士尺牍》《与无象静照法语》《与无象静照偈》《顶相自赞》《"凌霄"大字》《与徐迪功偈》《与悟翁禅师尺牍》《达摩忌拈香语》《与复道者偈》《就明书怀偈》《和韵无极法兄偈颂二首》《与尊契禅师尺牍》《"瑞岭"大字》《"宝树"大字》《与阅禅者偈》等。19件墨迹中，有13件被日本政府认定为国宝或重要文化遗产，文物价值极高。

虚堂的上述墨迹，多由宋、元、明初赴日的中日两国禅僧及商人、官员带去。这些墨迹东传日本后，一般先在各大寺院流传，到了安土桃山时代，逐渐被堺市、京都等地的富商茶人与上层武士茶人所拥有，并成为同时代茶会上最受欢迎的挂轴之一。日本学者谷晃曾对16世纪中叶到江户时代（1603—1868）末期约7000个茶会的挂轴使用情况有过统计，发现在宋元禅僧中，最受茶人欢迎的是虚堂智愚墨迹，出现在茶会记中的次数为180次。

根据木下龙也的统计，在16世纪中叶到17世纪早期的"四大茶会记"即《松屋会记》《天王寺屋会记》《今井宗久茶汤日记拔书》《宗湛日记》中，虚堂智愚墨迹在茶会上出现的次数为78次，比位列第二的无准师范多了55次。换言之，在日本16世纪末至17世纪初，智愚墨迹是茶会上最受欢迎的作品，对日本茶道产生了巨大影响。

从内容与形式可以发现，尽管这些法语、诗偈、自赞、尺牍、额字或牌字等多数墨迹与日本并无关系，但为何在日本茶道界受到如此热捧？这与虚堂智愚在禅宗界的影响和在日本茶道史上的地位有关。

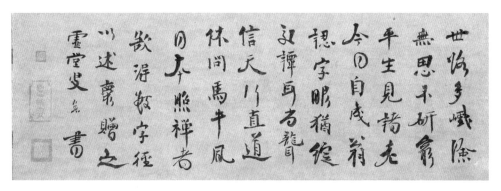

虚堂智愚墨迹（纸本墨书，28.5cm×70cm，东京国立博物馆藏）
世路多岖险，无思不研穷。平生见诸老，今日自成翁。认字眼犹绽，交谭耳尚聋。信天行直道，休问马牛风。日本照禅者欲得数字，径以述怀赠之。——虚堂叟书。

该偈语是虚堂智愚禅师写给"日本照禅者"（镰仓净智寺禅僧无象静照）的法语。曾由堺市富商兼茶道家武野绍鸥氏所珍藏，后为京都富商大文字屋荣清所得。1637年，发生该家佣人自锁于仓库，将这件墨迹切断，最后自杀的事件。因此，此墨迹也得名"破残虚堂"，后归云州藩主松平不昧（1751—1818）所有。1938年，松平家将此赠送给帝室博物馆，现为东京国立博物馆藏品，被指定为日本国宝。

竺仙梵仙茶挂及茶禅诗偈

古代日本人习惯将从中国历代传入的文物称为"唐物"，其中很多名家书画作品在茶道大家茶室或茶会上展示，名为"茶挂"，显示主人的身份和地位。

除了虚堂智愚，元代象山旅日高僧竺仙梵仙，亦有多种墨迹在日本被作为茶挂，其语录中亦多有茶禅公案和诗偈，具有较高佛学、书法等造诣，是一位奉献于中日文化交流的高僧。

🍃《竺仙和尚语录》卷三（封面）
（日本国立国会图书馆藏）

一、竺仙梵仙生平

竺仙梵仙（1292—1348），法讳梵仙，道号竺仙，自号来来禅子，晚年号思归叟，生于明州（今宁波）象山县。临济宗杨岐派僧人。十多岁入湖州资福寺，18 岁转杭州灵隐寺，师从瑞云松隐，得法号"梵仙"。曾先后参禅于灵隐寺元叟行端、净慈寺东屿德海、虎跑寺止庵普成，之后于天目山见到中峰明本，得"竺仙"道号。当时禅僧古林清茂居于建康府（今南京）凤台山宝宁寺，其前往请法，继承了古林清茂之法。

1329 年，竺仙 38 岁时，受日本邀请，与明极楚俊东渡日本弘扬佛法。当时已是日本镰仓末期，战乱不断，但还是受到了日本幕府北条高时、足利尊氏忠义等上下尊崇，受聘为京都名寺住持。同行东渡的有明极弟子懒牛希融，归国日僧雪村友梅、物外可什、天岸慧广等。这些都是当时日本禅林代表人物，与 1326 年赴日的清拙正澄一起，提升了禅宗在日本的地位。梵仙所属的"金刚幢下"日僧及其门下，对五山禅林的文学、印刷事业、禅林梵乐等作出了较大贡献，其法系被称为"梵仙派"。

竺仙著作丰富，在元时著有偈颂集《来来禅子集》，赴日后著有《来来禅子东渡语》《来来禅子尚时集》《天柱集》《古林和尚拾遗偈颂》《古林和尚行实》《宗门千字文》《损益清规》《圆觉经注》等。日本门人裔尧等人收集其曾经住持过的净妙、南禅、真如、建长、净智、无量寿诸寺语录，以及法语、偈颂、赞语、行集道道记、塔铭等，编成《竺仙和尚语录》四卷，卷之下附录《天柱集》一卷，系竺仙在日本弘法时之语录集，收于《大正藏》第八十册。

二、多种茶挂墨迹

已在日本发现《示照侍者》等多种竺仙书法茶挂，本文简单介绍两种。

第一件为藏于根津美术馆的《新春贺偈——拙偈一首代简先觉居士》。该藏品为纸本，此墨迹是竺仙于日本历应二年（1339）新春之际，赠予道友先觉居士的贺偈，被列为日本重要美术品。内容前为6句五言诗，后为10句七言诗。

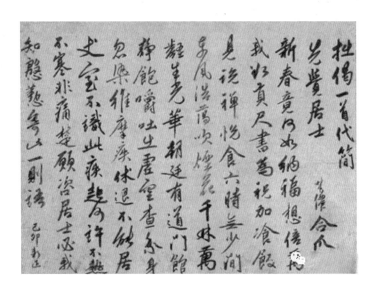

新春竟何如，纳福想倍万。

我欲贡尺书，为祝加餐饭。

见说禅悦食，六时无少间。

东风浩荡吹烟花，千林万壑生光华。

朝廷有道门馆静，饱嚼吐出虚空查。

我身忽染维摩疾，休退不能居丈室。

不识此疾起何许，不热不寒非痛楚。

愿咨居士必我知，殷勤寄此一则语。

　　该诗大意为新春时节，东风浩荡，林壑光华，诗人不愁衣食，满心法喜。其中引用维摩典故。据《维摩经》记载，彼尝称病，但云其病是"以众生病，是故我病"，待佛陀令文殊菩萨等前往探病，彼即以种种问答，揭示空、无相等大乘深义。我国关于维摩与文殊问答情状之诗文、雕刻等文献、文物颇多，如唐段成式之《寺塔记》、长安平康坊菩萨寺佛殿之《维摩变》壁画等。史载维摩之居室方广一丈，故称维摩方丈或净名居士方丈。竺仙在此偈中化用了这一典故。

　　第二件为相国寺承天美术馆藏《祝偈》。

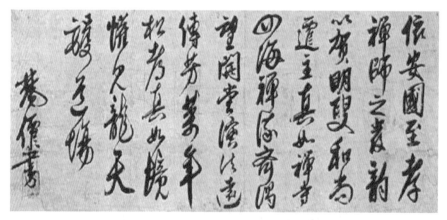

依安国至孝禅师之发韵，以贺明叟和尚迁主真如禅寺。

四海禅流齐偈望，开堂演法远传芳。

荣年松都真如境，欢见龙天护道场。

　　诗偈充满禅意，是诗人远渡日本弘法之写照。

三、为《淇澳烟雨图》题诗

竺仙曾为元代画家檀芝瑞《淇澳烟雨图》题诗。檀芝瑞，号一山，生平未详，国内少有作品，有多幅画作被日本收藏。该图描绘秋日旷野荒丘之上，数竿修竹，倚石而生，次第纵列，冉冉成林。其枝干笔挺，凌云而上，于最高处转而向两侧分披。构图简洁，仅以丛竹倚石定格于画面中心，除坡石罅隙间有几株新篁崭露，旷野皆阒寂无物。该图曾在十竹斋（北京）2021 秋季拍卖会挂牌。

竺仙在该图上方题款云：

展舒一卷则潇湘，绿叶狷狷冷露光。

秋入画图烟雨里，笔头风色转凄凉。

檀芝瑞《淇澳烟雨图》，竺仙题款

落款：梵仙赞。钤印：正思（白）、苾蒭梵仙（朱）。

"淇澳"一般指淇水弯曲处。从题诗看，该淇澳位于湖南。

四、日僧慧广诗谢竺仙惠茶

在日本高僧慧广著作《东归集》中，有诗歌《次韵谢竺仙惠茶》：

玉川子家堪与语，当时谏议有斯举。

年头忽得建溪春，知出武夷最深处。

华线斜封来，足献王公去。

草木严寒冻未芽，拂雪摘得鹰爪夸。

鼎雪吹香激松籁，瓶浪涵清贮井花。

原一盏开开睡眼，二子神通得梦见。

争如我从蓬莱仙，一啜春风宽气岸。

释慧广（1273—1335），号天岸，日本国武藏比企郡（今埼玉县）人。1285年，参于渡日高僧无学祖元门下，后得高峰显日所认可。1324年，与物外可什等一同随商船入元，曾游历庆元（今宁波）天童寺、大慈寺，后拜于金陵保宁寺古林清茂"金刚幢下"修禅。1326年，认识竺仙梵仙。1329年，天岸慧广等成功劝说明极楚俊、竺仙梵仙等一起回到日本。著有《东归集》。

该诗大意为，诗人收到竺仙馈赠的武夷山茶建溪春，堪与唐代孟谏议寄于卢仝玉川子阳羡茶相媲美，饮后清风习习，如蓬莱仙人，意气风发。

从诗题看，诗人系次韵竺仙惠茶，说明竺仙赠茶附有诗作，惜未曾发现。

五、《竺仙和尚语录》茶事公案多

《竺仙和尚语录》中关于茶事公案比较多，初步检索涉及"茶"字有30多处，本书引录以下数则，由读者见仁见智：

上堂。举。

投子和尚，一日送茶与稚山章禅师云："万像森罗总在里许。"

稚山遂泼却茶云："万像森罗在甚么处？"

投子云："可惜一碗茶。"

明招谦禅师云："稚山未泼茶前，合下得甚么语，免他投子云可惜一碗茶。"

山僧代云："可惜一碗茶，此是古人有恁么机缘？"

山僧代语如此，只如在今东边寮舍里，西边寮舍里，每日吃茶，知是可惜了多多少少。然则若也偶或一个半个，有何闲言长语者。则固是若但只恁么地，因甚也道可惜。良久云："可惜可惜。"

下座。

一日师在棱伽庵，有数衲子，备珍果之类，共师吃茶次。

远睹一僧自庭外而入。

师云："入者何人？"

左右云："僧。"

师曰："是何僧？请来同吃茶。"

左右曰："外方僧也。"

师曰："若是外僧则休。"

良久间师乃曰："既是外僧，因甚却在里面？"

众人随意下一转语。众下语，皆不契师意，乃请师代之。

师曰："虽在里面，不得里面物事吃。"

侍者录上堂语呈师次。

师问云："上堂时我赞叹你，还曾闻否？"

侍者但酬以笑，时正吃茶。

师问云："我问，你闻。不闻而不答，乃笑而如何？"

侍者复笑而已。

师令沙弥点茶与侍者吃。

吃罢师复问云："且道，此茶是赏你是罚你？"

侍者度茶盏云："再乞一盏。"

师令再与之吃罢。复问："如今一盏何似前底？"

侍者云："察中偶有客，珍重。"

师微笑而已。

今夜合吃果子，果子既无，山僧欲作个口泼茶，说些佛法供养诸人。

《竺仙和尚语录》中至少两次提到家常茶饭，其中《示葩侍者》条下记载："然使其知曷有其人哉，且此家常茶饭耳。"《示小师胄惠》条下记载："胄惠上人素禀聪惠，而天台止观，乃是其家常茶饭。"《古知客》条下诗云："玻璃？盏底厌茶苦。孰知一滴甜如饴。"

竺仙欣赏从谂禅师《十二时歌》，歌中多处写到茶事。如，《次韵赵州十二时歌（并引）》，其中第十一时写到茶句：

乙酉腊二日。与小师寿同见一所屏风。书赵州十二时歌。归出纸仍俾书。复请和之。然赵州以自在游戏三昧。提持向上真机。古今作者莫有出其右者。余又何敢拟哉。然不违所请。第以现前境界。假其声韵。赓之云尔。

··············

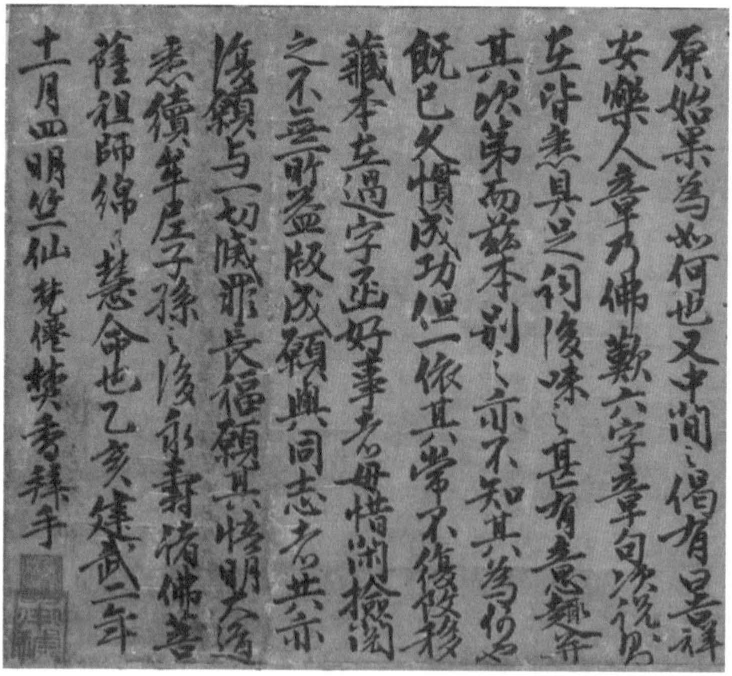

人定亥，静定安详绝憎爱。匆思明月落波心，一片晴湖本无盖。少沙弥大新戒，劳伊给侍休相怪。提瓶挈水点茶汤，与君共结龙华会。

晚上9时至11时为亥时，古人称为"人定"，意思是人要在这个时间安定下来休息。此时诗人还让小沙弥烧水点茶，潜心修行。

竺仙另有七绝《追和庐山龙岩首座十题·煎茶》云：

碧云袅袅引风长，碗面白花毛骨凉。

山月临窗梅影转，瓦砖重注啜余香。

从诗题看，该诗或为庐山某寺住持龙岩高僧圆寂后所作和诗。诗人追忆某年冬日月夜，在庐山寺院与龙岩首座临窗品茗，碧云袅袅，梅香袭人，难以忘怀。

六、结语：中日茶禅文化交流代表人物之一

综上所述，竺仙梵仙不仅是象山史上继虚堂智愚之后，又一位奉献于中日文化交流的高僧大德，也是中日茶禅文化交流代表人物之一，在中日两国茶禅文化史上具有重要的影响和意义。

楚石梵琦："客至烧香饭后茶"

释梵琦画像

释梵琦（1296—1370），俗姓朱，字楚石，一字昙耀，象山泗洲头镇塘岸村人。元末明初高僧。父母尊佛向善，9岁出家于海盐县天宁永祚寺，16岁赴杭州昭庆寺受戒。自是历览群经，学业大进。时英宗诏写金字《大藏经》，被选入京。元帝泰定年间（1324—1327），曾奉宣政院命开堂说法。近50年间，先后于江浙一带住持过6处寺院，晚居海盐天宁寺西偏，自号西斋老人。元至正七年（1347），元帝赐号"佛日普照慧辩禅师"。明洪武元年时期，奉诏参加蒋山法会，朱元璋称其为"本朝第一流宗师"。著有《净土诗》《慈氏上生偈》《北游集》《凤山集》《西斋集》，又有和《天台三圣诗》《永明寿禅师山居诗》《陶潜诗》《林逋诗》等若干卷。弟子编有《楚石梵琦禅师语录》（以下简称《语录》）20卷。2019年，九州出版社集成出版《楚石梵琦全集》。据不完全统计，其有涉茶诗词偈颂30多则，法语公案更多。

一、"淡饭粗茶饱即休"

梵琦诗词偈颂中，多次说到茶饭话题，如僧家常说的"遇茶吃茶，遇饭吃饭"。《语录》卷五《住嘉兴路本觉寺语录》"闻茶板吃茶去，闻浴板洗浴去"，与"遇茶吃茶，遇饭吃饭"异曲同工。其中"茶板""浴板"即寺院专门用于吃茶、沐浴的鼓板。

《语录》卷十二《颂古》云："一物不为，合水和泥。千圣不识，随声逐色。无绳自缚数如麻，客至烧香饭后茶。"前几句不失为僧家禅语，末句写出了寺院日常生活之常态，不管僧俗客人，进了寺院就点香拜佛，饭后喝茶。

🦋矗立于海盐天宁寺的梵琦青铜像

《语录》卷二《住海盐州天宁永祚禅寺语录》云："或有人，问天宁如何是和尚家风？向道钵盂馉子。忽遇客来，将何祗待？饭后一杯茶。且道与古人，是同是别。"该语录强调客来饭后一杯茶。其中"馈"字意为蒸饭时蒸汽冲涌而出。

《语录》卷十九《偈颂·三玄三要·三要》云："第一要，了无奇特并玄妙。未曾噇饭肚皮空。久不吃茶唇舌燥。"该偈说明民以食为天，吃饭喝茶是人生第一要事。

《语录》卷五《住嘉兴路本觉寺语录·病起上堂偈》云："寿山不会说禅，病起骨露皮穿。判得阎罗老子，一朝催讨饭钱。剑树刀山，未免镬汤炉炭交煎。更入驴胎马腹，不知脱离何年。因什么如此，是他家常茶饭。"

《语录》卷七《再住海盐州天宁永祚禅寺语录》云：

🦋九州出版社 2019 年版《楚石梵琦全集》书封

"得便宜是落便宜。若是真正道流，争肯吃他这般茶饭，急须吐却。"

这两条结尾分别写到"家常茶饭""这般茶饭"，说明茶饭为僧家频率较高的日常用语。

早在周代已有十二时辰制，民间很早即有长短句《十二时辰歌》，南北朝齐、梁时高僧志公，又称志宝（418—514）禅师，作有《志公大师十二时歌》，未涉及茶事。已知晚唐赵州从谂《十二时歌》写到茶事，后世诸多高僧作有《十二时歌》涉及茶事，如象山宋元高僧竺仙梵仙《十二时歌》即有茶句。梵琦《语录》卷十九《偈颂·十二时颂》与上述长短句体例不同，类似七绝七言句，其中《巳时》亦写到茶事：

> 巳时作务也奇哉，门户支持客往来。
>
> 对坐吃茶相送出，虚空张口笑哈哈。

巳时即上午 9 时至 11 时，是上午办事黄金时段，无非迎来送往，对坐吃茶，笑脸迎送，广结善缘。

二、"须点头纲旧赐茶"

梵琦吃得粗茶淡饭，在京城时，还曾得到过皇帝赏赐的龙凤团茶，其诗篇也多次写到龙凤团茶。如七律《垂虹待月》云：

> 秋光湛湛玉无瑕，不许云痕一线遮。
>
> 天宇倒垂青盖影，龙宫初喷白莲花。
>
> 且停内府新浇烛，须点头纲旧赐茶。
>
> 帆过东南更清美，尽将烟痕涤尘沙。

某年秋夜，诗人从京城乘船南归，皓月当空，回想曾在内府受赐头纲贡茶，家山已近，心情愉悦，留诗纪念。

七律《赠怯薛》云：

> 龙凤团茶唤客烹，爱君年少气峥嵘。

> 蓬莱殿近闻天语，阊阖门高侍辇行。
>
> 春暖摘花供进酒，月明吹竹和弹筝。
>
> 焉知寂寞山林士，粝饭寒斋度一生。

诗题中"怯薛"系蒙古语，意为宫廷卫士。该卫士气宇轩昂，与诗人友善投缘，诗人以龙凤团茶招待，赞美其居于华美宫室，有鲜花美酒，丝竹雅乐。而江湖之远多山林寒士，还以糙米饭、腌菜度日，难保温饱。希望其福中知福，有所作为。其中"粝饭"即糙米饭。"寒斋"即腌菜。

七律《宫使出家》云：

> 昭阳宫里剩春花，不与元悲解叹嗟。
>
> 旧赐尽抛金辔裹，新恩初降紫袈裟。
>
> 都将凤阁千钟酒，并换龙团一品茶。
>
> 京洛风尘顿萧爽，山青云白是吾家。

宫使特指皇宫之使者，或为某宫主管之官、宦官等。汉成帝宠妃赵合德曾居昭阳殿，殿后则是皇后嫔妃们居住之后宫。昭阳殿、昭阳宫泛指皇帝后宫。从首句"昭阳宫里剩春花"来看，该宫使应为女官，由皇帝赏赐紫袈裟到诗人住持之寺院出家，从此告别皇室风尘，在青山白云之地品茗修行。

三、多首僧侣茶禅诗

在梵琦多首题赠僧侣诗词中，另有多首茶饭、茶禅诗作。如《语录》卷十八《偈颂·送僧住庵九首之四》云：

> 白云深护碧岩幽，成现生涯免外求。
>
> 一个衲衣聊挂体，三间茅屋且遮头。
>
> 长松片石闲无事，淡饭粗茶饱即休。
>
> 拈出舀溪长柄杓，不风流处也风流。

该诗系梵琦在某寺任住持时，题赠住庵僧人。诗句描写了寺院环境幽雅，白云悠悠，松竹如盖，山岩峥嵘，虽然衲衣挂体，茅屋遮头，但淡饭粗茶可以饱腹。以长柄水勺到山溪舀水烹茶，这些都是僧家独有之风流。

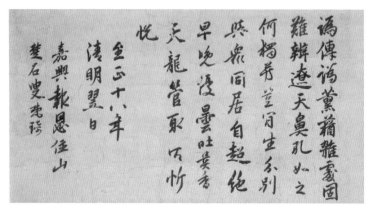

梵琦墨迹

七律《过开元访断江禅师》云：

田地无尘松桧香，白头禅叟坐高堂。

山童为客擎茶碗，世事令人看屋梁。

霞彩未消先变绿，月轮欲上半涂黄。

阁中有二如来像，近亦曾闻夜放光。

诗题中"开元"即苏州平江开元寺。"断江禅师"即释觉恩，字以仁，号断江，又号四明樵者，鄞县（今宁波）人。历住云门寺、天平白马寺、平江开元寺。生卒未详，道士马臻在延祐四年(1317)称其为"云门寺里断江老"，说明其时已年老。

诗人途经开元寺，拜访断江禅师，看到禅师已是白头老叟，品茗寒暄，感叹时光易逝。让诗人颇感新奇的是，听闻近来该寺两尊如来佛像，夜间常发祥瑞之光。

七律《余寓万宝坊凡三阅月，郝冀州延入南城弥陀寺禅诵焉，寄吕改之二首》（选一）云：

> 兀兀清斋坐虎皮，流年不道暗中移。
>
> 郭生堕甄休回首，陶令闻钟只皱眉。
>
> 新得卢茶敲石煮，每闻羌笛隔邻吹。
>
> 曳裾懒向王门去，须信名场有蒺藜。

诗人客居京城万宝坊三个月，有郝姓冀州（今属河北省衡水市）长官，到南城弥陀寺诵经，诗人作此诗寄吕改之。郝冀州、吕改之生平未详。诗人静坐清斋，品茗修道，虽然贵为皇室食客，但人生道路充满风险，仍需小心谨慎。诗中引用了郭生堕甄、陶令闻钟两典故，其中郭生堕甄指东汉时，巨鹿人孟敏客居太原。有一天，他在大街上走，肩上挑的瓦甄突然掉到地上摔碎了，他头也没回径直朝前走。名士郭泰恰好路过，看到这种情形急忙喊住他，问他为何这样做，孟敏淡淡地说："甄以破矣，视之何益？""曳裾"系"曳裾王门"之省称，指在皇室门下做食客。蒺藜果实有刺，借喻福分祸之所伏。

七律《惠山泉》云：

> 玉音正似佩春撞，何许流来满石矼。
>
> 天下名泉虽有数，江南斗水本无双。
>
> 因僧浴象心俱净，共客分茶睡已降。
>
> 俗驾往还那识此，自今幽梦绕山窗。

诗人到天下第二泉无锡惠山泉，问泉品茗为次，主要是完成浴像仪式，以名泉之水浸各种名贵香料灌洗佛像，自身亦身心俱净，从此魂梦安宁，这是俗人无法了解的。其中"浴象"通浴像，即灌佛仪式，以各种名贵香料所浸之水灌洗佛像。

四、三和高僧寒山诗

梵琦崇拜唐代天台高僧寒山，作有《天台三圣诗集和韵》，又称《天台三圣诗》《三圣集》。该诗集以寒山诗为原韵，梵琦首和，清代益州释福慧野竹重和，并和921篇。梵琦有4首五言诗涉及茶事，其中3首为五律《和寒山诗》。

其一《和〈层层山水秀〉》云：

> 地僻无人到，苔深一径微。松间缚茅屋，竹上挂蒲衣。
>
> 静看青山朵，闲拈白拂枝。焚香作茗事，此外更何为。

山居地处偏僻，青苔满地，松林间有茅屋数间，竹架上挂着用蒲草编的蒲衣。平常时日，山中居士无非是静看青山，闲拈拂枝，焚香品茗，自由自在。其中"拂枝"即拂尘或拂子，常为僧尼、高士所执持，用以掸拭尘埃和驱赶蚊蝇等。

其二《和〈三月蚕犹小〉》

> 五月南塘陆，芙蓉正作花。朱门荫杨柳，绿水鸣虾蟆。
>
> 冷浸金盆果，浓煎石鼎茶。此中可避暑，修竹绕百家。

五月仲夏，芙蓉盛开，杨柳成荫，南塘蛙鸣，有时鲜水果，石鼎烹茶。家家户户修竹环绕，如此幽静之境地，适宜避暑。其中"虾蟆"即蛤蟆、青蛙一类。"石

❧元代因陀罗《寒山拾得图》。梵琦题跋：寒山拾得两头陀，或赋新诗或唱歌。试问丰干何处去，无言无语笑呵呵。（东京国立博物馆藏）

鼎"指石材制作的烹茶用具。

其三《和〈无事闲快活〉》云：

> 无穷山水乐，不染利名人。松竹深深处，云霞片片新。
> 炉中拨芋火，月下转茶轮。昔作红颜客，今为白首人。

该诗描写山水之间的无穷乐处，远离名利场，与青松翠竹为友，看云卷云舒，秋冬之际以炭火煨芋，焦香诱人，水茶磨周而复始在月下旋转。人生易老，往昔红颜转眼间已成白首。唐宋时代主要用茶为饼茶，一般场所或个人，均以普通茶碾碾茶。而用茶量较大的寺院，则特设水茶磨，与旧时以水为动力的水磨一样，专用碾磨茶粉。其中"转茶轮"即指水茶磨。如南宋奉化籍高僧大观普济作有七绝《水茶磨》云："机轮转处水潺潺，机若停时水自闲。末上一遭知落处，十分春色满人间。"南宋四川眉山籍高僧释心月《水茶磨》云："机轮瞥转已多时，苦涩分明只自知。辘辘放身随浪辊，傍观赢得眼如眉。"这说明当时一些寺院建有水茶磨。该诗集中，梵琦另有五言八韵《无题》长诗，末韵为茶句："且向三句参，吃茶珍重歇。"

五、屡提五伯罗汉茶

宋代天台山方广寺茶供五百罗汉，500多盏茶汤中同时出现祥瑞图案，多位官员、名人见证过这一奇迹，记载于诗文之中，苏东坡称之为"天台乳花"。梵琦有多首诗词偈颂提及此事。

如《语录》卷十七《偈颂·送诸侍者游天台、雁荡》："试点五伯罗汉茶，一枚盏现一枝花。"

《语录》卷十六《偈颂·送信首座参礼育王宝陀》："……漫道石横方广寺，未容薄地凡夫至。琼楼玉殿彩云间，正眼观来何足贵。手点昙华亭上茶，最先勘破盏中花。……"

《语录》卷十七《偈颂·送伊藏主游四明、天台》："闹中不碍身心静，直饶茶盏现奇花。"其中"藏主"系寺院主管经藏之职称，又称知藏、藏司，为六头首之一。主事者须通义学,掌管禅院大众之阅藏看经。

《语录》卷十九《偈颂·送明禅人游天台》云:

> 五百声闻不住山,何拘天上与人间。
>
> 只消一盏黄茶水,供罢依然旧路还。

以上诗词偈颂中,均提到了天台山五百罗汉供茶事,说明这一茶事对梵琦印象至深。

六、诗偈多处说赵州

晚唐以后高僧茶事,大多会提到赵州从谂"吃茶去"典故。梵琦涉茶诗偈中,多次说到赵州。如《语录》卷十六《偈颂·送延寿梓知客》云:

> 临济大师宾主句,赵州见僧吃茶去。
>
> 旋风顶上屹然栖,走遍天涯不移步。
>
> 九九从来八十一,寻常显元尤绵密。
>
> 撑天挂地丈夫儿,手眼通身赫如日。

该偈为延寿寺知客梓和尚所作。知客为寺院二把手,主要负责宾客迎来送往等事宜。梵琦以临济宗鼻祖义玄大师、赵州从谂大师作比,勉励梓和尚成为顶天

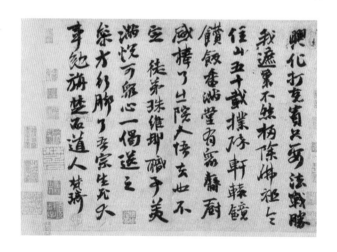

立地、手眼通神之大丈夫。

《语录》卷八《代别》云："赵州见投子教化。乃问：'莫是投子否？'投子云：'茶盐钱，布施将来。'州休去。代云：'容到方丈。'"

其中"代别"为禅宗用语，系"代语"和"别语"之合称，意为代别人下语或作答。高僧问答多为机锋禅语，以答非所问、蕴含哲理为上。该公案虽属答非所问，但仍属实话实说，赵州不甚满意而去。梵琦代语云，可去方丈室再论。

梵琦晚年为弟子作《送珠维那偈》书帖释文：

兴化打克宾，只要法战胜。我遮着不然，拍除佛祖令。住山五十载，扑碎轩辕镜。馕饭香满堂，有众斋厨感。棒了出院人，悟去也不定。徒弟珠维那职事美满悦可，众心一偈送之。参方行脚了吾宗，生死大事勉旃。楚石道人梵琦

《语录》卷十《举古》云：

举睦州问僧："近离甚处？"僧云河北。州云："河北有个赵州和尚，上座曾到彼么？"僧云："某甲近离彼中。"州云："赵州有何言句示徒？"僧遂举吃茶话。州乃云："惭愧。"却问僧："赵州意作么生？"僧云："只是一期方便。"州云："苦哉赵州，被你将一勺屎泼了也，便打。"

后来雪窦云："这僧克由巨耐，将一勺屎，泼他二员古佛。"

妙喜云："雪窦只知一勺屎，泼他赵、睦二州。殊不知，这僧未上，被赵州将一勺屎泼了。却到睦州，又遭一勺，只是不知气息。若知气息，甚么处有二员古佛。"

师云："这僧不会吃茶意旨，不知泼屎气息，带累好人，堕屎坑中，合吃多少拄杖。雪窦、妙喜一时放过，也须替他，入涅槃堂始得。"

此公案内涵极为丰富。其中有睦州禅师机锋禅语和后世3位高僧之点评。

先是举例睦州禅师询问一位刚从赵州回来的僧人，问其"吃茶去"为何意。僧答"只是一期方便"而已。"吃茶去"之核心是悟字，睦州很不满意，认为这无异是向赵州泼了一勺屎，于是举手便打，怪他修行没有长进。

其次是北宋雪窦寺住持雪窦重显点评，说这实际是向赵州、睦州二位古佛泼

了一勺屎。

三是北宋妙喜大慧宗杲禅师点评，说这主要是不知气息，如果知道气息，不至于会难为二位古佛。

最后是梵琦点评，说此僧不懂"吃茶去"意旨，不知泼屎气息，堕入屎坑，活该被打，不仅连累睦州，还带进了雪窦、妙喜。但愿此僧涅槃之后有所感悟。

类似涉茶机锋禅语还有很多，如《语录》卷八《代别》云："师一日，因僧点茶，问云：'今日为什么人点茶？'僧云：'特为和尚。'师云：'恰值老僧不在。'僧便行茶，师却缩手。僧拟议。师扑破盏子，便归方丈。"

《语录》卷八《代别》云："鼓山点茶，见僧来，乃提起盏云：'道得即与汝茶吃。'僧无对。代云：'阿谁无分。'"

第一则是梵琦怪点茶僧就事论事，于是打破茶盏，回到方丈室。第二则是说鼓山禅师正在点茶，进来一僧，鼓山说，如有说道便可吃茶。惜僧人道行太浅，无以为对。梵琦代云：这究竟谁无份吃茶呢？

七、哲理、禅意蕴诗偈

梵琦还写过一些涉茶哲理诗，如《语录》卷五五言诗《住嘉兴路本觉寺语录重阳上堂偈》云：

> 昨日是中秋，今朝又重九。亲我紫萸茶，疏他黄菊酒。
> 紫萸与黄菊，本自无疏亲。相识满天下，知心能几人。

紫萸又称茱萸，紫萸与菊花均为代茶饮，菊花还可酿酒。诗人重阳日比较紫萸茶与黄菊酒，认为两者本无亲疏之分，从而联想到人生之中相识者众多，而有缘成为知心好友者甚少，诚如宋朝诗人方岳诗云："不如意事常八九，可与语人无二三。"

梵琦作有《渔家傲》组词，其中一首有茶句：

听说娑婆无量苦，茶盐坑冶仓场务。损折课程遭箠楚。陪官府，倾家买产输儿女。

□体将何充粒缕，飘蓬未有栖迟所。苛政酷于蛇与虎，争容诉？劝君莫犯雷霆怒。

该词揭露了官府强征暴敛茶、盐税赋，逼得穷人倾家荡产，甚至卖儿卖女。百姓受尽剥削还无处申诉，否则官府会恼羞成怒，引来牢狱之灾。其中"娑婆"指娑婆世界，即释迦牟尼所教化的三千大千世界之总称。"坑冶"指唐宋以来称金属矿藏的开采与冶炼。"课程"指按税率缴纳的赋税。

梵琦《语录》中还有大量涉茶偈语。如《语录》卷三《住海盐州天宁永祚禅寺语录》云：

初祖忌拈香。这汉西来，特地痴呆；不立文字，虚张意气；直指人心，转见病深。见性成佛，翻成窠窟。灵山直是不甘他牛粪烧香，狗尿茶。因甚如此，只为如此报德酬恩，只这是。

《语录》卷三《住海盐州天宁永祚禅寺语录》云：

道旧至上堂，举飒飒凉风景。同人访寂寥，煮茶山下水，烧鼎洞中樵。师云："白云老人，家贫难办素食，事忙不及草书，只是不合将常住物，入自己用。"

《语录》卷四《住杭州路凤山大报国禅寺语录》云：

上堂。见拄杖，不唤作拄杖，见屋不唤作屋，正是痴狂外边走。见拄杖，但唤作拄杖，见屋但唤作屋，又是依样画猫儿。两人同到山中，总与一杯茶吃。要辨缁素。且待别时。

《语录》卷四《住杭州路凤山大报国禅寺语录》：

上堂。即心即佛，祸不入慎家之门；非心非佛，舌是斩身之斧。古人的今人用，今人的古人为。一犬吠虚，千猱唼实。凤山今日，不惜性命。与你诸人，抽钉楔去也茶。

上述涉茶偈语其中禅意留待读者见智见仁。限于篇幅，还有更多茶禅诗偈未能引录解读。

八、来复茶祭留墨迹

梵琦圆寂于明洪武三年（1370）七月二十二日，同年八月二日，时在南京的后辈高僧来复（1319—1391），专场举办楚石和尚示寂奠茶汤佛事，并作《奠茶汤传事法语》云：

楚石和尚示寂奠茶汤佛事。举汤云：这个是木瓜奇品；举茶云：这个是东海先春。虽然两处调和甘苦元同一味，能煞能活尽除生死病源，通圣通灵不坠鬼神窠窟香传，木者揔其西斋六十三年现成受用底。毕竟以何为验？置汤茶云：舌头点着便知归，木马夜鸣西日出。

洪武三年秋八月二日，明州天宁来复书于金陵天下第一禅林。

来复，江西丰城人，俗姓王，工诗书，小梵琦23岁。其曾住持明州（今宁波）天宁寺，故落款为"明州天宁来复"。"金陵天下第一禅林"即南京灵谷禅寺。该寺始建于南朝，梁武帝为纪念著名僧人宝志禅师而建开善精舍，初名开善寺。朱元璋赐名改额为灵谷禅寺，并封其为"天下第一禅林"，系明代佛教三大寺院之一。来复时任僧录司左觉义，为当时佛教领袖。

来复于梵琦圆寂10天后，在南京"天下第一禅林"灵谷禅寺举办专场佛事，以香茗、木瓜祭奠前辈。茶与木瓜，均为8种供养佛祖瑞物，木瓜是梵天敬献给释迦牟尼的，把正业比作成就一切之善行，象征获佛之果位之意。其中"六十三年"系梵琦佛腊63岁，世寿75岁。末句"木马夜鸣西日出"，语出梵琦《辞世偈》："真性圆明，本无生灭。木马夜鸣，西方日出。"同时代苏州吴县高僧愚庵智及（1311—1378）七律《悼楚石和尚诗三首》其三写道："木马夜鸣端的别，西方日出古今无。"明末清初海盐著名诗人彭孙贻（1615—1673）《水竹西院观梵琦衣钵歌》写道："木马夜鸣径山月，西城街鼓摇风幡。"

来复以当时佛教领袖身份祭奠梵琦，说明当时佛教界对梵琦之重视。该书帖则为后世留下了以茶祭祀高僧之难得墨迹文献。

元代因陀罗绘《布袋蒋摩问答》，描绘晚唐五代奉化溪口蒋氏二世祖摩诃居士蒋宗简向布袋和尚求法的故事。梵琦题跋：花街闹市，恁经过。唤作慈孝，又是魔。背上忽然揩只眼，几乎惊希蒋摩诃。（日本根津美术馆藏）

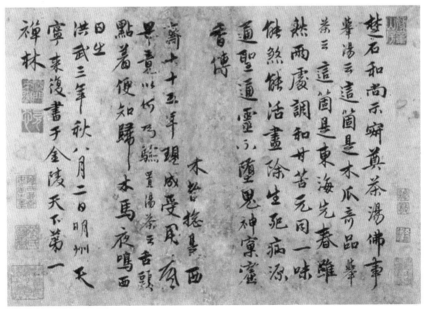

释来复行书《奠茶汤传事法语》

倪象占《施茶募引》记善举

旧时城乡之间，有很多路廊茶亭，供过往行人歇脚解渴，有的还立有碑记，是茶文化不可多得的非物质文化遗产。

清代象山名家倪象占在其《九山类稿》中，留有一则为茶亭募集资金的《施茶募引》尤为难得：

倪象占《九山类稿·施茶募引》

十里五里，行矣常劳；长亭短亭，至焉斯憩。为念征人之渴，因谋济众之方。愿从设茗于炎天，略慰望梅于前路。然举轻似易，不过一勺之多；但积久为难，诚恐半途而废。是以思其善策，鸠我同人，请布余资，共延好事。庶几厝火抱薪之会，即共当汲井奚辞。虽异乞浆得酒之时，亦不待叩门始与。

"引"为与短小序文类似的文体。该引文大意为茶亭为济众之善举，个人分享虽为一勺一瓢，但年长月久，并非易事，因此希望众人布施，共延好事。

由于没有时间、地点等信息，未知该引何时何地所作。

倪象占（约1733—1801），初名承天，后以字行，更字九三，号韭山，象山丹城大碶头人。文史家、书画家。乾隆二十一年（1756）补诸生。乾隆三十年（1765），乾隆南巡，选列迎銮，拔充优贡，一时荣耀备至。旋奉调分纂《大清一统志》，同编《千叟宴诗》。乾隆五十三年（1788），应聘分纂乾隆《鄞县志》。翌年，补授嘉善训导，勤于督课。擅画兰、竹、松、石，几入逸品。撰《周易索诂》，历八载始成。另有《蓬山清话》《抱经楼藏书记》《象山杂咏》《青棂馆集》《韭山诗文集》等。

一、雪水烹茶写风雅

倪象占爱茶，除了上文《施茶募引》外，据不完全统计，还留有 13 首茶诗词。其五言长诗《雪水茶二十韵》云：

> 幻忆茶经水，琼天坐遥望。凝寒惊昨夜，蠲渴遂连朝。
>
> 乳落银翻浦，花来玉缀条。封看随束人，取不待符要。
>
> 巧掬辞牵荐，勤收爱缚苕。白疑挬鹤氅，细过滤鲛绡。
>
> 积处先孚缶，倾时异挹勺。元精窥影溢，大化托炉销。
>
> 槐火舒文焰，松声起暗潮。漾依云片动，沸作霰珠跳。
>
> 梨合三秋液，梅分五出标。香资山客碾，洁借道人瓢。
>
> 古井嗟垂绠，中江笑鼓枻。歌惟儿逞艳，味许婢夸娇。
>
> 春气闲轩集，烦襟块礧浇。生风旋习习，听响尚萧萧。
>
> 秃笔长忘冻，青帘远谢招。句还揣圭璧，价岂换金貂。
>
> 霭晚冰兼彻，窗晴月更邀。挑灯增旅话，破睡度严宵。

该诗大意为，某年雪夜，诗人于旅途之中，以雪水烹茶，自煎自饮，击鼓吟唱，赋此长诗。其中"符要"意为以符为约，借指大雪不期而落。"缚苕"句意为用箬帚勤于扫雪。"鹤氅"意为以鹤之羽毛。"元精"意为天地之精气。"五出"意为梅花五瓣之状。"垂绠"意为汲引井泉水。"中江"指扬子江心泉。"轩集"指集会。"烦襟"意为心怀烦闷。"块礧"同块垒。"圭璧"指贵重之玉器，喻诗句之珍美。"金貂"意为皇帝左右侍臣之冠饰。

其词作《十六字令》亦写到以松梢雪水烹茶：

奢，白石清泉处士茶。斛松梢雪，取瀹梅花。

其中"斛"（jū），意为用水斗舀水。以梅花雪水烹茶，为古今爱茶人士所向往。诗人则更胜一筹，取来松梢枝头雪，以梅花与茶同烹，如此闲情逸致，别有韵味。诗人认为这是高雅处士一种奢侈之享受。

二、三咏家乡茶与泉

在倪象占茶诗中，有二首写到家乡佳茗与泉水。其一为七绝《象山杂咏》（选一）

处处云深谷雨前，莺歌唱到焙茶天。

何当去试珠山品，坐听松涛煮玉泉。

作者自注："邑茶以珠山为魁，珠山在邑东三十里。其东南玉泉山有怪松覆泉上，品水者尝以为第一云。旧志。"

诗句与自注浅显易懂，描写谷雨之前家乡茶品以珠山为最。珠山茶前文已有介绍，本文不做赘述。诗人同时点赞珠山东南玉泉山泉，被品水者评为第一。据了解，当地今有玉泉寺、玉泉村，未见玉泉山之名。该泉值得发掘，传承利用。

其二为五绝《东岙杂题邀石辉山（大成）同作·茶园》云：

新晴谷雨天，满坞凝云绿。

不见采茶人，春风飏细曲。

某年谷雨时节，倪象占与文友石辉山，到家乡东岙茶园踏青品茶，留下诗作。东岙即今象山县西周镇东岙村。石大成，字辉山，一字错庵，西周西山人，自号西山居士。工诗，著有《古香亭诗草》。从诗题看，石大成作有同题诗。

因参编乾隆《鄞县志》，倪象占熟知一些鄞县事物，作有七绝组诗《鄮南杂诗》，其中一首为茶酒诗：

一色它泉满载回，家家酿酒得良材。

金波亦泛双鱼印，应负区茶十二雷。

据同治《鄞县志》记载，它泉位于鄞县西乡它山堰下游，即梅龙潭，俗称下枫树潭。开句记载了当时甬上好酒人士，满载它泉好水，家酿美酒之风俗。"金波"为当时甬上名酒，"双鱼印"指饰有双鱼之金波美酒。末句见甬上大家全祖望《四明十二雷茶灶赋》云："吾乡十二雷之茶，其名曰区茶，又曰白茶。"全诗大意为：它泉宜酒更宜茶，如果人们都用来酿酒，似乎辜负了"区茶十二雷"这样的名茶了。可见诗人偏爱于茶。

遗憾的是，今日太泉已经失传，只有在倪象占等明清先贤诗文中了解其风采。

除了上述 3 首茶泉诗，诗人另有七绝《舟行杂句》（九首选一）写到茶与泉：

一昔佳游破暝烟，别来茶磨梦常悬。

解人妙有东阳叶，客馆分甆送惠泉。

从诗中"客馆"来看，该诗写于诗人分纂《大清一统志》、参编《千叟宴诗》之时，馆里备有茶磨等茶具，并有惠山泉供以烹茶，条件优渥。其中"东阳叶"有附注"蓁，履仁"即叶蓁(1743—1786)，字履仁，号栗坨，东阳玉山十栗堂(今属浙江磐安)人。清代著名诗人。幼年记忆力强，16 岁随祖父叶安至绍兴，每天到书肆看书，通经史诸子百家。乾隆四十五年(1780)，乾隆帝第五次南巡江浙，叶蓁进《迎銮诗》30 章，帝悦，赐"文绮"二字。租屋居杭州吴山，与江南名士交往酬唱。乾隆四十九年（1784）中二甲进士，参加慈宁宫祝嘏盛典和乾隆帝登极 50 年大庆御宴，作《礼成恭纪一百韵》长诗。朝中权臣忌才，留京一年，得不到选用，遂南归

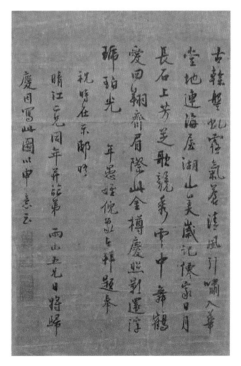

▶ 倪象占行书古诗

居杭州，次年病逝。作诗沿源溯流，不傍一家，亦不避一家，卓然有成。著有《脱颖编》《台山游草》《苇杭集》《北游草》《感椿录》《悼亡诗》《蕙山集》《古文五卷》等。今存杨云津手订、纪晓岚编定的《十栗堂诗钞》四卷。

诗人于舟行途中，回忆往昔曾与叶蓁在接待宾客之客馆，品茗编书，留下难忘之友谊。

三、泥螺点茶世罕见

倪象占海错诗七绝《象山杂咏》（选一），写到极为罕见的泥螺点茶：

> 三月桃花浪破余，经旬梅雨洒荒涂。
>
> 点茶吐铁思南海，笑杀盘中玛瑙乌。

作者自注："张九峻《土铁歌》：'盘中个个玛瑙乌。'土铁一名泥螺，出南田者佳。五月梅雨收制，三吴士人酷嗜者，谓即点茶亦妙，见《海味索隐》。土铁一作吐铁，谓吐其黑沙乃佳也。三月时名桃花吐铁，亦作土蚨。"

《海味索隐》由甬上晚明著名茶书作者屠本畯著，原句为："三吴士人酷嗜吐铁者，谓不但吃饭饮酒，即点茶亦妙。""三吴"一般指古代吴郡、吴兴、会稽，系长江下游江南的一个区域名称。通常意义上三吴泛指江南吴地，如苏州、常州、湖州、杭州、无锡、上海和绍兴等地。实际上会稽（今绍兴）已属越地。

点茶不同于茶点，后者指喝茶时吃的糕点、果品等食品，点茶则是一种沏茶方法，宋代以抹茶点茶，明清已改为撮泡或煮茶，泥螺煮茶令人费解。但屠本畯见多识广，或许其见过以泥螺点茶的另类茶友。泥螺为荤腥之物，不易用于点茶或茶点，除非重口味者。或为屠本畯笔下之孤证。

屠本畯另外写到以茗花（即茶树花）点茶，如今以茶树花已成为茶中一品，其成分与茶叶大同小异，清香甜润，风味独特，独泡或与茶叶混泡均可，尤其受到女士喜爱。

四、三首寒食清明诗

在倪象占涉茶诗中，有 3 首写于寒食和清明节，如七律《寒食日·唐四（祖樾）枉过寓斋，即题其〈晋游草〉后》云：

> 客中清话火前茶，卷里新诗雪后花。
>
> 驱马真摩东壁过，怀人还拨太行遮。
>
> 千年往梦征黄雀，终古遗风感白鸦。
>
> 即事为君重怅望，朝来烟雨满天涯。

寒食即清明前一二天，禁点火。某年寒食日，诗人造访江苏南汇（今属上海市）友人唐祖樾寓所，为其诗集《晋游草》题跋。唐祖樾 (1746—1815)，字荫夫，号述山，居南汇县团。乾隆四十二年 (1777) 举人，历任景山官学教习、山西宁乡县知县、署东平县事、安邑县知县、顺天府粮马通判、云南路南州知州、开化府知府、乡试同考官等职，嘉庆十三年 (1808) 告老回乡。著有《述山诗钞》《述山诗续钞》八卷，前有《唐述山自订年谱》，卷内题 "南汇唐祖樾荫夫"。《述山诗钞》四卷成书于唐祖樾 53 岁，《述山诗续钞》四卷成书于 67 岁，有道光刻本存世。2022 年，复旦大学出版社出版《唐祖樾集》。

倪象占为好友题画，友人赠以头批湖州长兴顾渚茶，作有五绝《长兴十景为钟六峰（澧）画·并题顾渚茶，唐贡即此》云：

> 晚候笑骑火，新烟驰渝汤。
>
> 年年络丝鸟，唤起是头纲。

诗题中钟六峰（澧）生平未详。其中 "骑火" 即寒食节。络丝鸟即莎鸡，俗称纺织娘娘。

某年清明，倪象占应景作《清明》诗，其中写到茶句：

> 才觉年光冉冉轻，离人时节复清明。
>
> 花含热粉虚流艳，茶斗新香未破酲。

尽日春风抛燕语，一灯心事聚蛙声。

开轩东望聊舒眼，月转楼南又二更。

清明为新茶时节，又是怀念故人、令人伤感之时，诗人辗转难眠，作诗纪念。

五、记载民间《采茶歌》

我国各地茶区，民间多有《采茶歌》或《采茶调》传唱。倪象占七绝《蓬岛樵歌》（选一）写到古代象山民间亦有《采茶歌》传唱：

大夏王宫灯事奢，石炉古庙竞于夸。

秧歌一队前街去，又爨连厢唱采茶。

该诗记载当时民间欢庆时节，大夏王宫、石炉古庙等地均有灯会、庙会等喜庆活动，大街上有秧歌队，戏文场里会唱《采茶歌》，热闹非凡。

七绝《蓬岛樵歌续编》（选一）写到茶饮：

黄溪前望海门青，官渡遥从七里亭。

宾馆小茶彭岭麓，编签轻载快扬舲。

该诗写到黄溪、官渡、七里亭、彭岭等多处地名，未知今有续存否。其中彭岭或为彭姥岭。"宾馆小茶"意为在宾馆里饮用茶水。

诗人另有五绝涉茶诗《春山读〈易〉图》：

道人煮茶梦，中见羲皇心。

不觉碧山雨，落花门外深。

其中"羲皇"一般指伏羲，华夏民族人文先始，三皇之一。该诗描写春天时节，道人于山居品茗读经，潜心其中，任阴晴烟雨，花开花落。

红木犀诗社："茶韵如笙正细抽"

红木犀诗社，由墙头王蒔兰、王蒔蕙兄弟在象山创立，虽仅存续不到一年，却影响深远。清咸丰十年（1860），英军逼近宁波，太平军横扫江南，社会动荡。此时，文学家姚燮避难至象山，受王蒔兰邀请教育其弟子。姚燮的才情吸引众多当地才俊前来学习，形成了浓厚的文化氛围。

在此背景下，红木犀诗社应运而生。诗社成员包括姚燮、王蒔兰、郭传璞等文人雅士，他们每月举行社课，游山玩水，观察风土人情，创作诗词。诗社命名独特，以象山特有的深红花色桂花——红木犀（丹桂）为名，高雅脱俗。

姚燮作为诗社的核心人物，不仅主持典礼，还评判诗词优劣。他的诗词才情横溢，为诗社树立了高标准。诗社成员们互相切磋，共同提高，留下了大量珍贵的诗词作品。

然而，好景不长。同治元年，太平军将进入象山的消息传来，全县惊慌。姚燮离开象山，诗社活动被迫终止。尽管如此，红木犀诗社仍然留下了宝贵的精神财富。《红犀馆诗课》共编集80个课题，收录了大量诗词作品，展现了诗社成员们的才华和创造力。

诗社成员多数为象山人，也有浙东一带的知名文人。他们的诗词作品题材广泛，风格多样，为后人留下了丰富的文化遗产。虽然有些成员的诗文因种种原因未能收录，但我们可以想象，那些未被发掘的作品同样具有极高的文学价值。

总的来说，红木犀诗社是象山文化史上的一颗璀璨明珠。在短暂的存在时间里，它汇聚了一批才华横溢的文人雅士，创作了大量优秀的诗词作品，为后人留下了宝贵的精神财富。

现从《红犀馆诗课》（姚燮编著，沈学东点校）中辑其茶诗5首。其作品构思奇巧，气韵风雅，文质兼美，具有较高的艺术成就。

鄞县（今鄞州区）诗人郭传璞七律《催馕》云：

> 暗翠愔愔境入秋，香边领略梦边搜。
>
> 舻迷远浦风能语，磬落空山雨未收。
>
> 静拍竹枝千缕脆，乱筛花影一团柔。
>
> 怜他瘦鹤相偎倚，茶韵如笙正细抽。

馕（xiǎng）烧饼包裹油条那样的食品，象山常见食品。"裹"意为"包裹""包容（异物）"。"食"与"裹"联合起来表示夹裹式食品，如烧饼包裹油条那样的食品。

愔愔：深静的样子。舻：指舟。远浦：远处的河岸。磬：寺庙中拜佛时敲打的钵形响器，用铜制成。脆：同"脆"，容易折断破碎。瘦鹤：即鹤，以其嘴长直、脚细长，故云，亦以形容人之清瘦。

这首诗的大意是：入秋了，秋天的天特别蓝，好像是画出来似的。秋天的空气特别新鲜，好像被过滤一样。一阵秋风吹来，树上的桂花都纷纷飘落下来，香气扑鼻。远处小舟浮现，佛磬隐约，海风轻拂，细雨连绵。近处，竹海苍翠，随山势而起伏，好似波涛翻滚，绵流不绝。地上，花影婆娑。好像是月光把花影放在筛子里，来回摇动，使细碎的漏下去，粗的留在上头。最令人心动的还是天上的飞鹤相偎飞行，地上的人们正品着香茶，茶韵如笙歌袅袅不绝。

象山诗人沈炳如五律《薯粉》云：

> 剖云堪作片，裁玉亦成丝。
>
> 何似霜捶屑，还教雪炼脂。
>
> 点茶降酒力，调蜜润诗脾。
>
> 丸作珍珠样，呼名错豆糜。

薯粉是用番薯制作的一道家常菜。红薯粉是象山的地方特色小吃，灰色细长条状，晶莹剔透，与粉丝相似。捶：用拳头或棒槌敲打。豆糜：用豆煮成的粥。

诗的大意是：当地的特产薯粉真是难得的美味。以此制作成片，如剖云朵而成片，其形状如裁琼玉而成丝。其色如霜雪洁白无瑕。薯粉制品还是品茶饮酒的好食品，调上蜜食之，食后可以引发诗兴。制作成丸装恰如珍珠。有人以为是豆制品，可以煮粥，哪知道是薯粉所做的啊！

象山诗人孔广森五律二首《翠竹轩新筑露台，同人小集，次大梅山馆，集露台坐月二首诗，元韵》云：

其 一

巾屦联觞咏，何殊庾亮楼。

风清吹袖动，月白入杯浮。

远树分晴壑，飞鸿唳早秋。

凭栏共醉望，花外隐青牛。

其 二

笛倚酒边歌，星横天半河。

山空开境阔，地峻得凉多。

静有露霏竹，香疑风送茶。

倘容频纳爽，尘事谢奔波。

巾屦即头巾和鞋子。觞咏指饮酒赋诗。庾亮楼位于湖北省鄂州市鄂城区古楼街北段。巨型石砌成的半圆拱门跨街而立，气势高阔雄浑。楼上是粉墙青瓦，雕花木窗，结构古朴而庄重。此楼原为三国时吴王孙权之端门，至今已有1700多年。晋咸和九年（334），庾亮接任江、荆、豫、益、梁、雍六州都督，领江、荆、豫三州刺史，号征西将军，迁镇武昌。在武昌期间，庾亮"崇修学校，高选儒官"，"坦率行己，招集有方，政绩丕著"，被地方誉为典范。庾亮有一次戴月闲游，踏木屐漫步登上南楼，其部属殷法、王胡之等人正聚会南楼赏月，看见庾亮的到来都惊慌不已，准备回避，庾亮就势躺倒在胡床上，笑着阻止了大家，并和部属一起不拘一格地闲聊起来。此后，人们将庾楼称为"玩月楼"或"庾公楼"，赞赏庾公平易近人和坦率真诚。唐代大诗人李白来到武昌，陪宋中丞在南楼夜饮，听人谈起庾公当年故事，不禁乘兴写下一首诗，使南楼流誉更广。李白游过南楼之后，历代名人墨客到南楼的咏叹也络绎不绝，更让这座古楼闻名于世。

诗的大意是：早秋时节，翠竹轩新筑露台落成使用了。可喜可贺。露台虽比不上庾亮楼这样高大上，但是联手饮酒赋诗，其情景与当年庾亮楼玩月夜饮并无不同。翠竹轩新筑露台月白风清，远树美酒浮动，远树青青，飞鸿鸣叫。醉后凭栏眺望，仿佛可见当年老子骑青牛远去的背影。傍晚时分，牧童吹笛高歌，星星闪亮夜空。山空天阔，风送茶香。人在此中，心旷神怡，忘却了尘事的喧嚣。

镇海诗人姚景皋（缙伯）七律《和作》云：

> 许我徜徉即乐邱，问津何必武陵游。
>
> 满山风箨搀归鸟，一击霜钟起卧虬。
>
> 苔密诗难题古石，梦回茶且注银瓯。
>
> 披云独立盘桓迳，涧底泉声几度秋。

邱同"丘"。孔子名丘，因避讳，清雍正三年上谕除四书五经外，凡遇"丘"字，并加"阝"旁为"邱"。武陵：桃花源的代名词，而其中最著名的当属陶渊明的《桃花源记》。箨：tuò 竹笋外层一片一片的壳。搀：同"掺"（chān），混合、杂入。卧虬：卧虬是指园中种植的紫藤。既因紫盘曲屈似龙而名，又隐寓名士遁世隐逸之意。迳：同"径"。

诗的大意是：能让我乘兴徜徉的地方就是人间乐土，何必一定要执着什么桃花源去游览呢！这里满山都是竹笋，风吹起，片片笋壳随风而起，与飞鸟齐飞。寺庙里的钟声一响，那庙中的紫藤也仿佛随之起舞，其中的名士高人也随之涌现。青苔密密层层，古石坐卧其间，禅茶注入银瓯，行人独自盘桓石径花丛中，听泉声鸣唱，从冬夏到春秋。

象山诗人欧景岱七律《和作》云：

> 严峦奥古如坟邱，结褉欣接群仙游。
>
> 敢夸奇采绚麟凤，日放大笔蟠龙虬。
>
> 枯僧持帚埽石榻，渴狸上几翻茶瓯。
>
> 此日松萝亦腾笑，白云渺渺空千秋。

坟邱：三坟、九丘的并称，亦泛指古代典籍。奥古：深奥古朴。襼：yì，衣袖。埽：sǎo，古同"扫"，打扫。狸：也叫"钱猫""山猫""豹猫""狸猫""野猫"。体大如猫，圆头大尾，以鸟、鼠等为食，常盗食家禽，毛皮可制裘。松萝，茶名。

诗的大意是：层层叠叠的山峦像古代典籍，深奥古朴。诗友们结伴来此作神仙之旅。诗友们的奇妙文采龙飞凤舞，真是令人倾倒。老僧持帚清扫石榻，野猫跃上茶几打翻了茶瓯。一派祥和的气象。在此与诗友们一起，品饮松萝茶，闲看白云悠悠，畅谈古今，真是人生乐事啊！

陈汉章："诗清都为饮茶多"

象山东陈村陈氏是当地望族之一，德高望重。陈氏宗祠、陈汉章故居、陈得善故居均修缮完好，系乡村传统文化建筑之精华，成为当下乡村振兴之难得文化元素。其中宗祠鉴池公祠，由陈汉章伯母孔粹卿出资，参照天童、国清诸寺建筑样式设计，先后营建十年，于清光绪二十七年（1901）竣工。宗祠以东陈陈氏迁祖、福建陈氏第十四世茂宁公号"鉴池"命名，俗称新祠堂，今为象山县文物保护单位。

🌱 东陈村为浙江省历史文化名村

🌱 东陈村陈氏宗祠——鉴池公祠

晚清至民国，东陈陈氏先后出了被誉为一代鸿儒、国学大师陈汉章。陈汉章胞弟陈得新为举人，光绪二十九年（1903）赐进士，曾任工部主事，官至四品。陈汉章从兄陈得善亦有科举功名，为著名诗人。据不完全检索，陈汉章、陈得善分别留有多首茶诗词、茶铭，陈汉章父亲陈昌垂作有《马冈施茶碑》碑文。

一、陈昌垂：施茶善举记碑文

陈汉章与父亲陈昌垂合撰的《毓兰轩训语》，以家中藏书楼"毓兰轩"命名，共242条，内容广泛，语言精辟，思想深刻，涵盖了修身、齐家、勉学、处事、治国等方面，是一部格言警句式的家训。

《毓兰轩训语》还收录了一则由陈昌垂撰写的《马冈施茶碑》碑文，记载外祖母胡氏施茶善事。碑文如下：

> 昔晁错谓人情一日不再食，则饥；终岁不制衣，则寒。自茗饮兴，亦一日不可废。农、工、商奔走赤日中，汗流浃背，得一瓢之饮，等于珍馔重裘之锡，诚仁人所宣亟亟者也。冠盖山之麓村曰马冈村，前有庙，黄土二姥岭居其右，乌石、东溪在其左，并为行人憩息也，盖亦《周官》鄙里有庐之遗意焉。然黄土、乌石诸处，均结茶社以济行人，亦如《周官》之庐有饮，而马冈盖阙焉，行人过此以为憾。佘母胡氏倡捐集赀，与某某氏各出己金，以成此盛举，并置大路头村田三亩，收其岁，入作煮茶工费，乃镂石为记其事。

马冈村系东陈村邻村，今同属东陈乡。碑文以西汉政治家、文学家晁错（前200—前154）衣食之语开句，说明茶饮同为民生之必需品。并引《周官》"十里有庐，庐有饮食"之典故。周代时，在主要大道上，已设有类似于今天高速公路的服务区，为过往旅客提供饮食等服务。碑记记载当时与马冈相邻的黄土二姥岭、乌石两地已设茶社施茶，为路人提供茶水。陈昌垂母亲佘氏之母胡氏，亦即外祖母，发起捐资，得到众人响应，建起施茶亭，并集资购农田3亩，作为茶工、茶水之费用。

施茶是古代民间善举之一。旧时乡村一般5里、10里处设有路廊或凉亭，大多供应免费茶水，供歇脚路人解渴。晚清象山诗文名家倪象占，留有《施茶募引》手迹，希望众人乐为施茶亭捐资，共襄好事。这说明当时象山城乡多有施茶亭。

陈昌垂（1856—1908），从其所作碑文来看，亦为饱读诗书之文士。

由陈汉章父亲陈昌垂建造的陈氏故居，始建于清咸丰八年（1859），占地3200平方米，建筑面积2800平方米，系宁波市最美古民居之一。图为正门门头

二、陈汉章："家家珍藏珠山珠"

陈汉章（1864—1938），谱名得闻，又名焯，字云从，号倬云，晚号伯弢。象山东陈村人。4 岁开始识字，10 岁时已赋诗一百余首。经史学家，教育家，一代鸿儒，国学大师。清光绪十一年（1885）得副贡，十四年中举人，次年会试不售。初受业于德清俞樾，继问业定海黄以周，毕生致力于经史之学，学术博洽，著作等身，遍及四部，被誉为一代鸿儒、国学大师。曾任国立京师大学堂、北京大学国学、史学、哲学等系教授，历史系主任，后又被聘为南京中央大学史学系主任、教授。与当时文化名流蔡元培、马叙伦、章太炎等交往甚密，并受到高度评价。其学生许德珩、茅盾、范文澜、顾颉刚、冯友兰等大家，均有纪念文章，称其博学、爱国，更被日本学者誉为"两脚书橱"。2006 年，被评为浙江省首批历史文化名人。晚年辞归故里，出资修建道路，救济村里孤寡老人，多有善举。他著作等身，浙江古籍出版社于 2014 年整理出版 28 册《陈汉章全集》，共计 1500 万字。

陈汉章画像

浙江古籍出版社 2014 年版
《陈汉章全集》

陈汉章爱茶，已见茶诗5首，其中七言诗《珠山茶歌》，热情歌咏家乡名茶珠山茶：

> 珠山山高似天都，神人书剑疑有无。
>
> 风云呵护语录濡，淑气旁薄钟扶舆。
>
> 发茁旗枪春之初，撷淪佳味胜醍醐。
>
> 樊子馈我双鹦壶，两腋生风七碗茶。
>
> 数年渴病疗相如，何须双井求云欸。
>
> 会当分植三千株，家家珍藏珠山珠。

作者在第二句附有自注："俗传山顶有兵书宝剑。"

珠山茶系象山最为著名之明代历史名茶。诗人对家乡名茶情有独钟，赞美珠山可与著名黄山毛峰茶产地天都峰媲美，春茶滋味胜于醍醐。诗人感谢妹夫樊子即樊家桢，赠送双鹦壶。樊家桢系陈汉章编纂民国《象山县志》得力助手，帮助校对，著有《象山县志志文存疑》。诗人引用卢全七碗茶、司马相如因消渴病（糖尿病）饮茶、欧阳修歌咏《双井茶》等典故。在诗人眼里，家乡珠山茶贵如珍珠，又指部分晚春茶叶被加工成珠茶，一语双关，因此誉之为"珠山珠"。他也希望广泛种植，期盼家家珍藏珠山茶。其中"旁薄"意为广大、宏伟。"扶舆"犹扶摇，盘旋升腾之貌。

1918年夏，陈汉章（前排右一）在北京大学任教时，与陈独秀（前排右三）等合影

五言六韵《春风啜茗时（得时字五言六韵）》云：

> 顶似醍醐灌，襟初淡荡披。和风修茗事，小啜正春时。
>
> 芳信头香递，余甘舌本知。香团红杏坞，烟飐绿杨枝。
>
> 品漫双祁门，清都两腋滋。诗人醒待解，闲旷话花期。

诗题"春风啜茗时"引自杜甫五律《重过何氏五首》之三，全诗为"落日平台上，春风啜茗时。石栏斜点笔，桐叶坐题诗。翡翠鸣衣桁，蜻蜓立钓丝。自今幽兴熟，来往亦无期。"

某年春茶时节，诗人居家品尝头香新茶，心情愉悦，以杜甫名篇诗韵留诗纪念。诗人以醍醐、余甘比喻茶之甘美。"余甘"即茶之别名余甘氏。宋朝李郛《纬文琐语》云："世称橄榄为余甘子，亦称茶为余甘子。因易一字，改称茶为余甘氏，免含混故也。"

五言六韵《诗清都为饮茶多（得诗字五言六韵）》云：

> 近日茶多饮，清香沁密脾。不劳斟浊酒，自在吐新诗。
>
> 独擅吟坛胜，何需试院炊。啜应干七碗，作不费三思。
>
> 得句光风地，含膏雾月时。二徐相赠答，少饭亦疗饥。

该诗诗题出自南宋诗人徐玑七律《赠徐照》第二韵："身健却缘餐饭少，诗清都为饮茶多。"诗人借句作题，将爱茶之情抒发得淋漓尽致。认为茶饮启发诗思、文思，将赋诗作文之功，归功于清香佳茗。诗句清新自然，其中"七碗"借喻唐代"茶仙"卢仝，极言饮茶之多。"二徐"未详，指二位与诗人唱和之诗友。

五言六韵《竹深留客处（得留字五言六韵）》云：

> 如许清凉到，深深绿竹修。既将人免俗，又为客频留。
>
> 贞干沿篱畔，安车息道周。甘茶丛里炙，茂叶觯中浮。
>
> 馔具供鲜笋，枝粗系小骝。何方投辖处，渠水听悠悠。

该诗记载诗人于春茶时节，在家乡或某地竹林山庄品尝春茶，饮酒吃笋，清幽翠竹引发诗兴，留诗纪念。其中"觯"为酒器，"骝"本义为黑鬣、黑尾巴的红马，泛指马匹。

同样写到品茗吃笋的，另有七绝《正月十九日至焦山杂咏》（十首选一）云：

> 松廖阁上茶初碾，石壁庵中香已拈。
>
> 粥鼓斋鱼扰清供，雨余蔬笋十分甜。

焦山风景区位于江苏镇江市。诗人元宵节后到焦山石壁庵游览进香，在寺院品茗、喝粥、吃笋，度过愉快时光。寺院有专用粥鼓，斋鱼即木鱼。

五律《茶》（用"尤"韵五言二韵）云：

> 谁是余甘氏，新茶味最幽。碧云凝玉碗，绿乳满金瓯。

诗人再次以余甘氏喻新茶。其中"碧云""绿乳"极言茶汤之美；"玉碗""金瓯"极言茶具之珍贵。

七律《和柳翼谋》（二首选一）云：

> 未许聆风吹剑首，几曾索米浙矛头。
>
> 朗吟涵盖乾坤句，小海鯙鲜发越讴。
>
> 闲斗新茶矜雀舌，自炊苦笋说猫头。
>
> 穷途日暮当裹足，文物风流属鳌头。

诗题中柳翼谋即柳诒徵（1880—1956），字翼谋，亦字希兆，号知非、劬堂、龙蟠迂叟等，江苏省镇江人。学者、历史学家、古典文学家、书法家，中国近现代史学先驱，中国文化学的奠基人，现代儒学宗师。先后执教于清华大学、北京女子大学和东北大学、南京大学，曾任南京图书馆馆长、考试院委员、江苏省参议员。

该诗系和诗，其中"雀舌茶"指早春一芽一叶嫩茶，状如雀舌。"猫头笋"即冬笋或毛笋，典出元李衎《竹谱》卷五"猫头竹"条云："入冬视地缝裂处掘之，谓之冬笋，甚美。"末二句似有劝慰之意，意为虽然年老，但在文物鉴赏方面独占鳌头。

陈汉章另有茶句 2 则。其五言二十六韵《三月十二日会后湖芳园补禊》第二十韵茶句云："挐舟逐鱼跃，说茗试龙焙。"五言十三韵《赠柳衍东》第七韵茶句云："谈艺辨雌霓，茗饮解吻渴。"

三、陈得善："酒醒解渴思春茗"

陈汉章堂兄陈得善（1855—1908），字一斋，又字三蕉，别号南乡子。大陈汉章 9 岁。少年聪慧，下笔千言。购书数千卷，致力研读诗文，学业日进。诗有别才，不屑于绮章绘句而自成一家。清光绪三十年（1904）岁贡。著有《石坛山房全集》十卷，其中《联语录存》收联 20 副。

由中国人民大学和北京大学联合主持编纂的《清代诗文集汇编》，系 2010 年上海古籍出版社独家影印出版的大型文献汇编，全书收录清代诗文集 4058 种，精装 800 巨册，约 4 亿字，堪称迄今规模最大的清人著述合集。其中第 781 册 61 ～ 62 页收有陈得善《石坛山房全集》目录。《石坛山房全集》2019 年由团结出版社出版。

陈得善爱茶，据不完全统计，撰有茶诗 2 首，茶词 5 首，茶铭 4 则。本书择要解读。

其七律《答人问病》云：

> 药鼎茶铛傍座隅，潘仁无事惯闲居。
> 屡经布指腰围减，为怕梳头鬓发虚。
> 久病已忘吾丧我，知心应叹子非余。
> 长生不解容成术，谢尔殷勤一纸书。

诗人患病闲居，接到好友书信慰问，以诗答之。诗人自比西晋文学家潘岳（字安仁，又称潘仁，257—300），患病之后，以药鼎、茶铛为伴，身形消瘦，腰围减小，头发稀疏，可惜不懂传说黄帝时期的大臣容成氏炼丹术，难以很快痊愈，幸有好友殷勤来书问候，倍感欣慰，答诗纪念。

七绝《少坡有〈黄浦寻春词〉，因复和之》云：

> 一盏红茶劝客尝，沾唇犹带口脂香。
>
> 客来偏抱卢仝癖，枯断槎枒九曲肠。

诗友少坡生平未详。诗人收到其《黄浦寻春词》，以原韵复和。大意为有爱茶人来访，诗人以茶会友，红茶待客，引发诗兴。

其茶词《菩萨蛮》云：

金杯不分三蕉尽，酒醒解渴思春茗。枕上唤如花，教烹一盏茶。起来行太速，户限鞋尖触。移步靠牙床，轻摩低唤郎。

该词描绘了一幅恩爱夫妻闺房茶事图。丈夫或因外出应酬多喝酒，晚睡酒醒时渴思茶饮，让妻子烹一壶春茶。妻子速速起身，又怕打扰丈夫，轻手轻脚烹好香茶，到床前轻摩丈夫，唤醒喝茶。其中"枕上唤如花"极写妻子娇美如花；"轻摩低唤郎"，极写妻子对丈夫温柔深爱。

陈得善另有4首词写到茶句，如《江南好》（七首选一）有"来吃绿云茶"，《江城子·奠妇当哭》有"荐春茶，奠秋瓜"，《齐天乐》有"桂老烹茶，犀香泛酒"，《贺新郎·沈大肜甫为儿纳妇，倚此贺之》有"比目茶温催送去"等，本书不作赘述。

4则茶铭分别为《茶壶铭》《茶瑹铭》《茶筒铭》《茶船铭》。其《茶壶铭》云：

如金如锡，淡而温，而可以涤烦，可以乐饥。虚虚实实，壶子示机。秘在其中，味乎味之。

铭中所写为锡壶，铜、铁、锡均为金属，因此说如金如锡。其实古今金壶甚少，除非皇家或大富之家偶尔会打造。晚清、民国，直至现代改革开放之前，浙东民间用得最多的是铜茶壶，导热快，水易开。当时紫砂壶已普及，或许诗人对锡壶情有独钟，才以此作铭。

《茶瑹铭》云：

> 卢仝之碗温如玉，盈而持之戒倾覆。
>
> 一口吸尽江水绿，胸膈清凉齿颊馥。

此铭类似七绝。其中"琖"字，本义为小杯子，古同"盏"字。"鬲"通"膈"。大意为卢仝茶碗温润如玉，品饮佳茗，沁人肺腑，齿颊留香。

《茶筒铭》云：

壶可隐，美在中也；口不缄，欲其通也。厥疾恶寒，不可以风叶。如有用我者，不宜于夏，而宜于冬也。

茶筒即茶壶桶。古代茶壶桶以木质或藤编为主，主要用于保温，所以说"不宜于夏，而宜于冬也"。

《茶船铭》云：

以舟载水，非水载舟。时行时止，匪沉匪浮。虽然有水厄焉，君子于是怀盈满之惧，而抱倾覆之忧。

"茶船"有两种解释。一为茶器，"茶船"又名"茶托"或"盏托"，亦称茶托子、茶拓子，区别于茶盘。古代汉族民间流行的一种放置茶盏的承盘，始于南朝。其用途以承茶盏防烫手之用，后因其形似舟，遂以茶船或茶舟名之。清代寂园叟《陶雅》中提道："盏托，谓之茶船，明制如船，康、雍小酒盏则托作圆形而不空其中。宋窑则空中矣。略如今制而颇朴拙也。"可见船形茶托出现于明代。在茶具这个庞大的家族中，茶船虽处于从属地位，却不可或缺。有道是"一器成名只为茗，悦来客满是茶香"。其中"匪"通"非"，"厄"同"厄"，意为困苦、困难。尽管铭词比拟如船行于水，其实这里应作茶器解。

🍂 清代僧帽形黑地描金茶壶桶

🍂 清嘉庆绿釉粉彩花卉纹茶船

此外，旧时杭州西湖、南京秦淮河、黄河故道等地，均有茶船画舫。游客可在观赏风光之时，品香茗，吃茶点、茶食，享受小曲与戏曲等精彩片段。

竺济法七绝《读陈汉章家族茶事诗文感赋》云：

望族象山陈氏名，传家耕读善余庆。

撷英清雅茶甘香，浩瀚史篇百世敬。

第二章

好水泡好茶　山里多名泉

象山除了好茶，也有好泉。清泉在象山大地上的山谷里、湿地边、小河畔随处可见。泉水澄净清澈。不与江河争宠，不与湖海为伍，不与污水同流。有的清泉，四处散落，蜿蜒曲折，星罗棋布。年年岁岁，如小夜曲在人世间咏叹；岁岁年年，似交响乐在大自然中回荡。潺潺流淌，与山水高歌，与苍穹天籁，与心灵共鸣。

《蓬山清话》记载："象山龙潭，自锯门洞而外，有东摄、西摄、白龙、白獭、涌泉、青峰、金蛤、金松、天门、平石等潭，祷雨多应。"

《蓬岛樵歌》："二十三潭多卧龙，尾闾汩汩海潮通。东溪道士岩衣碧，阅尽春秋无始终。"

山间幽深的水潭，俗称龙潭，龙潭里的水都是清澈悠深的。象山还有许多神仙传说，像丹井之类，也是泉井，用来泡茶是绝佳的。

《同治志稿》载有嘉兴府冯登府《冬日同人丹井试茶》："茶梦松风昨夜圆，空山岁暮结仙缘。听诗爱坐三层阁，煮雪来寻一勺泉。丹鼎难求医俗药，白衣翻悔出山年。平生惯喜穷荒率，乌帽青鞋夕照边。"

《同治志稿》知县童立成《丹井试茶和冯柳东太史韵》："六角孤亭夕照圆，半瓯茶熟亦前缘。折腰自愧渊明米，洗眼来观贞白泉。敢说冰清怀一勺，未成井养已三年。会须丹灶寻仙去，结侣蓬莱浅水边。"

唐代陆羽《茶经》记载："其水，用山水上，江水中，井水下。"又云："山水乳泉石池漫流者上，瀑涌湍漱勿食，食久令人有颈疾。江水取去人远者，井取汲多者。"概括地说，沏茶以山泉水为最好，水质软，清澈甘美，且含有多种矿物质；以此种水沏茶，汤色明亮，能充分地显示出茶叶的色、香、味。近水楼台先得月，涓涓清泉宜茶饮。东方不老岛，海山仙子国。滨海宜居地，山泉随处有。欢迎海内外爱茶人和游客前来象山掬清泉，品仙茗，乐享清福。

丹山井：教授知县留诗文

丹山井位于丹城城西丹井巷。相传为秦代方士徐福所凿。梁代陶弘景炼丹于此，并投丹于井，故名丹井，俗称丹山井。又因"井水清澈甘美"，以瓮瓶贮之，即有水珠透瓶而出，故有"透瓶泉"之别称。井体石砌，圆形。原石井栏围于宋大中祥符年间（1008—1016），但

现存之石井栏已非原物，为一六角形青石井栏。井栏六面均有字，东面"丹井"二字清晰可认，余则多模糊不清。其中"嘉靖元年壬午岁正月十五吉日"依稀可认。嘉靖元年为1522年，距今已有500余年。

井口围有六角形石栏，高一尺多，呈灰色，颇为光滑。今水深两米多。水井东面是围墙，爬满藤蔓。围墙外立有一碑，上书"丹山井（秦代）"，落款："象山县人民政府一九八四年六月十四日公布"。该处现为县级重点文物保护单位。

唐时象山立县，据说人们在山中挖出蓬莱观碑，碑记述观、井、药炉诸事，因此老百姓改称蓬莱山为炼丹山。到了清朝，炼丹山简称丹山，县城遂称丹城。

南宋象山县令赵善晋，字公直，嘉定(1208—1224)间进士，曾作五律《题丹山井》云："泓泓澈底清，滴滴瓶透冷。灵源何处来，独照贞白影。"

晚清宁波府学教授冯登府（1783—1841），字云伯、柳东，号勺园，嘉兴人。清嘉庆二十五年(1820)进士，选翰林院庶吉士，官长乐(今属福建)知县，改宁波府学教授。中年游闽，修《盐法志》《福建通志》，名震海峤。著有《石经阁诗文稿》等。因编修道光《象山县志》，与象山结下因缘，尤其对象山茶、井、泉情

有独钟，留有 5 篇茶诗文，知县童立成还与之和诗。清道光十年（1830）冬日一天，与知县童立成等 3 人同试丹井，赋有七律《象山试陶真隐丹井泉，同童大令（立成）、马孝廉（丙书）、赵明经庚吉》云：

> 茶梦松风昨夜圆，空山岁暮结清缘。
>
> 听诗爱坐三层阁，煮雪来寻一勺泉。
>
> 丹鼎难求医俗药，白衣翻悔出山年。
>
> 平生惯喜穷荒率，乌帽青鞋夕照边。

首句自注云：前夜梦白髯老人以硃砂白泉相赠。

诗题中除知县童立成之外，马孝廉（丙书）生平未详。赵庚吉生平未详。唐宋时期，明经同为科举之一，尤其宋代等同于进士，宋以后废除，尊称其为明经，说明也是饱学之士。日有所思，夜有所梦。诗人行程安排将赴丹井品茶，于作诗前夜，梦见有白髯老人，赠以硃砂白泉。诗题中陶真隐即陶弘景。当时边上建有三层楼阁。泉甘茶清，诗人赞之为医俗之妙药。

知县童立成和诗《丹井试茶和冯柳东太史韵》云：

> 六角孤亭夕照圆，半瓯茶熟亦前缘。
>
> 折腰自愧渊明米，洗眼来观贞白泉。
>
> 敢说冰清怀一勺，未成井养已三年。
>
> 会须丹灶寻仙去，结侣蓬莱浅水边。

诗题中"太史"是对冯登府之尊称。太史公系古代专职记录官方史料之官职，始于西汉，如《史记》作者司马迁，其述评之语均用"太史公曰"。明代称翰林为太史。诗中写到试茶时在夕阳西下时，当时有六角井亭。诗人自云饮此甘泉已三年，说明到任时间为清道光八年（1826），自愧为了五斗米，无法达到陶渊明"种菊东篱下，悠然望南山"之超然境界，期待闲暇之日去蓬莱仙境寻仙问道。

除了上述七律，冯登府同年还作有《陶贞白炼丹井铭》云：

蓬莱山之趺有泉焉，相传陶贞白炼丹之井，旁有祠有顶，以覆之。泉迸如珠，一名透瓶，冽而甘，深不过尺，白沙以为底。取之不加少，不取不加多，有君子之道焉，岂即所谓仙乎？余以庚寅冬，偕赵君庚吉携茶具，呼童扫落叶，烹丹灶火，踞石试茗，几忘身在万山中也。

题中陶贞白即陶弘景，其谥号为贞白先生。道光十年冬日，作者与友人赵君吉（生平未详），到陶弘景丹井品茗，作此铭记。该铭记载当时井泉边上有小型陶弘景祠堂。当时水深不过一尺，底部有白沙。二位好友品赏甘泉佳茗，乐而忘忧，一时超脱于红尘之外。其中"庚寅冬"即道光十年。

除此之外，冯登府和母亲还热爱象山茶，其七律《润之茂才每岁致明山珠茶》诗中自注："余母嗜象山茶，每岁必寄四饼。"说明当时象山亦产饼茶。

竺济法七绝《读冯登府象山茶事诗文感赋》云：

> 编修县志结因缘，点赞象山茶井泉。
>
> 佳茗年年奉至亲，诗文雅好史书传。

淳熙井：六百年来陶令醉

在象山县政府大楼前的花坛内东侧，静静地伫立着一口古井——淳熙井。它曾是县署的一部分，故旧称县署井，历史可追溯到南宋淳熙三年（1176），仿佛一部活生生的历史长卷，静静诉说着岁月的沧桑。

井边，围着一圈石井栏，高四十厘米，厚二十厘米，仿佛一位守护者，默默地守护着这口古井。栏圈顶上，刻着"淳熙三年重阳日建"八个字，字迹清晰可认，仿佛在诉说着它的来历。井口直径一米，深约七米，井体用石头砌成，底部铺着细沙，历经风雨，依然保存完好，原建的石井栏也依旧存在。

这口井有个奇特之处，那就是久旱不干。无论天气多么炎热，无论旱季多么漫长，井水始终清澈甘润，从未干涸。它的水质纯净，甘甜可口，历来为人们所称颂。

在整个大院内，淳熙井是年代最久远的文物，也是县内已发现的古井之最，具有极高的历史价值。它见证了象山县的变迁，也见证了人们对水的依赖和珍视。1984年，淳熙井被列为县级重点文物保护单位，成为象山县的宝贵财富。

清代文人冯登府曾作诗《题淳熙井》，赞美这口古井的韵味。诗中写道："秋风冷到旧银床，清道淳熙未改唐。六百年来陶令醉，黄花酒说古重阳。"其中，"银床"指的是白色的井栏，象征着古井的雅致与高贵。而"未改唐"则是指象山置县于唐神龙二年，这句诗表达了作者对象山古城历史悠久的感慨。

"六百年来陶令醉，黄花酒说古重阳。"这句诗中的"六百年"指的是淳熙井自南宋淳熙年间建成，至冯登府写此诗时已有六百余年历史。而"陶令"则是指东晋诗人陶渊明，冯登府以此自比，表达了自己对古井的敬仰之情。同时，"古重阳"也暗指淳熙井是在重阳日开凿的，为诗歌增添了一抹节日的喜庆色彩。

诗人冯登府在金秋重阳之日游览淳熙井，感叹象山自唐代建县以来，虽历经

风雨，但这座山海小县依旧保持着古朴的风貌。他自比陶渊明，在重阳佳节之际，来到这口古井旁，品饮菊花酒，享受着宁静与惬意。

这首诗应作于道光十年冯登府编纂《象山县志》时，那时他深入了解了象山的历史文化，对淳熙井产生了浓厚的兴趣。他通过诗歌的形式，将这口古井的韵味与象山的历史文化融为一体，展现出了深厚的文化底蕴和艺术魅力。

如今，淳熙井依然静静地伫立在象山县政府大楼前，成为一道独特的风景线。它见证了象山县的沧桑变迁，也见证了人们对历史的敬畏与传承。每当人们走过这里，都会驻足观赏，感受那份来自历史的厚重与深沉。

锯门洞石泉：飞泉触石玉玎珰

锯门龙洞，位于象山东南锯门山的北侧，直面广袤无垠的大目洋，距丹城约十五公里之遥。这处奇景，自古以来便为文人墨客所津津乐道，它不仅仅是一处自然景观，更承载着丰富的历史与传说。

据宋宝庆年间所修的《四明志》记载："世传五龙聚会于此……日落潮至底，游人入洞中，笋花石乳缤纷悬坠，下有五色石子，极莹润可爱……"每当夕阳西下，潮涨潮落，游人得以进入这神秘莫测的洞中，只见笋花般的石乳缤纷悬挂，五光十色的石子熠熠生辉，宛如人间仙境。

清代诗人曾留下赞美锯门龙洞的诗句："涛声何处起，龙跃锯门潮。顷刻为霖雨，飞腾上碧霄。"诗句中，锯门老龙矫健纵横的雄风跃然纸上，令人心驰神往。

锯门龙洞立于滔滔大海之滨，洞口高大而圆润，分为两穴，内里幽暗深邃，一片漆黑。右洞穴相比左洞穴更为高大，仿佛是大自然的鬼斧神工。洞口的两侧，两道礁岩伸出，如同蟹钳一般守护着洞口，增添了几分神秘与威严。

据《大清一统志》所载："龙洞，在象山县东南二十五里，洞中有石室，广可数丈。天将雨，水如雷鸣，闻十余里。"这描述中，锯门龙洞内的石室宽广，每当天空即将降雨，洞内水声如雷，响彻十余里，让人不得不感叹大自然的神奇与壮丽。

清代象山诗人钱志朗曾以五言诗《锯门龙窟》描绘其险要气势："天为三门险，悬崖若锯展。潮汐相吐吞，蛟龙时游演。上有龙涎香，安得云梯翦。"诗句中，锯门龙洞的险峻与气势被表现得淋漓尽致，让人仿佛置身其中，感受到了大自然的磅礴与力量。

《续汉书·郡国志》亦有记载："锯门山，今县东二十里，自爵溪游衍而东南，趋临大海，其处有石洞，洞口有石泉，分作两门，名锯门洞，山亦因此名也。洞为龙穴，其山上所有孔，俗谓之龙囟。将大风雨，则数日洞口涌水，泻声远闻数十里，岁岁有之……"这段文字详细描述了锯门山的地理位置、石洞的形成以及龙洞与锯门山名称的由来。每当风雨将至，洞口便会涌出清泉，泻声远扬，岁岁如此，成为锯门龙洞的一大奇观。

锯门龙洞内的石泉自山间石隙中喷涌而出，泉水清澈明净，晶莹碧透，宛如翡翠般澄洁。每一滴泉水都蕴含着大自然的精华与灵气，清冽甘美，令人陶醉。

锯门龙洞，这处自然与人文交相辉映的奇景，不仅展现了大自然的鬼斧神工与神奇魅力，更承载着深厚的历史文化底蕴。它让人们感受到了大自然的壮丽与力量，也激发了人们对美好未来的无限憧憬与向往。

白蟹潭：汩汩溪流聚小潭

白蟹潭，一个充满神秘色彩与浪漫传说的地方，坐落于丹西街道白石村西1.5千米的鹰嘴山北坳内。据说，有一只通灵的白蟹曾遁入这片清水潭中，安宁藏身，修炼成精，因此，这潭水便得名"白蟹潭"。在象山等浙东沿海地区，人们习惯将梭子蟹称为白蟹，这也使得白蟹潭之名更加深入人心。

清道光年间的《象山县志》中，有一段关于白蟹潭的生动描述："白蟹潭，其泉自潭蛇行斗折至半山崖下，岩石林立如剑戟，泉挂如帘幕，与石相击如裂帛声。"泉水从潭中蛇行而出，斗折蛇行，流至半山崖下，那里的岩石林立，宛如一把把锋利的剑戟。泉水从岩石间挂下，如同帘幕一般，与岩石相击，发出如裂帛般的声音，令人心驰神往。

飞泉庵，这座古朴的庵堂，静静地矗立在白蟹潭之下。庵内的大雄宝殿气势雄伟，佛像庄严肃穆，香烟缭绕，给人一种宁静而庄严的感觉。庵的西侧，是白

鹤殿，雕梁画栋，两龙含珠，制作精致，充满了艺术的气息。庵后是正殿，高大兀立，与周围的环境和谐相融。

在庵边，泉水潺潺流淌，如同百种乐器同时奏鸣，悦耳动听。这些泉水，犹如大自然的恩赐，源源不断地从基岩裂隙中流出，色清味甘，长流不竭。无论是煮开泡茶，还是直接饮用，都能感受到那清冽生香的口感。

走进山间，翠竹成林，郁郁葱葱。在这里，你可以看到一脉清泉从山间汩汩流下，最终积成一个清澈见底的潭——这便是白蟹潭。这些山泉，有的隐在草窝里，有的藏在树丛里，还有的匿在石罅里，它们默默地往外冒着，有的朴实无华，有的则如弹琴弦般悦耳动听。它们带着大山的爱，带着大山的情，带着大山的恩赐，一股股，一汪汪，晶莹清澈，映着蓝天，映着白云，迎着树影花容，映着人们的笑脸。

白蟹潭的泉水，就像是大自然怀抱中流淌出来的甘霖，清澈甘甜，没有造作，没有污染。它沁人肺腑，滋润灵魂，让人在品尝的同时，也能感受到大自然的恩赐与呵护。无论是炎炎夏日还是寒冷冬季，无论是雨水充沛还是干旱无雨，白蟹潭的泉水都始终如一地流淌着，为这片土地带来了无尽的生机与活力。

在这里，人们可以感受到大自然的神奇与美丽，也可以领略到传统文化的魅力与内涵。白蟹潭，不仅仅是一个美丽的自然景观，更是一个充满文化底蕴和历史传承的地方。

灵岩倒流瀑布：四溅龙珠雷鼓动

灵岩倒流瀑布，这处位于灵岩景区的自然奇观，自古以来便以其独特的魅力吸引着无数游客。据《大清一统志》记载："灵岩山，岩石奇怪极具天巧，有瀑布倒流百余丈。"这瀑布不仅是一处自然景观，更是大自然鬼斧神工的杰作。它呈上中下三叠，垂直总落差近 200 米，其中上叠高达 90 多米，仿佛一条银练自天而降，蔚为壮观。瀑布位于泗洲头镇的峙前村南，因灵岩山南麓的寺庙而得名，与村庄的方位相得益彰，被融合称为峙前。

在民国时期的《象山县志》中，对灵岩瀑布的描述更是生动传神："瀑布缥缈，虹垂林际，长百余丈。有时猿出没瀑间，基波喷沫，如弄潮然。每大雨，水声直捣岩下，轰然如万人鼓石。"每当雨水充沛之时，瀑布从峙前西南面山顶的天上龙湖溢出，汇入两峰之间的谷中，沿着峭壁悬空飞泻而下，一泻百丈，声势浩大，震撼人心。瀑布在强风的吹拂下，水珠四溅，仿佛形成了倒流之势，让人感受到一种飘逸仙境般的美感。在阳光的照射下，瀑布更是披着彩虹，熠熠生辉，美不胜收。

在寒冷的冬季，瀑布则会结成冰凌，挂在前川，形成一幅幅精美的冰瀑画卷。在阳光的照射下，冰瀑晶莹剔透，流光溢彩，宛如人间仙境。

清代诗人潘瀛彦曾游访灵岩山，并留下了脍炙人口的诗篇《游灵岩山》。诗中写道："灵岩渺天际，薄暮气氤氲。架屋凭岩谷，开轩半水云。斜阳渚前没，虚籁座中闻。濠濮悠然想，平生鱼鸟群。"诗人以细腻的笔触描绘了灵岩山的壮美景色，让人仿佛置身其中，感受到大自然的神奇魅力。

缨溪诗社的诗人黄紫娟也曾以《题灵岩山倒流瀑布》为题，赞美了这一奇特的自然景观。诗中写道："银河倒挂绝崖边，织女飞梭知几年。四溅龙珠雷鼓动，喧嚣直上九重天。"诗人用浪漫的笔触，将瀑布比作银河倒挂，织女飞梭，形象生动地描绘了瀑布的壮美与神奇。

这种奇特景观的形成，其实是一种物理现象——流体附壁狭管效应。当遇到强力大气环流天气时，瀑布的水滴会出现倒流的情况，宛如峡谷上空吸水，形成一道壮观的水帘。空谷中回响的水声，如同鼓钟雷鸣，震撼人心。

灵岩与瀑布相互映照成辉，构成了一幅幅美丽的画卷。无论是春夏秋冬，无论是晴雨风雪，灵岩倒流瀑布都以其独特的魅力吸引着游客们前来观赏。在这里，人们可以感受到大自然的神奇与美丽，也可以领略到传统文化的韵味与内涵。

王家寮：龙潭飞瀑千堆雪

王家寮龙潭，这处藏于西周镇上张水库西侧的山间秘境，坐落于王家寮山的环抱之中，犹如一颗璀璨的明珠镶嵌在绿意盎然的山谷间。龙潭瀑布，宛如天地之间的一幅流动画卷，水如澄练，自那高峻的山谷间飞泻而下，其势之磅礴，恍若银河倾泻，溅起千堆雪浪。

初时，水流如细丝般柔和，在山谷间蜿蜒穿行，巧妙地绕过一块块巨石，仿佛在与它们嬉戏玩耍。然而，石头们却似顽童般百般刁难，每每拦截住水流的去路。面对这样的困境，水流并未退缩，而是在后无退路之际，毅然决然地汇集起来，向石头发起猛烈的冲锋。一时间，水声轰鸣，如雷霆万钧，震撼着整个山谷。

那瀑布，宛如一条白色的丝巾在山谷中飘摇，从天而降，其声如龙腾虎啸，回荡在山谷之间，令人心潮澎湃。巨大的水雾腾空而起，弥漫在整个山谷，即便是盛夏时节，烈日当空，身处此地亦能感受到一股寒气逼人。水流汇入潭中，溅起阵阵水花，宛如珍珠般晶莹剔透，闪烁着迷人的光泽。

瀑布落差达三十多米，山托着瀑，瀑滋着树，形成了一幅和谐的自然画卷。瀑布飞泻而下，水珠如玉般洒落，蒸腾成云雾，缠绕在山间树梢，增添了几分神秘与朦胧。细听瀑布之声，仿佛万马奔腾，鼓乐齐奏，又似龙女起舞，仙乐悠扬，让人陶醉其中。

龙潭下游，更有几处浅瀑和水潭点缀其间。乱石林立，层层落差，每当骤雨初歇，溪水便奔腾而下，形成叠瀑，水声潺潺，美轮美奂。这里既是赏景的绝佳之地，又是休闲玩水的好去处，吸引了众多游客前来探访。

瀑水沿着溪流蜿蜒而下，最终汇入上张水库。上张水库位于西周镇上张村，总集雨面积达35.7平方千米，总库容2362万立方米。水库的自然景色秀丽迷人，站在大坝上放眼望去，湖光山色尽收眼底，仿佛置身于一幅巨大的水墨画中。无论是春夏秋冬，这里都是游客们喜爱的游玩之地。

王家寮龙潭，以其独特的自然风光和丰富的文化内涵吸引着无数游客。在这里，人们可以感受到大自然的神奇魅力。

邱家泉：千年白岩泉流出

在象山这片古老而神秘的土地上，白岩之名多不胜数。据道光年间编纂的《象山县志》记载，象山境内曾有三处白岩，而到了民国时期，这一数字又有所增加，民国《象山县志》中更是称象山有四白岩。这些白岩之名，如同珍珠般镶嵌在象山的山水之间，熠熠生辉。

为了更精准地标识和区分这些白岩地名，茅洋乡的人们独具匠心，将一座位于危岩耸立、岩石裸露、色白如玉的山下的村庄，命名为"小白岩村"。这个名称不仅准确描绘了村庄的地理环境，更赋予了这个地方一种独特的韵味和气质。

小白岩村，这座隐匿于山水之间的村庄，位于茅洋乡溪口街北2千米处，稻蓬岩的南麓。村庄沿溪而建，呈"品"字形分布，东起断坑门，南至东山脚村公路，与大湾山相接，北抵稻蓬岩。这里的山水相依，景色宜人，每一寸土地都充满了乡土气息和山水韵味。

而最引人注目的，莫过于村北那座小山上的白色岩石。它兀自耸立，犹如一位守护神，静静地守护着这片土地。在阳光的照射下，岩石呈现出一种温润如玉的光泽，显得格外耀眼。每当风起时，岩石间仿佛会传来悠扬的乐声，让人心旷神怡。

更为神奇的是，离岩石不远的地方，有一股清泉喷涌而出。这股泉水清澈透明，宛如一面镜子，映照出蓝天、白云、青山、绿草、石块和游弋的鱼儿。泉水常年不断，无论春夏秋冬，都保持着旺盛的生命力。村里的老人们常说，这眼泉水是千年之前的龙脉所化，因此被称为"千年白岩泉"。

在小白岩村的路口左侧，建有一座八角亭子。亭子的旁边，一条小溪弯曲而下，两岸草木丛生，生机勃勃。沿着小溪前行，隐约可见前方有一座拱桥矗立在溪上。行至桥顶，抬头南望，与村口的荷叶亭遥遥相应，形成一幅美丽的画卷。扶着桥栏，探头下望，只见溪水清澈见底，拱桥的倒影在水中摇曳生姿，仿佛一幅流动的山水画。

而这股清泉，正是从离桥不远的石墙边上喷涌而出的。泉水汩汩流淌，发出悦耳的声音。村里的老人们常常聚集在泉边，用这清凉的泉水泡茶、洗脸、洗手。在炎炎夏日，喝上一口这清凉的泉水，顿时暑气全消，心旷神怡。

村里的老人们还传诵着一首诗："山腰后有千年洞，海眼泉无一日干。天下苍生望霖雨，不知龙在此中蟠。"这首诗描绘了千年白岩泉的神奇之处，也表达了人们对大自然的敬畏和感激之情。

千年白岩泉，不仅是小白岩村的一道亮丽风景线，更是大自然赋予这片土地的一份珍贵礼物。它见证了村庄的历史变迁，也滋养着这片土地上的生灵。在未来的日子里，它将继续流淌着清澈的泉水，见证着小白岩村的繁荣与发展。

将军泉：贤庠马岙传奇韵

从盛宁线一路北上，抵达贤庠马岙站，踏出车站的那一刻，仿佛能感受到历史的厚重与自然的静谧交织在一起。沿着村道悠闲地步行不过300余米，眼前便出现了一棵大树，它的树冠如同圆盘一般，树干粗壮，树坛更是被村民们精心围拱，仿佛在诉说着岁月的沧桑。

树坛的边上，一条沿坑水泥小路蜿蜒向前，溪水潺潺，清亮透明。那溪水如同一条银带，在山谷间穿梭，发出悦耳的声响。溪边，一片毛竹林苍翠欲滴，竹影婆娑，与溪水相映成趣。

绕过这片竹林，再行五六十米，周边已是陡峭的山坎，仿佛一道天然的屏障，守护着这片净土。而在这山坎的内侧，有一个不起眼的小月洞，洞深约2米。就是这不起眼的石缝里，一股清泉汩汩流出，泉水清澈见底，甘甜润腔，仿佛是大自然赠予这片土地的最珍贵的礼物。

泉水的旁边，立着一块大理石碑，上面刻着"旱井古泉"四个大字。这旱井泉，又被称为将军泉，背后还隐藏着一段与章氏太公有关的传奇故事。章氏，作为马岙村最早的住户之一，其先祖章仁肇，原是福建人士，宋朝时统军领兵，拜授为将军。不知因何缘故，他选择避难到象山。一日，他骑马漫游东乡，路过三角地樟树岭时，只见岙里弄外都是大海，一片壮阔的景象。他沿海滩过平峰山脚，游览仙岩禅寺，正值伏夏久晴，烈日当头，路边树枯草干，人困马乏。

当他过西首三岗顶嘴时，眼前豁然开朗，只见前面山坳树木葱茏，芳草萋萋。马儿一见鲜嫩的青草，便急奔过去呼呼狂嚼，再也不肯前行。将军也趁机乘凉片刻，打起了精神。他寻思这里水草丰美，定有泉水滋润。看看后山不高，山谷不深，也觉得颇为奇怪。于是，他放马由缰，独自缘溪探秘，很快便来到一处岩壁下。他拨开草丛，只见一泓泉水从岩缝里溢出，清澈透明。他捧起一捧泉水入口，顿时觉得沁人心脾，汗流顿消。抬头间，他还发现岩壁上设有神龛，原来这里早有人迹。

将军认为这里背山面海，水源充足，是一块风水宝地。于是，他决定在这里安家落户，娶妻生子。因马儿恋恋不舍于这片青草之地，他便将此地命名为马岙；又因他寻泉结缘，这泉便被称为"将军泉"；而那座山也因这岩泉的扬名而被称为元宝山。章氏在此地迁居已有1000多年历史，子孙繁衍成为大族，历代多人外迁创业，将这里的故事带到了更远的地方。

将军泉的左右，曾经毗邻两座古刹——东为仙岩寺，西为仙隐寺，另有虎山庵。这些古刹与将军泉相互映衬，共同构成了这片土地上的文化景观。2008年，村民们集资重建了这些寺庙，使得它们的历史与文化得以延续。仙隐寺、虎山庵的后背，也有一泓山泉，同样清冽甘醇，与将军泉遥相呼应。

如今，这片土地上的泉水依然流淌不息，它见证了章氏的繁衍与兴旺，也滋养着这片土地上的生灵。无论是过去的大旱之年，还是现在的和平年代，将军泉都如同一位守护者，默默地为人们提供着生命的源泉。它的故事，也将随着岁月的流转，永远流传在这片土地上。

昌国卫古井：九井圣水出榜眼

昌国卫，这座古老的海防历史文化名城，自古以来便以其独特的地理位置和丰富的历史文化底蕴吸引着无数人的目光。它三面环山，一面临海，仿佛是大自然精心雕琢的一件艺术品，既有着山的坚韧与厚重，又有着海的辽阔与深邃。

在昌国卫的西北部，有一条古老而幽静的巷弄，名叫九井巷弄。这条巷弄虽然不长，却蕴藏着丰富的历史和文化内涵。其中最引人注目的，便是那些散落在巷弄间的古井。这些古井，仿佛是昌国卫历史文化的见证者，静静地诉说着过去的岁月。

九井巷弄里的古井数量众多，其中比较著名的有9口。这些古井历经风雨沧桑，仍然保持着完好的形态。现在还能叫得出名字的古井有23口，如大庙井、石垒桥井、六角井、苏祠下井等，每一口古井都有着独特的形状和故事。

这些古井的形状各异，有圆口的，有方口的；有高井口的，也有扁井口的。井圈有的是用整块石头凿出来的，精致而坚固；有的则是用石块拼凑而成，虽显粗糙，却也别有一番风味。井内壁由无数石块垒成，岁月在井壁上留下了青苔的痕迹，水汽氤氲，仿佛能闻到一股古老而清新的气息。

有些古井因为年代久远，井口已经被后人浇上了水泥，虽然失去了原有的古朴风貌，但仍然保留着那份沧桑和历史感。时隔多年，这些古井因为打水的人多，已经呈现出古旧的模样，但它们仍然默默地守护着这片土地，见证着昌国卫的变迁和发展。

在这些古井中，大庙井尤为著名。它深达6丈，传说与唐末五代第一猛将勇南王李存孝神座下那口井相通。这口井久旱不涸，水质清冽甘甜，能疗疮痍。在明朝时期，这里曾出过一个榜眼邵景尧。相传他就是因为经常饮用这口井水才高中榜眼。因此，那时这口井被当地百姓视作宝井圣水，备受尊崇。

如今，在昌国卫的巷弄或居民的院子里，随处可见苔痕斑驳的古井。这些古井不仅是昌国卫历史文化的见证者，更是当地人民生活的重要组成部分。它们为昌国卫人民提供了宝贵的水资源，也见证了这座古城的繁荣与衰落。

值得一提的是，昌国卫之所以拥有如此众多的古井，与其特殊的地理位置和历史背景密不可分。明洪武十七年（1384），倭寇骚扰东南沿海，朱元璋为了加强海防，推行卫所制，在沿海要害地带设置了大量卫所。昌国卫便是其中之一。按照明代的军事编制，卫所筑有城池，是主要的屯兵之所。而昌国卫三面环山，地下水充沛，是适合屯兵的好地方。一个卫有六七千号人，需大量的水资源。因此，在这里掘井取水成为了必然的选择。这些古井不仅为屯兵提供了宝贵的水资源，也成为了昌国卫独特的历史文化景观。

漫步在昌国卫的巷弄间，仿佛能听到这些古井在诉说着过去的故事。它们见证了昌国卫的辉煌与沧桑，也见证了这座古城人民的勤劳与智慧。在未来的日子里，这些古井将继续守护着昌国卫，见证着它的繁荣与发展。

第三章

茶事越千年　还看今茶人

象山产茶历史悠久。象山大地物华天阜。茶的芬香与迷人却一如既往地延续。在这片土地上，虚堂智愚、竺仙梵仙的许多故事都已经远去。那些模糊的字迹，在诉说着如茶一般的精神还一直坚定地存在着。今天还可以再次拥有这些珍贵的文化财富并聆听生生不息的血脉流动。

1949年，象山解放时少有人工栽培茶园记载。20世纪50年代初，象山仅有200亩零星野生茶园，沿用土法烘焙。1956年，大雷山、蒙顶山开始垦山种茶。象山的茶叶开始缓慢发展。60年代中叶后，象山新辟茶园2500余亩，茶叶生产得到迅速发展。象山茶农走出去，请进来，学习制茶技术，引进制茶设备，茶叶生产开始突飞猛进。茶园面积不断扩大，产量迅速增长，茶叶生产得到了快速发展。70年代末80年代初，大徐、黄避岙、儒雅洋三乡开办精制茶厂。县珠茶精制茶厂成立。精制珠茶大批出口。同时，恢复历史名茶，生产珠山白毛尖，被评为省一类名茶。蒙顶山村10户茶农，人均收入超500元，为全国年集体分配人均收入最高单位之一。1982年，象山茶园面积达到25000多亩，仅茅洋乡南充大队茶园面积达到1080亩，居宁波市各县之首，年产茶叶1100吨。

1983年起，随着市场经济的大潮冲击，大批高山、海岛茶园由于交通不便、经营成本高，茶园开始出现荒芜。从此，象山茶叶生产始由产量型向质量效益型转变，名优茶比重明显上升。为浙江省茶叶公司加工的天坛牌特级珠茶获第23届世界优质食品金质奖。试制龙井茶成功。随后，"天池翠""蓬莱天茗""象山天茗""象山半岛仙茗"等名茶纷纷登场，为象山茶叶谱写了新的篇章。

项保连与象山现代茶业的开拓

项保连,一位深受人们敬重的高级农艺师。1965 年,毕业于浙江农学院茶学系,自此踏上了服务农业、服务茶农的漫漫征途。曾任浙江省象山县林业特产技术推广总站站长,他不仅是中国农学会的会员,也是中华茶人联谊会的一员,更是宁波市茶叶学会理事,以其深厚的学识和丰富的经验,为象山的茶业发展贡献了自己的力量。

数十年来,项保连的足迹遍布了象山的茶园,他如一位辛勤的园丁,在群山之间,一片片翠绿的茶园间,播撒着科技的种子,用汗水浇灌着茶农的希望。他说:"看到茶农们脸上洋溢的喜悦,便是我最大的幸福。"

项保连的朋友遍布四野,其中最多的便是那些与他并肩作战的茶农。每当茶农们遇到难题,他总是第一时间赶到现场,仔细观察,耐心讲解,为茶农们提供切实可行的解决方案。手机普及后,他更是将自己的号码广而告之,随时准备接听茶农们的求助电话,为他们排忧解难。

面对象山县茶叶生产的种种困境,项保连并未退缩。他深入研究,提出了茶叶面积亩产 150 千克以上的模式栽培技术,并带领林业特产技术推广站的同事们,完成了一系列科技成果的转化。他们的努力不仅频频获得省、市、县的农业科技成果奖,更为象山的茶叶生产带来了实实在在的效益。

茅洋乡小白岩天池翠茶场场长郑家水感慨地说:"自从采用了项站长的管理

方法，我们茶园的病虫害少了，茶叶品质提高了，销售价格也上去了，甚至还供不应求。项站长总是第一时间赶到现场，耐心指导我们解决问题。"

项保连不仅关注技术的推广，更重视人才的培养。他经常到各个乡镇开展茶叶种植技术管理培训，将科学管理的理念和技术传授给茶农们。在他的指导下，无数茶农尝到了科学管理的甜头，也让科学管理的理念在茶农间生根发芽。

作为开发象山名优茶的前辈，项保连为培养象山名优绿茶作出了卓越的贡献。他的女婿周海波在他的引导下，也加入了"天池翠"的研制队伍，为推广象山的名优茶贡献了自己的力量。

担任过象山县副县长的陈世灿回忆起与项保连的交往，满是感慨。他说："项保连不仅是我的学长，更是我的良师。在大学时期，他就给予了我很多帮助。毕业后，我们在象山重逢，他在茶叶产业方面的专业知识和丰富经验，给了我很多指导和启示。我们一起接待了多位茶叶界的专家，为象山的茶业发展注入了新的活力。"

1987 年 9 月，浙江省茶树良种会议

项保连长期从事茶叶专业技术推广工作，他的科技项目多次获得省、市、县的科技进步奖。其中，"象山银芽名茶产品研究"更是荣获了中国茶叶学会 1994"中茶杯"全国名优茶评比一等奖和中国第二届农博会银质奖，为象山的茶业发展再添浓墨重彩的一笔。

如今，项保连已经年过八旬，虽然已离开了他热爱的茶叶事业，但是他的事迹和精神，将永远铭刻在象山这片热土上，成为后人学习和传承的宝贵财富。

古法制茶技艺的传承

采茶、杀青、揉捻、装坛……这一连串看似寻常的工序，实则是岁月流转中沉淀下的智慧结晶，它们不仅是技艺的展现，更是茶农们淡泊名利、坚守初心的象征。唯有身临其境，方能领悟其中蕴含的博大精深；唯有亲身体验，才会对这份古老的技艺心怀敬畏。

象山，这片古老的土地，孕育着一种独特的古法烘焙制茶技术。时光流转至 20 世纪 50 年代初，象山的茶农们依然沿用着这种世代相传的制茶技艺，蒙顶山的茶农郑金和和张国兴便是其中的佼佼者。

蒙顶山，坐落于西周镇的南面，因春夏时节云雾缭绕、蒙顶如盖而得名。这里峰峦叠翠，草木葱茏，云雾弥漫，气候湿润，是茶树生长的绝佳之地。高山云雾之间，孕育出了品质上佳的蒙顶山云雾茶。蒙顶山村，曾是县内唯一的茶叶专业村，所产的"云雾茶"以其形美、色绿、香高、味醇而名扬四海。蒙顶山的顶峰海拔高达 584 米，山顶气温低，湿度大，几乎日夜笼罩在浓雾之中，为茶树提供了得天独厚的生长环境。山上还有天寿寺，僧人们的禅修之地，也为这片土地增添了几分神秘与宁静。

1956 年，张仁吉与儿子张梅荣积极响应政府号召，带领全家人前往蒙顶山开垦荒地。1959 年，他们从一位僧人那里学会了手工制茶技术，并开始了茶叶的批量生产。1963 年，张国兴出生在这个充满茶香的家庭，从小便跟随父亲学习手工制茶技艺。进入 70 年代，村里引进了一台 12 马力柴油发电机用于加工制茶，茶叶产量大幅提升，年产珠茶约 5 万市斤，村民们的生活水平也有了显著改善。到 70 年代中后期，开垦的茶园已达 200 亩左右，经济收益在全县农村中名列前茅，甚至引起了《人民日报》的关注。

自 1983 年实行联产承包制度以来，张国兴与父亲张梅荣依然坚持使用手工古法加工绿茶，后来虽然采用了小作坊式的先进机械加工方式，但在最后一道工序上，他们依然保持着手工制茶的传统。张家父子从事手工制茶生产已有 60 多年，如今张国兴依然传承着这份手艺，他生产的蒙顶山高山云雾茶深受上海、杭州等各大城市消费者的喜爱。

张国兴的手工古法制茶技艺，可以说是象山制茶技艺的集中代表。他的制茶过程共有八道工序，分别是择茶、摊晾烘干、杀青、揉捻、二遍杀青、二遍揉捻、三遍杀青和装坛。每一道工序都蕴含着深厚的茶文化和制茶智慧。

择茶时，张国兴将鲜叶轻轻摊放在簸箕里，细心簸出败叶和散叶，确保只留

🌱采

🌱炒

🌱拣

🌱杀青

下品质极佳的芽尖。摊晾过程中，他将鲜叶均匀地摊放在簸箕或竹席上，轻轻翻动，避免损伤茶叶。这一步骤需要持续三至四小时，以确保茶叶的水分得以均匀散发。

杀青是制茶过程中至关重要的环节。张国兴将摊晾后的鲜叶放入柴火铁锅中进行杀青，根据温度和湿度的变化灵活调整火候。这一步骤对茶叶的品质起着决定性作用，炒出的茶香是否浓郁，全看这一道火的掌握。

揉捻则是将杀青后的茶叶放入簸箕中进行揉捻，时间约为十分钟。张国兴以顺时针方向轻轻揉捻茶叶，使其逐渐变得细软轻盈，并卷转成条。这一步骤不仅塑造了茶叶的外形，还促进了茶叶内部物质的转化。

古法手工制茶全凭手感拿捏火候。温度低了，茶味难以充分释放；温度高了，茶叶则容易焦煳变苦。因此，炒茶师傅需要凭借丰富的经验和敏锐的感觉来掌握火候。手不离茶，茶不离锅，揉中带炒，炒中有揉，这种炒揉结合的方式需要连续操作，直至起锅成茶。在整个制茶过程中，每一个步骤都需要一个不同的温度，而这些温度的把握全依赖于炒茶师傅的那双灵巧而敏锐的手。

正是这样的坚守与传承，使得象山的古法烘焙制茶技艺得以延续至今，并绽放出更加璀璨的光芒。张国兴和他的手工制茶技艺，不仅是象山茶文化的瑰宝，更是中华民族传统工艺的骄傲。

象山茶与龙井茶结缘故事

"西湖龙井"茶与象山的缘分，实在是一段令人意想不到的佳话。据 1988 年浙江人民出版社出版的《象山县志》记载，早在 1984 年，象山便成功试制出了龙井茶·翌年，黄避岙茶厂更是与杭州梅家坞携手合作，共同生产出了 230 担优质的龙井茶。这一成就，对于象山人民来说，无疑是事前未曾预见的惊喜。

追溯这段缘分的起点，竟与数十年前天津市民的一次品茶经历紧密相连。当年，引滦入津工程浩大开工，为天津市带来了源源不断的新水源。而在这一工程竣工之际，主持国务院工作的时任副总理万里视察天津，提出了一个别出心裁的建议：鉴于时任天津市委书记来自浙江龙井茶之乡，他建议领导发给市民小包龙井茶，用滦河新水煮茶，共庆这一民生工程的圆满完成。这一建议迅速得到了媒体的广泛报道，引起了社会各界的关注。

而在这段历史背景下，黄避岙乡办精制茶厂厂长李通官，成了连接象山与龙井茶的牵线人。李通官曾经将象山的茶叶远销至金华、杭州、福建、山东、天津等地，凭借着茶叶的卓越品质，赢得了广泛的赞誉，使象山黄避岙茶叶名扬四海。

1985 年清明节前夕，杭州梅家坞村党支部书记卢正浩带领 45 位炒茶师傅来到高登洋茶场，与黄避岙茶场合作加工龙井茶。这一合作不仅为黄避岙农民提供了难得的学习机会，更使得象山黄避岙出产的龙井茶在产地选择、工艺制作、人员配备等方面，均达到了与梅家坞茶农同等的水平。技术人员在象山严格监制，对炒制龙井茶的质量要求一丝不苟。

龙井茶，作为"国茶"之典范，其形态光扁平直，状如雀舌，色泽翠绿微黄，香气清幽高雅，滋味甘鲜醇和，汤色碧绿黄莹，叶底嫩匀成朵。在炒制过程中，每一位师傅都全神贯注，不敢有丝毫懈怠。每天，专职评茶师都会对各位炒茶师傅炒制的龙井茶进行严格的审评。50 只茶叶样盘，每天炒制完毕后送入评茶室，由评茶师逐一检查。评茶过程公正公平，确保茶叶质量的稳定与提升。

梅家坞的炒茶师傅们不仅带来了精湛的手艺，还悉心传授给当地的徒弟。徒弟们大多是当地农村的小姑娘和小伙子，他们勤奋好学，很快就掌握了炒制扁形茶的技巧。其中，象山农林局林特总站的技术人员俞茂昌，便是这批学徒中的佼佼者。他借此机会上山学艺，不仅学到了制作龙井茶的基本技术，更在日后的实践中不断精进。

那时的炒茶场面蔚为壮观。在茶场的大厂房里，弧形排列的灶台一字排开，100多人忙碌其间。砖头垒砌的土灶前，一人一锅专注炒茶，旁边两人负责烧火。灶内的柴火熊熊燃烧，整个礼堂里弥漫着浓郁的茶香。周围的人们纷纷伸着脖子往里瞧，好奇地观望着这一盛况。

梅家坞的炒茶师傅们在象山度过了数个春秋，每年春季都会炒制出大量的龙井茶。在这期间，李通官与李达震父子与炒茶师傅们建立了深厚的友谊。他们经常邀请师傅们共进晚餐，畅谈茶道。在师傅们的悉心指导下，李达震逐渐掌握了龙井茶炒制的精髓，并将其发扬光大。

时光荏苒，30多年过去了。当年的小姑娘已经成长为象山扁形茶炒制的中坚力量。她们依然坚守在象山的各个茶场中，继续为茶叶事业奉献着自己的热情与智慧。更值得一提的是，她们还培养出了上百位徒弟，将梅家坞龙井茶制作的优良传统代代相传，为象山扁形茶的品质提升注入了新的活力。

如今，象山的龙井茶已经名扬四海，深受消费者们的喜爱。这一成就的取得，离不开当年那些勇敢尝试、不懈努力的象山人民和炒茶师傅们。他们的故事，将永远成为象山茶文化中的一段佳话。

象山县茶厂的风雨历程

自 1966 年起，象山县便致力于茶叶生产的蓬勃发展。在集体种茶的推动下，政府提供资金补助，并出台奖售政策以激励茶叶的投售。从种植到初制，每一步都伴随着技术的细致指导。因此，那些曾经荒芜的山坡很快便披上了翠绿的茶园新装。全县的茶叶产量迅猛攀升，品质也随之日益精进。

在计划经济时代，茶叶的收购由基层供销社负责，随后全部转至县土特产公司（前身为经理部）进行统一调配。公司则严格遵循省茶叶公司的计划，将茶叶运送至指定的精制茶厂或储存库。各县在这一过程中，通过茶叶的生产、收购和调拨，实现了收入的增加和利税的获取。然而，这些收入仅仅是冰山一角，真正的利润大头在于茶叶的精制和销售环节。

随着改革开放的浪潮翻涌，社队企业（后演变为乡镇企业）敏锐地捕捉到了这一商机。各地纷纷建立起集体精制茶厂，它们勇敢地突破了计划经济的束缚，实现了初制与精加工的一体化，并自行销售产品。茶叶市场的繁荣为它们带来了丰厚的利润。

1978 年底，象山县党代会提出：因地制宜，大力发展茶、桔生产，目标是"茶、桔各 7 万亩"。当时，与象山县毗邻的三个县已率先行动，宁海的花茶厂、奉化的精制茶厂以及鄞县的福泉山茶厂在建成后均取得了显著的经济效益。这使得茶叶资源同样丰富的象山县建立精制茶厂的需求变得尤为迫切。但遗憾的是，当象山县计划建立精制茶厂时，省里已经停止了公办精制茶厂项目的审批。面对这一困境，县里不得不采取与已投产的三家社队办精制茶厂联合办厂的方式，获得批准由县供销社建立象山茶厂。经过多方沟通努力，象山茶厂最终成功与省茶叶进出口公司挂钩，成为其下属绍兴出口珠茶拼配厂的重要成员之一。随着生产计划的顺利下达，珠茶所需的原料以及包装箱用的三夹板、铝箔等辅料也得以迅速落实。同时，内销茶如眉茶、茶末等也都有了调拨计划。

1981年，象山茶厂在包于民、陈为民、陈志斌三人的领导下正式成立。随后，从基层供销社等部门中抽调了十多名精干人员，组建了包括基建、财务、供销、生技和办公室在内的完整工作团队。其中，生技部门负责进厂毛茶的检验、精制茶生产的质量控制以及成品检验和拼配等关键环节，成为茶厂的核心部门。

茶厂选址于城西象石公路旁的山坡上，征用了五丰、南门、羊行街等大队的38亩山地。按照政策规定，茶厂招收了20名土地征用工，他们在茶厂的基建和生产中都表现出了出色的能力。

在资金方面，县供销社提供了2万元的启动资金和一辆旧货运车，而建厂所需的主要资金则通过农行贷款获得。按照"先生产后生活"的原则，茶厂优先建成了1200多平方米的厂房和800多平方米的仓库。随后又逐步完善了办公用房、食堂以及其它辅助设施。

在设备和技术人员方面，茶厂购置了当时较为先进的多层自动茶叶烘干机、炒车、圆筛机、分筛机等设备，并采用绍兴茶厂的二手货以节约成本。同时，从绍兴茶厂聘请了经验丰富的退休老工人担任制茶和技术指导工作。制茶车间的工人在经过嵊县三界茶厂的短期培训实习后，回到象山茶厂在绍兴师傅的悉心指导下开始生产。

象山茶厂在生产出口珠茶的同时，也积极开拓内销市场，推出了毛烘青茶等产品。为了丰富产品线，茶厂曾尝试将特、一级毛烘青茶坯运往福建茉莉花产区进行窨制茉莉花茶，并取得了不错的市场反响。此外，茶厂还利用厂区空地种植茉莉花和白兰花，自行窨制茶叶，进一步提升了产品的品质和香气。

在生产过程中，茶叶的评级是至关重要的环节。评级不仅关注茶叶的外形，更注重其内质，包括冲泡后的汤色、香气、嫩度和叶底等因素。影响茶叶内质

的因素众多且复杂，包括天气、地理环境和人为因素等。为了确保茶叶的品质，茶厂对生产过程中的每一个环节都进行了严格的把控和管理。

在原料方面，茶厂接收来自各地各山头的平炒青，这些原料的内质差异很大。进厂后，生技部门会对其进行严格的开汤检验和评级，记录留样后分别储存，并根据需要进行烘干处理以控制水分含量。

在生产计划方面，生技部门会根据进厂毛茶的情况进行精心安排。第一道工序是炒茶，通过多次加热和翻炒使平炒青更加紧密圆润。随后的圆筛、分筛、拣茶等工序则是将茶叶按照体积和比重进行分类和处理。在处理过程中，茶厂还会加入用糯米粉制成的糯糊进行"吃糊"操作，使茶叶外表裹上一层薄薄的外衣并光亮成珠。每班生产的不同类型的茶叶都会进行严格的过秤、取样和记录，然后分别装箱或装袋入库暂存。

在茶叶拼配方面，拼配师傅需要根据各批次样品的内质差异进行无数次的搭配和尝试。他们通过不断开汤、计算和调整，最终确定一个最佳的拼配方案。这个方案既能达到出口标准确保不退货，又能最大限度地利用已制成的各种号茶从而获得最大的经济效益。拼配完成后，车间的最后一道工序是匀堆。由于茶厂没有匀堆机，这一步骤需要靠人工完成。工人们将已分类存储的茶叶按照拼配方案称重后重新均匀地混合在一起。匀堆完成后经过抽样检验合格就可以装入外销茶木箱并运往绍兴出口茶叶拼配厂了。

然而就在大家满怀信心准备大干一场时，茶叶市场行情却发生了巨变由卖方市场转为买方市场。原先的计划和合同都化为了泡影，1983年开始推销茶叶成为了茶厂的重要工作。面对困境，厂长和副厂长也不得不亲自出马走南闯北推销茶叶。

在这一时期，很多茶厂因为茶叶滞销而倒闭，但象山茶厂凭借外销珠茶的计划支撑以及努力推销各种内销茶得以在困境中坚持下来，并不断提高珠茶的质量。

1984 年对象山茶厂来说是一个值得骄傲的年份。这一年省茶叶进出口公司的"天坛牌"3505 珠茶在西班牙马德里获得了金奖。作为为其提供 3505 号茶的精制茶厂之一，象山茶厂也分享了这一荣誉和奖金以及当时非常珍贵的外汇收入。这份荣誉不仅是对茶厂产品质量的肯定，也是对其在困境中坚持不懈努力的认可。

除了专注于茶叶生产外，象山茶厂还积极开展多种经营以增加收入来源。他们生产小包装茶叶、西洋参茶叶颗粒等产品，并建立了吹塑车间生产出口编织袋衬袋等辅助产品。在后任厂领导胡望荣、姚金玉、周茂荣、吴正杰、张建国等人的不断努力下，茶厂保持了年年赢利的良好势头。1989 年茶厂用自身的积累在靖南路建造了一栋 5 层楼的职工宿舍，为职工们提供了更好的居住条件。这也是茶厂发展壮大的一个缩影。

然而随着时间的推移，市场的变化以及企业体制的改革，象山茶厂也经历了转制的历程。1999 年年底象山茶厂完成了转制工作，成了一家私营企业。幸运的是，在转制过程中茶厂已经还清了银行贷款，并且没有其它债务负担，得以轻装上阵迎接新的挑战和机遇。

如今随着史家山隧道的建成通车，曾经的象山茶厂已经消失在了历史的尘埃之中。然而那些当年职工种植在厂区的香樟树却得以保留下来，成了城市中的一道风景线。它们高大的身影似乎在诉说着当年茶厂机器隆隆、茶香四溢的辉煌岁月。

义超茶叶：一代茶企的辉煌与沉寂

象山义超茶叶有限公司，一度是象山县最大的茶叶出口生产基地，集茶叶种植、加工生产、研发销售于一体的企业巨头。它不仅是宁波市农业龙头企业，更在浙江省林业龙头企业中占据一席之地。

自2002年成立以来，公司坐落于贤庠镇象山港工业开发区，拥有17500平方米的占地面积和26400平方米的建筑面积。其产品线丰富，包括中高档绿茶、珠茶和眉茶系列等20余个品种，产品远销冈比亚、摩洛哥、毛里塔尼亚、几内亚、加纳、伊朗、巴基斯坦等多个国家和地区，出口比例高达98%。公司凭借卓越的品质管理，获得了ISO9000、HACCP无公害农产品等多项认证，并在全省茶叶行业自行加工出口综合实力评比中名列前茅。

在2012年的巅峰时期，公司拥有员工260余人，其中高级管理人员、农业食品技术人员以及品茶调配师等专业人才齐聚一堂。公司总资产高达34亿元，固定资产2200万元，实现产值1.7亿元，销售收入1.75亿元，利税380万元，出口创汇2900万美元，出口茶叶1.02万吨，业绩斐然。

公司建立了完整的产业链，以"企业＋基地＋农户＋出口"的模式运作，创建了1200亩的茶叶示范基地，并在象山、宁海、安吉、四川、湖北等地建立了约5万亩的茶叶原料种植基地，联结农户2万户。所有基地均获得了无公害农产品产地认证，不仅保证了茶叶的品质，也为200多名农民工提供了就业机会。

义超茶叶始终注重茶叶的外形、汤色和滋味，致力于生产符合国外消费群体口味的优质茶叶。公司从源头抓起，95%以上的出口茶叶均来自公司种植备案基地，从而确保了茶叶的质量安全。在茶叶原料的采购、检验、生产加工、产品储存、抽检、出运等各个环节，公司都实施了严格的质量和卫生安全管理监督。对检查中出现的问题进行及时纠正，并提出预防措施，使茶叶的质量管理体系逐步走向规范化、标准化。

公司总经理陈定义是贤庠镇马岙村的村民。他自 1994 年开始经营茶叶，当时象山县的茶叶生产正处于低谷期。产量产值大幅下降，多家精制茶厂因亏损而关闭，茶叶公司也陷入半停产状态。茶农们面临着卖茶难的困境，而外地茶商却趁机压价。在这样的背景下，陈定义毅然决然地开始了茶叶的购销业务。当年他就收购了 400 吨茶叶，并在接下来的几年里不断扩大收购量。至 1998 年，他的收购量已达 2250 吨，创产值 1500 万元。其中 70% 以上的茶叶来自象山县本地，有力地推动了当地茶叶生产的稳步发展。

在 1992—1994 年期间，由于茶叶流通体制和国际市场行情的变化，象山县的茶叶生产再次受到严重冲击。多家精制茶厂相继停产倒闭，大量茶园被改种或荒芜。茶农们再次面临投售无门的困境。在这样的背景下，陈定义承包了南峰岗林场，并通过与外地客商建立销售关系，获得了较高的经济效益。他从承包茶园转入贩销茶叶，当年贩销量达 0.8 万担，产值达 260 万元。

1998 年秋，各精制茶厂出口困难，资金积压严重，几乎全部停止了毛茶收购。茶价暴跌，茶农们再次陷入困境。为了减轻茶农的负担，陈定义收购了 20 万斤秋茶，并从宁波农资公司调运了 100 余吨农药、化肥等农资支持茶叶生产。同年下半年，他又投资 120 万元兴建了一座年精制能力达 2 万担的精制茶厂，尽最大努力收购茶叶并为茶农提供服务。

1999 年，陈定义兴办茶叶精制加工厂，开始从事茶叶的精制加工以提高产品附加值，并增强市场竞争力。经过几年的努力和闯荡，他与多家知名茶叶进出口公司以及俄罗斯、摩洛哥的代理商建立了稳定的销售关系。根据客户需求生产了龙井、茉莉珠茶及大宗珠茶等多个品种，开展多品种经营策略。

进入 21 世纪初在国际经

济低迷的大环境下，象山义超茶叶有限公司积极调整策略，开拓国际市场，取得了显著的业绩。2011 年公司实现产值 2.7 亿元、销售收入 2.23 亿元、利税 705 万元、创汇 3500 万美元。多次荣获象山县出口先进企业、重点骨干企业、农业龙头企业等荣誉称号。

然而自 2014 年起，因各种内外部因素的影响，公司逐渐陷入困境，最终不得不歇业。尽管如此，象山义超茶叶有限公司在推动象山县乃至更广泛地区的茶业发展方面所作出的贡献，仍然值得我们铭记。

南充茶韵

——郑氏父子的绿色传承

在五狮山的怀抱中，南充茶场静静地矗立，仿佛一位岁月的守望者，见证着郑建国、郑希敏父子与茶叶的不解之缘。

自 20 世纪 80 年代起，郑建国便与茶叶结下了深厚的情谊。当时，南充村的千亩茶园是远近闻名的"红旗"，而郑建国一家分得的近两亩茶园，成为了他茶叶事业的起点。他怀揣着对茶叶的热爱与执着，用心培育、精心管理，每一片茶叶都凝聚着他的汗水与心血。

随着时代的变迁，郑建国敏锐地捕捉到了茶叶市场的脉动。1985、1986 年，他毅然承包了附近的小白岩茶厂，通过收购青叶加工成珠茶等出售，两年间便赚得了 1500 元。这在当时无疑是一笔可观的收入，也坚定了他在茶叶行业闯出一片天地的决心。

此后，郑建国不断扩大产销规模，于 1987 年借来 700 元钱承包了丹城桥头林茶厂。他凭借着过人的胆识和精湛的制茶技艺，将茶厂经营得风生水起。当时炒制的一斤毛峰能卖到 30 元，这在当时的市场上已是相当高的价格。

然而，郑建国并未满足于眼前的成就。他深知，要想在茶叶市场上立足长远，必须不断创新、提升品质。于是，他利用家乡的荒地开辟出了 50 亩茶园，搞起了茶叶母本园，培育茶叶良种。他的茶叶不仅销往全县各地，还远销奉化、宁海等地，赢得了

广大消费者的青睐。

1999年，郑建国亲手炒制的绿茶荣获象山龙井一等奖，这是对他多年来辛勤付出的最好回报。此后，他的茶园面积逐年扩大，品质也不断提升。2003年，他注册了"五狮野茗"商标，茶场也开始引入先进的加工设备。在郑建国的精心打造下，"五狮野茗"茶叶在全县首家通过绿色食品认证，成了茶叶市场上的佼佼者。

随着茶场规模的不断扩大，郑建国也逐渐从一位普通的茶农成长为一位杰出的企业家。他深知人才的重要性，因此不惜重金聘请中国国际茶文化研究会名誉副会长、中国农科院茶叶研究所原所长程启坤等专家来指导高档红茶的加工。在专家的帮助下，南充茶场成功开发了以"甘、醇、香、活"为特色的"野茗红"红茶，开创了当地生产单一传统绿茶的历史先河。

"野茗红"红茶的推出，不仅丰富了茶场的产品线，也为消费者带来了全新的口感体验。其原料采用鸠坑种茶青，外形色泽乌润，汤色红艳明亮，香气高爽带甜花香，味道鲜醇甘爽。品饮之后，仿佛有一种昙花香在口腔中回荡。这款红茶不仅价格比绿茶高出许多，而且耐储藏，受众更广。在第十二届"中茶杯"全国名优茶评比中，"野茗红"红茶荣获一等奖；在2019年6月"浙茶杯"红茶评比中，"野茗红"更是一举夺得金奖。这些荣誉的背后，是郑建国对茶叶品质的极致追求和对制茶技艺的不断创新。

除了红茶之外，南充茶场还引进了绿茶黄化茶新品种——黄金芽。这种茶叶适合多季节生产名优茶，产量较高。其茶芽呈金黄色，加工出来的干茶亮黄、汤色明黄、叶底纯黄、口感较为鲜爽。目前，种在山地的20亩黄金芽已经投产，每年能为茶场带来可观的收益。

此外，南充茶场还新开发了工艺白茶——"古枫贡眉"。这款茶学习福建贡眉的制作方法，茶毫心明显，茸毫色白且多，芽头清晰明显。沸水入茶后，香气弥漫开来，茶汤澄澈无杂质；汤色呈橙色或深黄色；叶底匀整、柔软、鲜亮；迎光看去时，叶片还可透视出红色的主脉来；让人在品茗之余也能欣赏到茶叶之美。

如今，郑建国的儿子郑希敏已经接过了父亲的事业。他从小就在茶园中长大，对茶叶有着深厚的感情。每年新茶上市时，他都要亲自参与炒制工作，确保每一片茶叶都能达到最佳的品质。他深知制茶的辛苦与责任，也深知这份事业带来的幸福与快乐。他说："茶已经成为了我生命的一部分，我将坚守这片阵地，将制茶技艺传承下去。"

茶香漫溢致共富

在浙江的东海之滨，象山半岛宛如一颗璀璨的明珠，镶嵌在碧波荡漾的海面上。这里，群山环抱，云雾缭绕，得天独厚的自然环境孕育了一片翠绿的茶叶世界。而在这片茶叶的海洋中，有一位名叫方乾勇的奉化籍高级农艺师，用他的智慧和汗水，为象山茶产业的发展谱写了一曲动人的共富篇章。而与他并肩奋斗的，还有郑家水、俞兴球等一批优秀茶农，他们的事迹同样令人感动和敬佩。

方乾勇，一个与茶叶结下不解之缘的名字。自1982年从浙江农业大学茶学系毕业后，他便被分配到象山县大徐区林特站工作，从此与茶叶结下了不解之缘。他骑着自行车，翻山越岭，走村串户，指导茶农生产，防治病虫害。他与茶农同吃同住同劳动，白天一起劳作在茶园里，晚上则围坐在灯火下，交流种茶经验，提炼实践智慧。在他的带领下，象山县的茶叶产业逐渐焕发出生机与活力。那些年，方乾勇的身影成了象山茶园里一道最亮丽的风景线。他熟知每一片茶园的位置，了解每一种茶树的生长习性。在他的脑海里，有一幅清晰的茶园地图，指引着他为茶农们送去最贴心的服务。而茶农们也在他的指导下，逐渐掌握了种茶育茶的技术，茶叶的产量和质量都得到了显著提升。

1986 年，方乾勇因工作出色被提拔为象山县墙头乡乡长。然而，他的内心却始终牵挂着那片翠绿的茶园。三年后，他毅然决然地辞去了乡长的职务，回到县林特总站，继续投身于他热爱的茶叶事业。他说："我的根在茶园，我的心在茶农。"在方乾勇的带领下，象山的茶叶产业迎来了新的发展机遇。他借鉴日本绿茶生产的先进经验和技术，对象山茶园进行了改良和优化。他引导茶农们保留部分早芽品种以满足市场尝新的需求，同时大面积栽种中芽、迟芽品种以保证茶叶的持续供应。这一举措不仅提高了茶叶的产量和质量，还为茶农们带来了更丰厚的收益。

而在方乾勇的引领和激励下，郑家水也成了象山茶产业中的一位佼佼者。郑家水是茅洋家水茶场的场长，他的茶场位于荷花芯山麓，这里是象山县茶叶的重要基地之一。他深知茶叶对于当地农民的重要性，因此致力于探寻一条致富之路。他承包了闲置的山地，开发了茶园，并建立

了名优茶加工厂。他不仅关注茶叶的种植和加工，还积极推广和销售茶叶，为其他茶农解决了销售之忧。在他的带领下，小白岩村成了全县有名的茶叶种植基地，茶叶品质得到了极大的提升，也带动了周边茶农的共同发展。

郑家水对茶叶的热爱和投入不仅仅体现在种植和加工上，更体现在他对茶叶文化的传承和推广上。他积极参加市、县举行的茶叶展览、评比活动，不仅获得了多项荣誉，也让更多的人了解到了象山茶叶的魅力。他还主动承担茶叶销售的风险，通过统一收购和加工的方式，帮助茶农们解决销售难题，提高了他们的收入。他的茶场也成为了"天池翠"茶叶的主产区之一，为象山半岛仙茗的公用品牌贡献了重要力量。

除了郑家水之外，俞兴球也是象山茶产业中的一位杰出代表。他是象山县第一位种植黄金茶的茶农，在海拔300米高的西周镇伊家山上开辟了6亩黄金茶园。黄金茶不同于普通的绿茶，它的氨基酸含量高达9%，市场价值较高，被誉为茶中贵族。然而，黄金茶的种植技术要求也相对较高，俞兴球在种植过程中遇到了不少困难。但他并没有放弃，而是不断学习和探索新的种植技术和管理方法。他参加了市里组织的茶叶栽培知识培训，向专家请教种植要领，并购买了专用的遮阴膜等设备来保护茶树。在他的精心管理下，黄金茶园逐渐发展壮大，并带动了周边茶农的种植热情。如今，象山县的黄金茶种植面积已经不断扩大，成为茶叶产业中的新亮点。

俞兴球的成功经验不仅仅在于他的种植技术和管理水平，更在于他的创新精神和市场意识。他敢于尝试新品种和新技术，勇于承担风险并寻找市场机遇。他的成功也为其他茶农提供了宝贵的借鉴和启示，让他们看到了茶叶产业发展的新方向和新希望。

在方乾勇、郑家水、俞兴球等一批批优秀茶农的共同努力下，象山的茶叶产业不断蓬勃发展壮大。他们用智慧和汗水浇灌出这片充满希望的土地，让茶叶成为村民们共同富裕的金色钥匙。他们的事迹不仅仅是一段段感人的故事，更是象山茶叶

产业发展历程中的宝贵财富和动力源泉。在未来的日子里，我们相信象山的茶叶产业将继续保持蓬勃发展的势头，书写更加辉煌的共富篇章！同时，我们也期待着更多的优秀茶农加入到这场共富的奋斗中来，为象山的茶叶产业注入新的活力和动力！

茶香萦绕南峰岗

1968 年，那是一个风起云涌的年代，毛泽东主席的一声号召，如同春雷般唤醒了无数渴望改变命运、投身祖国建设的知识青年。他们怀揣着梦想与热情，从城市的喧嚣中走出，踏上了通往广大农村的征途。在随后的十年间，象山县这片充满生机与希望的土地，迎来了数百名这样的知识青年。他们在这里植树种茶，育苗培土，用青春的汗水浇灌着这片热土，书写着属于自己的奋斗篇章。

南峰岗知青茶场与贤庠沈家洋知青茶场，是这段历史中最为耀眼的两颗明珠。它们不仅见证了知青们的辛勤付出和无私奉献，更成了那个时代精神的象征。

南峰岗，一个如诗如画的地方。主峰海拔 450 米，常年云雾缭绕，仿佛仙境一般。这里的竹木茂盛，土壤肥厚，风清气润，为茶叶的生长提供了得天独厚的条件。当知青们来到这里时，他们被眼前的美景所震撼，同时也深感肩上的责任重大。他们开垦了 300 余亩的茶山，将一片片翠绿的茶园点缀在山坡之上。每一棵茶树都倾注了他们的心血和汗水，每一片茶叶都寄托着他们的希望和梦想。

在茶场的日子里，知青们过着艰苦而充实的生活。他们住在简陋的宿舍里，每天天不亮就起床劳作，直到夜幕降临才收工休息。开荒、种植、施肥、采摘……每一项工作都需要付出巨大的努力和辛勤的汗水。然而，他们从未抱怨过一句，因为他们深知自己肩负着祖国建设的重任，他们的付出是为了让这片土地变得更加美好。

🍃南峰岗茶场

与南峰岗知青茶场齐名的贤庠沈家洋知青茶场，也有着同样感人的故事。这里的气候温润得宜，景色优美如画，为茶叶的生长提供了良好的环境。当年，一群怀揣梦想的知识青年响应国家号召来到这里，他们用自己的双手和智慧创办了沈家洋村知青茶场。

在沈家洋茶场的日子里，知青们同样经历了艰苦的考验和磨砺。他们住在烤烟房里，每天起早贪黑地劳作在茶园里。从零开始学习种植技术、制作工具，他们不怕脏、不怕累，只为了能够让这片土地焕发出新的生机和活力。在茶园里，他们喊着口号、挥舞着锄头、挥洒着汗水……每一个场景都让人感受到他们内心的坚定和执着。

除了知青茶场之外，学校办茶场也是当时的一大风景。在那个年代里，教育部门鼓励学生体验劳作、参与社会实践。于是，在课余时间采茶成了学生们的一项重要活动。这不仅可以让他们锻炼身体、增强体质，还能让他们亲身体验到劳动的艰辛与乐趣。在这样的背景下，学校纷纷开辟了自己的茶场，成了当时的一道亮丽风景线。

石浦中学大金山茶场就是其中的典型代表之一。位于大金山下的石浦中学利用得天独厚的自然条件开辟了茶场，并鼓励学生积极参与其中。在杨康富等民办教师的带领下，学生们上山采茶、制茶、品茶……他们将课堂知识与劳动实践相结合，不仅学到了书本上学不到的知识和技能，还培养了对劳动的热情和对生活的热爱。

如今当我们再次踏上这些茶场时，我们会被眼前的景象所震撼：一片片翠绿的茶园如同翡翠般镶嵌在山坡上；一排排整齐的茶树在微风中摇曳生姿；一缕缕茶香扑鼻而来令人心旷神怡……这一切都是那些知青和学校师生用青春和汗水换来的宝贵财富啊！他们用自己的实际行动诠释了什么叫作"青春无悔"、什么叫作"奋斗不息"。

大金山茶场

一枝一叶总关情的李通官

在云雾缭绕、山林葱茏的黄避岙，有一片茶园如翡翠般镶嵌在海拔高处，与蓝天相接，与白云为伴。这便是高登洋茶场，一个充满生机与活力的绿色世界。这里，气候温和湿润，雨量充沛，土壤肥沃，为茶树的生长提供了得天独厚的条件。而茶园北靠象山港，南朝西沪港，如一位隐士般静谧地守护着这片人间仙境。

李通官

岁月流转间，高登洋茶场见证了李达震一家与茶叶的不解之缘。从李达震的父亲李通官开始，他们便与这片茶园结下了深厚的情谊。李通官于 1975 年在燕子山开辟了这片茶园，历经艰辛，终于让荒山变成了绿海。而后，他又创立了黄避岙乡精制茶厂，将这片绿意延伸到了更远的地方。

自小受父亲熏陶的李达震，对茶叶充满了深厚的感情。他深知，茶叶不仅是一种饮品，更是一种文化、一种精神的象征。于是，在 23 岁那年，他毅然决然

地进厂学习炒制龙井茶，开始了自己与茶叶相伴的一生。

然而，命运对李达震并不总是眷顾。就在他刚刚踏入茶叶世界的时候，他的父亲在推销茶叶途中因车祸遇难，留下了沉重的债务和一片待兴的茶园。面对突如其来的打击，李达震没有退缩，也没有逃避。他勇敢地承包了茶厂，决心继续父亲未竟的事业。

在接手茶厂之初，李达震面临着巨大的困难和挑战。茶厂经营不善，连年亏损，员工流失严重，生产设备陈旧……一切都需要从头开始。然而，他并没有被这些困难吓倒。他深知，只有通过不断学习和努力，才能走出困境，让茶厂焕发新的生机。

为了提升茶叶品质，李达震不断引进新品种，改进生产工艺。他深知，只有优质的原料和精湛的工艺，才能生产出高品质的茶叶。于是，他亲自挑选茶树品种，严格把控原料质量，同时加强员工培训，提高生产工艺水平。在他的带领下，茶厂的生产逐渐步入正轨，茶叶品质也得到了显著提升。

然而，李达震并没有止步于此。他深知，要想在竞争激烈的茶叶市场中立足，必须不断创新和提升品质。于是，他开始尝试种植有机茶，这是一项前所未有的挑战。有机茶的生产要求极为严格，不能使用化肥、农药等有害物质，完全依靠自然的力量和人工的精心呵护。但李达震坚信，只有这样，才能生产出真正纯天

李通官（左）与项保连一起

然、无污染的茶叶。

为了实现这一目标，他付出了巨大的努力和心血。他改良土壤、改善水源、引进新品种、建立生态防护林……每一项措施都凝聚着他的汗水和智慧。他深知，有机茶的生产不仅仅是一种技术上的挑战，更是一种对自然和生命的尊重。在他的带领下，茶农们也开始转变观念，积极参与到有机茶的生产中来。他们用心呵护着每一片茶叶，让它们在这片绿色的家园中苗壮成长。

终于，在 2002 年，嵩雾牌系列名优绿茶产品首次获得了"有机茶"认证。这是对李达震多年来辛勤付出的最好回报，也是对他坚守绿色家园的肯定。此后，高登洋茶场的生态环境得到了极大改善和恢复。郁郁葱葱的茶园每天都会迎来大批燕子、白头翁、喜鹊等来觅食、吃虫，形成了一幅美丽的生态画卷。而这里的茶叶品质也越来越好，慕名前来采购的客商络绎不绝。

🌱 李达震在制茶

在李达震的带领下，黄避岙乡精制茶厂逐渐成了象山乃至宁波地区茶叶行业的佼佼者。他们生产的嵩雾牌有机绿茶和白茶在业内已享盛名，多次荣获各种奖项和荣誉。而李达震本人也因其在有机茶发展方面的杰出贡献而获得了众多荣誉和称号。但他始终谦逊低调，表示这些成就都离不开父亲的传承和茶农们的辛勤付出。

如今的高登洋茶场已经成为浙江省现代农业科技示范基地和宁波市农机化示范基地。茶园通过统一规划和管理，实现了茶叶生产的安全、优质和高产。同时，

茶厂还积极推广茶文化，组织各种茶事活动，让更多的人了解和喜爱中华茶文化。他们用自己的实际行动诠释着"绿水青山就是金山银山"的理念，为传承和发扬中华茶文化贡献着自己的力量。

高登洋茶场的成功不仅仅在于其优质的茶叶产品，更在于其所传递的一种生活态度和价值观念。在这里，人们尊重自然、珍爱生命，用勤劳和智慧创造着美好的生活。这种精神不仅激励着茶农们努力工作，也感染着每一个来到这里的人。因此，高登洋茶场不仅仅是一个茶叶生产基地，更是一个传播正能量、传递爱与希望的绿色家园。李达震的坚守和执着，让这片绿色的家园焕发出勃勃生机和活力。

回望过去，李达震感慨万千；展望未来，他充满信心。他表示将继续坚守在这片绿色的家园上，为传承和发扬中华茶文化贡献自己的力量。而高登洋茶场也将继续书写属于它的绿色传奇故事，让更多的人感受到这份来自大自然的馈赠和生命的力量。

从象山走出的"杰出中华茶人"

　　毛立民，1967年2月出生，浙江象山人。他多年担任浙江省茶叶集团股份有限公司董事长，现任浙江骆驼九宇有机食品有限公司董事长、高级商务师、高级评茶师。本科就读于上海对外贸易大学，获学士学位；研究生毕业于圣路易斯华盛顿大学奥林商学院，获工商管理硕士学位；他还拥有浙江大学茶学博士学位。毛立民担任浙江省国际商会副会长、中国国际商会浙江省茶叶行业商会会长、浙江省微茶楼文化发展协会会长、全国茶叶标准化技术委员会委员、ISO/TC34/SC8（国际标准协会食品技术委员会茶叶分会）联合秘书以及国际有机农业运动联合会（IFOAM）会员。他从事茶叶行业已超过25年。2003年，他被授予浙江省直属系统十大创业新星称号；2009年，他被评为中国茶叶行业年度经济人物。

　　毛立民对茶叶和贸易的追梦精神孜孜不倦、永不满足，这使他成为国内唯一一位同时担任国际茶标委联合秘书的高级评茶师。他对各类茶叶的国际标准、行业标准都有充分的话语权。ISO/TC34/SC8现行标准包括红茶、绿茶、固态速溶

茶等产品标准3项，以及水浸出物、粗纤维、总灰分、水分、茶多酚、咖啡碱、儿茶素等测定方法标准20余项，他都如数家珍，并积极推动国际茶叶标准化工作。

在20世纪90年代初的某一年，毛立民辗转于美国、迪拜、巴基斯坦等地，奋斗在茶叶出口贸易的征程上。仅那一年，他个人就出口了达一万吨的茶叶，在业界被传为神话。

在一场场的贸易实战中，毛立民意识到茶叶要想在国外饮品市场立于不败之地，必须拥有让世界信服的有机认证。于是，在1990年，他牵头开展了有机茶的国际认证工作，并成功使公司成为中国茶叶界第一家获得有机茶国际颁证出口的茶企，这一成就被录入联合国粮农组织的"有机食品与饮料"调查报告年鉴中。随后，他创办了浙江骆驼九宇有机食品有限公司，专注于有机茶和有机食品的出口业务，致力于为全球客户提供绿色、健康、优质的茶叶饮品。

近年来，茶叶出口检验标准日益严格。自2010年10月起，欧盟对中国输欧茶叶实施了严格的口岸检验措施。不仅要求10%的货物必须进行农药检测，而且农药检测标准已达到数百项指标。面对这些近乎苛刻的标准，毛立民与他的团队因为早已获得有机认证而显得游刃有余。

面对国际市场不断出现的新情况和新挑战，作为浙江省茶叶行业商会会长的毛立民深知加强行业自律的重要性。他理想的业态是让茶叶成为领先于其它农产品、与国际标准体系接轨的最安全食品。在他的积极倡导下，浙江省茶叶对外贸易预警示范点信息平台得以建立。这一平台旨在加强行业预警和自律机制，推动行业团结对外、以变应变。

毛立民还充分运用其话语权，积极谋求与国际组织的对话与协商渠道。他引领商会主动承担起国际贸易纠纷中的仲裁、诉讼等工作，为维护行业利益和国际形象发挥了重要作用。

毛立民的童年时光是在外婆家的高塘岛度过的。那里渔歌唱晚、牧童嬉水……海岛的一草一木都与他结下了深厚的感情。2020年5月24日，象山县举办了"海上茶路·话说象山"活动，庆祝首个"国际茶日"暨象山名优茶颁奖活动。毛立民应邀参加了此次活动，并与茶友们进行了现场交流。他对象山茶叶给予了高度评价，并分享了自己的见解和建议。

作为一位高级评茶师，毛立民对茶叶的种植、加工和销售环节都有着深入的了解和精湛的技能。每当遇到一泡好茶时，他不仅能从茶树的山场、品种和树龄等特性来评判茶叶的优劣；还能从制作工艺上如采青、萎凋、做青、杀青、揉捻和烘焙等方面来论其高低。他已经连续 3 年作为评委参与象山茶叶的评比工作，并对象山茶业的发展提出了宝贵的建议。

2023 年 9 月 17 日，毛立民回到家乡参加了象山茶文化促进会第三届代表大会，并再次被聘为高级顾问。他表示希望能在家乡创办一家茶叶科技企业，为助力家乡茶产业和茶经济的发展贡献自己的力量。毛立民的成就不仅为象山人民带来了荣誉和骄傲，还用自己的实际行动诠释了什么叫作"杰出中华茶人"。

第四章

品茶共天涯　雅集萃群英

雅集，这一古老而又充满现代气息的文化形式，不分古今，总能为人们洗去心头的尘埃，带来一丝清新与宁静。随着时代的进步和人们文化品位的日益提升，茶文化雅集如雨后春笋般在各地涌现，成为一道亮丽的风景线。

在风景如画的丹山脚下，影视城内，风情街上，以及波光粼粼的石浦港畔，总能看到一群群茶友围炉而坐，煮茶品茗。他们面朝大海，心向自然，以茶为媒，会友交流。茶道雅集，不仅是爱茶之人的欢聚场所，更是对中国悠久茶文化的传承与弘扬。

在象山这片充满文化气息的土地上，茶文化爱好者们热情高涨，他们走进景区、乡村、海岛，将茶文化的种子播撒在每一个角落。象山影视城、风情街、青草巷文化街区以及各具特色的乡村民宿，都留下了他们茶会雅集的身影。茶人们身着传统服饰，同台演绎茶艺之美，每一个动作、每一个表情、每一声琴音，都诠释着人们心中对美的定义。他们将茶与身、心、灵三个境界完美融合，展现出茶文化的无穷魅力。

象山茶会雅集的影响力不断扩大，不仅吸引了国内众多茶友前来交流体验，还吸引了海外的茶文化爱好者。他们跨越国界，来到这里，共同品味中国茶文化的韵味与魅力。在茶香四溢的氛围中，不同文化背景的茶友们相互学习、交流心得，共同推动茶文化的传承与发展。

濯缨溪畔的蝴蝶会到丹山雅集：茶艺与多元文化的完美融合

丹山雅集，一个起源于微信群"象山茶之友"的群众性团体，自 2013 年由茶文化爱好者陈国裕发起以来，便以其独特的魅力和内涵，在茶文化的推广和传承中，书写下一段段精彩的篇章。

陈国裕，这位对茶文化怀有深深热爱的发起人，将一群志同道合的茶友聚集在一起，以茶为媒，共叙友情。随着队伍的不断壮大，2016 年 12 月 5 日，"象山茶之友"微信群正式更名为"丹山雅集"，标志着这个团体从单一的茶艺交流，逐渐拓展为集诗词、书画、摄影、音乐、电影、心理健康、形体艺术等多元文化于一体的综合性文化团体。

丹山雅集，以茶道为灵魂，展现着中华茶文化的博大精深。在这里，茶艺不仅仅是一种冲泡技巧，更是一种文化、一种修行、一种生活的艺术。雅集成员们频频组织品茗会、茶艺培训班，不仅培养了大批的茶文化爱好者，更孕育出数百名优秀的茶艺师。他们在观如是茶坊品鉴红茶，于瑞龙寺品茗寻禅，在茅洋南充茶场举办谷雨雅集，又在亲和源不老小镇举行迎春茶话会……每一次的雅集活

动，都是对茶艺文化的一次深入探索和精彩演绎。

为了更好地推广茶艺文化，丹山雅集还积极与各类学校、机构合作。2018年7月，丹西街道成人学校与丹山雅集携手成立了茶艺师培训点，为更多热爱茶文化的人提供了专业的学习平台。2019年5月，宁波建设工程学校也迎来了丹山雅集的驻点，雅集的茶艺师们走进校园，为学生们带去了茶艺的魅力和文化的熏陶。

丹山雅集的影响力逐渐从县内走向市外。2018年5月，在第九届中国宁波国际茶文化节上，丹山雅集的茶艺师们首次亮相宁波市茶文化活动，便以其精湛的茶艺表演和深厚的文化内涵赢得了广泛赞誉。此后，丹山雅集更是多次受邀参加各类茶文化交流活动，成为象山县乃至宁波市茶文化的一张亮丽名片。

除了茶艺文化的推广，丹山雅集还致力于茶文化的多维度挖掘和呈现。他们通过举办各类主题茶会、茶诗朗诵、茶艺表演等活动，不断丰富茶文化的内涵和表现形式。2019年4月的象山县谷雨茶会暨"红木犀诗馆"授牌仪式活动，以及6月的"诗竹流云"主题茶会，都是丹山雅集在茶文化推广中的杰出代表。

在丹山雅集的带领下，越来越多的象山市民开始关注茶文化、了解茶知识、享受茶生活。他们以茶为媒，增进感情，感受茶事活动赋予人们的无限魅力。2021年3月，象山县丹山雅集文化志愿者协会的成立，更是标志着这个群众性团体在茶文化推广道路上的又一重要里程碑。

如今，丹山雅集已经拥有400余名群员，活动内容丰富多样，为全县范围内的市民提供了良好的终身学习平台。他们不仅在茶艺文化的传承和推广中做出了杰出贡献，更在推动社区教育、增进社会和谐等方面发挥着积极作用。展望未来，丹山雅集将继续承载着茶文化的美好愿景，驶向更加广阔的诗和远方。

国际志愿者领略中国茶艺与书法之美

一茶一字，总关深情。在 2018 年 7 月 22—23 日的象山县老年公寓多功能厅，一场别开生面的文化盛宴如期上演。来自亚、欧、非、美洲的 50 余名国际志愿者齐聚一堂，共同参与了由象山茶文化促进会与县书法家协会联合承办的茶艺表演与书法展示活动，深度品味了中国传统文化的馥郁芬芳。

7 月 22 日晚，象山县老年公寓多功能厅内灯火辉煌，人声鼎沸。来自四面八方的国际志愿者们怀揣着对中国文化的敬仰与好奇，欣然赴会。此次活动由象山县精神文明建设委员会办公室、宁波诺丁汉大学、象山县民政局、共青团象山县委共同主办，象山茶文化促进会精心承办，旨在为国际友人提供一扇了解中国文化的窗口，以茶为媒，以字为桥，传递东方文明的深厚底蕴。

在茶艺表演环节中，国际志愿者们围坐成圈，聚精会神地观赏着茶文化短片。画面流转间，中国茶文化的千年历史徐徐展开，令人陶醉。随后，象山的高级茶艺师们身着传统服饰，款款上台，进行了一场精彩绝伦的茶艺表演。她们通

过精湛的茶艺技艺，将茶品、器具、铺垫、插花、环境等元素完美融合，一边示范一边详细讲解识茶、品茶、茶礼仪以及茶与健康、茶与修养等方面的知识。在茶艺师的巧手之下，茶事、茶韵、茶境被诗意地呈现出来，令人心驰神往。

伴随着悠扬的古琴声，志愿者们纷纷品茗尝茶，感受着中国茶艺文化的独特魅力。在茶艺老师的悉心指导下，他们兴致勃勃地学习了洗茶、烹茶、煮茶、斟茶、品茶等一整套茶艺流程。一招一式间，无不透露出对中国传统文化的敬意与热爱。茶艺老师还贴心地为大家讲解了茶的健身功效，指导人们如何正确饮茶以促进健康。

紧接着，书法展示活动拉开帷幕。来自书法家协会的会员们与老年公寓的书法爱好者们挥毫泼墨，进行了现场书法创作。他们或行云流水，或笔走龙蛇，一幅幅精美的书法作品跃然纸上。同时，他们还向国际志愿者们详细讲解了书法的基本技法和艺术魅力。在书法家的指导下，志愿者们也跃跃欲试，纷纷拿起毛笔书写起颇具中国特色的汉字来。虽然笔法尚显稚嫩，但他们的认真与投入却赢得了在场观众的阵阵掌声。

活动最后，书法家们将写有喜气美满的"福"字以及名字和祝福语的团扇等礼物赠送给国际志愿者们，寓意着祝福与友谊的传递。收到礼物的志愿者们个个喜笑颜开，纷纷表示要将这份珍贵的礼物带回自己的国家留作纪念。

此次茶艺与书法展示活动不仅为国际志愿者们提供了一次难得的文化体验机会，也为他们打开了一扇了解中国传统文化的窗口。通过品茗尝茶、挥毫泼墨，他们深切感受到了中国文化的博大精深和无穷魅力。这场活动也架起了一座友谊的桥梁，让来自不同国家的志愿者们在这里结下了深厚的情谊。

虚堂智愚禅茶盛会纪实

2018 年 12 月 8 日的午后，冬日阳光温柔地洒落在象山县新桥镇灵佑禅寺的古朴院落。这里，一场非同寻常的纪念茶会正在庄重而神圣地举行。茶会的主角，是南宋时期著名的禅师——虚堂智愚。来自各地的佛门高僧、文化名流、政府领导以及社会各界人士近 200 人，怀着对这位禅师的崇敬与怀念，共襄盛会。

虚堂智愚，号息耕叟，明州象山（今浙江象山）人，16 岁时即从家乡普明寺出家，得法于运庵普岩禅师，成为临济宗的重要传人。他不仅禅学造诣深厚，更在艺术领域留下丰富墨宝，影响深远。

茶会由灵佑禅寺主办，并得到浙江省微茶楼文化发展协会象山丹山雅集分号的大力支持。嘉宾名单中，星光熠熠：浙江省佛教协会副会长达照大和尚、宁波市民族宗教事务局副局长周悦德、象山县政协原主席王庆祥等政府及宗教界领导；浙茶集团董事长毛立民、宁波中华文化促进会副主席纪云飞等文化企业代表；以及径山寺监院法涌法师、金娥寺住持慧明法师等高僧大德。他们共同见证了这场纪念虚堂智愚禅师的茶会盛况。

在庄重的氛围中，茶会举行了虚堂智愚禅师像揭幕仪式。伴随着佛乐的悠扬旋律，禅师的法像缓缓揭开神秘面纱。那面容从容淡定，双眼中仿佛蕴藏着无尽的慈悲与智慧，静静注视着在场的每一位众生。

茶会的高潮部分是径山寺慈眼法师等人呈现的宋代禅院茶礼展示。这是一场穿越时空的表演，再现了南宋时期径山茶宴的盛况。张茶榜、击茶鼓、煎汤点茶……每一个动作都典雅庄重，每一个仪式都充满禅意。茶友们身着淡蓝棉麻茶服，一招一式间流露出对传统文化的敬畏与热爱。

径山茶宴不仅是国家非物质文化遗产项目，更是中日茶文化交流的桥梁。它的历史可以追溯到南宋时期径山禅寺的禅茶文化积淀。而虚堂智愚禅师正是这一文化传承与发展的重要人物之一。他的禅学思想和艺术造诣不仅影响了中国，更通过其弟子南浦绍明等人传播到日本，对日本茶道产生了深远影响。

在茶会现场，浙江农林大学关剑平教授对整个展示过程进行了精彩的解说。他详细介绍了茶器、茶食以及品饮礼仪和习俗的背后故事和文化内涵。听众们纷纷驻足聆听，沉浸在这场禅茶文化的盛宴中。

象山县政协原主席王庆祥在讲话中分享了自己多年来对虚堂智愚的研究成果。他指出，这场纪念茶会不仅是对虚堂智愚禅师的缅怀与敬仰，更是对传统文化的传承与弘扬。通过这场茶会，更多的人了解到虚堂的禅学思想和艺术造诣，感受到禅茶一味的文化魅力。

茶会的最后，在场所有人共同品尝了由径山寺和浙茶集团精心准备的禅茶。那茶香清幽淡雅，仿佛带着虚堂智愚禅师的智慧与慈悲，滋润着每一个人的心田。

此次茶会的成功举办得到了径山寺、浙茶集团、余杭径山心无尘茶馆以及象山县大旸艺术馆的大力支持。

海上茶路话说象山

2020年5月21日，这是一个值得纪念的日子——联合国确定的首个"国际茶日"。在碧波荡漾的象山县黄避岙乡高登洋茶场，一场别开生面的主题活动，热烈庆祝这一全球性茶叶盛事。活动以"海上茶路，话说象山"为主题，首次采用同步

直播的形式，将象山的好茶、好景、好文化展现给世界各地的茶客们。

清晨，当第一缕阳光洒落在翠绿的茶园上，来自四面八方的茶叶爱好者、媒体朋友和周边茶农们便纷纷会聚于此。他们穿着五彩斑斓的服装，沿着蜿蜒的山路，缓缓爬上海拔300米的茶山。远远望去，碧海蓝天、绿茶园和彩色的人群交织在一起，构成了一幅美丽动人的画卷。

活动伊始，时任象山县农业农村局局长章志鸿发表了热情洋溢的致辞。他自豪地介绍道："近年来，我县在茶树良种化、茶园生态化、产业品牌化方面取得了显著成效。我们逐步形成了以'象山半岛仙茗'公用品牌为龙头的产业格局，所生产的名优绿茶、红茶在国家和省市茶叶大赛中屡获大奖。如今，茶产业已成为促进农民增收的支柱产业、改善生活品质的民生产业和建设生态农业的绿色产业。"

随后，时任浙江茶叶集团董事长毛立民和宁波茶叶促进会副秘书长竺济法受邀上台，与主持人共同探讨象山茶与海上茶路的历史渊源和文化内涵。两位专

🌱 2020年5月24日，宁波市委原副书记、宁波茶文化促会会长郭正伟（中），时任宁波兴宁集团副董事长陈秀忠（右二），时任宁波市农业农村局副局长林宇皓（左二），象山县人大常委会原主任、象山茶文化促进会会长金红旗（右一）在黄避岙乡高登洋茶场庆祝首个"国际茶日"

家旁征博引，深入浅出地讲解了茶叶的起源、传播、品饮以及与健康等方面的知识。他们对象山茶叶的品质和特色给予了高度评价，并表示将继续关注和支持象山茶产业的发展。

时任副县长吴志辉则详细介绍了"象山半岛仙茗"的独特魅力。他说道："'半岛仙茗'采用茶树的单芽和一芽一叶精制而成，外形细嫩挺秀，香气嫩香持久，滋味嫩爽回甘，汤色嫩绿明亮，叶底嫩匀鲜活。这款茶是象山县独创的地方特色名茶，生产始于20世纪80年代初期，是全国最早恢复创制名茶的县市之一。至今，'半岛仙茗'茶采摘基地已达1万亩，产量130吨，产值6000万元，产品远销全国各地，深受消费者喜爱。"

活动现场还上演了精彩的文艺和茶艺表演。《古丈茶歌》的悠扬旋律回荡在茶园上空，《纸扇书生》的翩翩舞姿展现了茶文化的儒雅气质，《兰花吟》的清新脱俗让人仿佛置身于兰花丛中，《一之源》的深邃内涵引领观众探寻茶道之源，《又见炊烟》的温馨画面勾起了人们对故乡的无限眷恋。观众们纷纷报以热烈的掌声和喝彩声，对演员们的精湛表演表示由衷的赞赏。

此次活动的成功举办得到了象山县高登洋茶场、象山县文化馆、象山七碗

茶馆、观如是茶室、尚茶坊等单位的大力支持和协助。他们为活动的顺利进行提供了场地、设备、人员等各方面的保障和支持。同时，也要感谢新蓝网－中国蓝新闻客户端、喜欢听 App、中国蓝 TV、央视新闻＋、中国象山港网站、山海万象客户端等平台的同步直播报道，让更多的人能够共同见证和分享这一茶文化盛宴。

象山名茶品鉴会：三届盛典，名茶迭出

自 2019 年起，象山县的茶文化盛宴——名茶品鉴会，已连续三届成功举办，每一届都吸引了众多茶企负责人、茶叶经销商以及茶文化爱好者的热情参与。这不仅是一场关于茶的盛会，更是一次对象山深厚茶文化底蕴的生动展示和传承。

2020 年 11 月 21 日晚，象山县第二届名茶品鉴会在茅洋乡如期举行。夜幕降临，华灯初上，170 余位嘉宾齐聚一堂，共同期待着一场茶香的盛宴。品鉴会现场布置得雅致而富有禅意，20 余位茶艺师身着统一的茶服，她们优雅地走到嘉宾面前，用娴熟的手法冲泡着茶叶，将茶香四溢的美妙瞬间呈现在嘉宾面前。

当晚，三款象山名茶依次登场，分别是象山半岛仙茗绿茶、象山嫩享红红茶和御金香工艺白茶。每一款茶都有其独特的风味和魅力，让嘉宾们深深陶醉其中。其中，象山半岛仙茗绿茶以其细嫩挺秀的外形、持久嫩香的香气和嫩爽回甘的滋味赢得了嘉宾们的一致好评。而象山嫩享红红茶则以其条索细紧、汤色红艳明亮和鲜醇甘爽的味道让人回味无穷。最后登场的御金香工艺白茶更是以其金黄色的茶芽、肥壮的芽叶和自然花香让嘉宾们感受到了大自然的馈赠。

　　而在品鉴会前，国家高级评茶员、宁波城市职业技术学院初晓恒博士的"茶与健康"讲座也为嘉宾们带来了不少启示。她深入浅出地讲解了茶与健康之间的奥秘，提醒大家在日常饮茶中要注意适量饮用，避免误区，让喝茶真正成为一种健康的生活方式。

　　这场名茶品鉴会的成功举办得到了多方的大力支持。宁波市供销社培训中心、象山县供销合作社联合社、县农合联执委会、茅洋乡政府以及象山茶文化促进会等单位的鼎力相助为活动的顺利举行提供了有力保障。同时，县农合联茶叶产业分会、象山半岛仙茗茶叶专业合作社的协助以及象山半岛仙茗茶业发展有限公司、王群竹文化艺术馆和半岛茶舍的承办也为活动的成功举办贡献了重要力量。

　　继第二届名茶品鉴会之后，象山县第三届名茶品鉴会于 2021 年 10 月 21 日在松兰山海景大酒店再次盛大举行。这一届的品鉴会同样吸引了众多茶企负责人、茶叶经销商和爱茶人士的积极参与。在茶艺师的精湛冲泡技艺下，嘉宾们再次品味了象山半岛仙茗绿茶、嫩享红茶以及御金香工艺白茶等名茶的独特魅力。伴随着婉转空灵的古琴曲和茶艺师的精彩表演，嘉宾们在茶香中感受到了中国传统文化的博大精深和象山茶文化的独特魅力。

　　三届名茶品鉴会的成功举办不仅展示了象山县深厚的茶文化底蕴和精湛的制茶技艺，更为广大爱茶之人提供了一个交流学习的平台。在这里，人们可以品味到各种名茶的独特风味，可以了解到制茶工艺的精湛技艺，可以感受到茶文化的博大精深。象山名茶品鉴会已经成为推动茶文化传承与发展的重要力量，为弘扬中华茶文化、促进茶产业健康发展做出了积极贡献。

国际茶日品茗海山屿

2022年5月21日上午,一场别开生面的庆祝活动在墙头海山屿盛大开幕,以纪念第三个国际茶日的到来。海山屿,这座四面环水的美丽小岛,在碧波万顷的映衬下,显得格外宁静而优雅。一场融合古典与现代的品茗会,正在这里缓缓拉开帷幕。

品茗会以一曲悠扬的《茶经》朗诵作为开场,清脆的童声穿越时空的隧道,将人们带回到千百年前的茶文化盛世。墙头小学的学生们用稚嫩的声音,传承着这份古老而深厚的文化遗产。陆羽的《茶经》不仅是一部茶文化的经典之作,更是一代代茶人心中不灭的薪火。

随着品茗会的深入，茶友们仿佛穿越时空，回到了唐宋时代的风华。表演者茅嘉红身着唐代襦裙，端坐在古朴的煎茶席前，优雅地为嘉宾们煎制香茗。茶香袅袅升起，与海风轻轻交织，仿佛诉说着千年的故事。烹煮完毕，她将茶分酌

于精致的茶碗中，一一送至嘉宾手中。这一刻，时间仿佛静止，只有茶香在空气中流转。

紧接着是宋代点茶表演的精彩上演。范晓霞茶艺大师工作室的创办人范晓霞，身穿汉服，气质婉约，她手中的茶筅舞动得如行云流水，乳雾翻涌，溢盏而起，周回凝而不动。点茶技艺的精湛展现，让茶友们领略到了宋代人点茶的优雅与韵味。品一口香茗，唇齿留香，仿佛置身于那个遥远的时代，体验着千年前的优雅时光。

随后，茶艺师冯兰荻、孙莲琴为茶友们带来了一场别开生面的调饮茶表演。她们用蝶豆花水调色、白毫银针冲泡做冻，再配合乌龙汤底，调制出一杯杯色香味俱佳的调饮茶。浓郁的奶香与乌龙茶的清新完美融合，每一口都让人感受到大自然的馈赠和茶艺师的匠心独运。

象山制茶师盛华清则为茶友们献上了一场紫砂壶泡红茶的精湛表演。他所自制的红茶汤色红艳明亮，与洁白的瓷杯相映成趣。啜饮一口，甘醇无比，仿佛瞬间融入了大自然的怀抱，感受着山水间的灵动与和谐。闻香品茶间，香气持久而绵长，滋味嫩爽回甘，令人陶醉不已。

茶艺师王敏雪则以盖碗泡绿茶——"半岛仙茗"作为压轴表演。这款绿茶外形紧直翠绿、汤清绿亮、清香持久。手捧茶杯轻嗅其香，清幽隽永的茶香扑鼻而来。细观杯中茶叶，如仙风鹤骨般娉婷玉立。轻啜一口香茗，香郁若兰，清幽淡雅之感油然而生。余味绵长而甘醇，齿颊留香久久不散。

品茗会期间还穿插了精彩的文艺表演。象山戏剧家协会的俞志梅演唱了一

首经典老歌《前门情思大碗茶》，京腔京味富有神韵的演唱将现场氛围推向高潮。象山资深主持人孙平华则带来了一首富有激情的诗朗诵《从前慢》，让人们在品味茶香的同时感受到了生活的美好与宁静。北京舞蹈学院的大三学生、象山籍女孩石雨艳则以一支曼妙的舞蹈《生命的赞歌》表达了对生命的热爱与赞美。

在这场品茗会上，人们且喝且聊，欢声笑语在海天之间回荡。茶的温度与滋味弥漫在身体里空气中，沁人肺腑的清香让人心旷神怡。加拿大友人米切尔维纳也应邀参加了这次茶会，他激动地表示："我从未参加过这样的茶会。这里的环境太美了，中国茶太好喝了！"

本次活动的策划人、象山茶文化促进会副秘书长吴健在致辞中表示："茶和天下，共品共享。这是今年国际茶日的主题。茶正在改变着人们的生活方式，成为我们生活中不可或缺的文化商品。我们期待通过举办这样的活动，让更多的人了解茶、爱上茶，共同品味茶香茶韵的无穷魅力。"

这场盛大的品茗会由象山县农业农村局、县文学艺术界联合会、墙头镇党委政府以及象山茶文化促进会共同举办。时任象山县人民政府副县长吴志辉、象山茶文化促进会会长金红旗等领导出席了活动并为获奖茶人颁奖。50余名爱茶之人齐聚一堂共同见证了这一茶文化盛事的圆满落幕。

象山影视城再现宋代《梦华录》点茶风雅

在电视剧《梦华录》中，一幅幅精致细腻的"点茶""斗茶"画面，将宋代茶文化的风雅与考究展现得淋漓尽致。特别是茶铺老板赵盼儿，她那一手绝妙的点茶功夫，令人叹为观止。只见她手法娴熟地碾茶、注汤、击拂、分茶，清水在茶

汤上流转，化作一幅幅灵动的画作，令人对宋代茶事产生了浓厚的兴趣。

《梦华录》中，赵娘子与其他茶坊老板的斗茶戏份更是精彩纷呈。茶百戏，这一别名"水丹青"的技艺，在茶汤上演绎出诗画般的意境，花鸟草木、世间万象皆可入画。从炙茶、碾茶、磨茶到罗茶，一整套动作行云流水，宛如一幅流动的画卷。

2022年8月2日、8月6日晚，象山影视城为游客们再现了这些美妙的场景。象山茶艺师们身着宋代服饰，为游客们演示了宋徽宗笔下的宋代点茶技艺。在大宋奇妙夜梦华夜宴的现场，游客们仿佛穿越时空，一睹千年前的宋代点茶文化之美。

宋徽宗在《大观茶论》中详细记载了七汤点茶法。茶艺师们分次注水，通过茶筅的击拂，将茶粉与水交融一体，直至乳沫堆积。热水细密地浇在茶粉上，调成糊状后，再慢慢加入更多热水，用茶筅不断击打，直到出现厚厚的泡沫。这一过程不仅考验茶艺师的技艺，更是一种对宋代茶文化的传承与致敬。

七碗茶舍与自在茶社的茶艺师们在象山影视城为游客们带来了一场视觉与味觉的盛宴。十位茶娘子优雅地演示了七汤法点茶的全过程，每一次注水和击拂都

充满了仪式感。经过七次精心的调制，乳沫堆积如雪，紧贴碗壁而不露茶水，令人垂涎欲滴。端起茶盏一饮而尽，甘甜的茶汤沁人心脾，令人陶醉。

在七汤完成之后，茶娘子们开始在茶汤上点茶作画。她们以茶膏为墨，以茶勺为笔，以茶汤为纸，挥洒自如

🍃2022 年 8 月 2 日，时任象山县委书记包朝阳在象山影视城观看点茶表演

地创作出了一幅幅精美的茶百戏作品。这些作品既展现了宋代茶文化的独特魅力，也体现了茶娘子们的高超技艺和无限创意。

现场游客们纷纷驻足观赏、拍照留念，并品尝了茶娘子们亲手制作的茶果子。在清爽的夜风中，一边品尝美味的茶点，一边欣赏精彩的节目，实在是一种

难得的享受。同时，书画家们也在现场挥毫泼墨，将茶的理念融入到书画中，为这场夜宴增添了更多的文化气息。

9月12日晚22时，央视CCTV-6《中国电影报道》对象山影视城推出的一系列活动进行了报道。其中，嫦娥映月、邀月茶会、梦华中秋游园会等活动以团圆、祥和为主题，将中国传统文化之美展现得淋漓尽致。在明亮的月光下，众人焚香饮茶，共同为家国祈福，这一幕幕温馨的画面令人感动不已。

中秋团圆之夜，象山影视城灯火辉煌。城内流光溢彩、歌舞升平；城墙上广寒仙子身影窈窕、仙气飘飘。游客们身着华丽的霓裙与家人朋友漫步在灯海里，欣赏着映月嫦娥的美妙身姿；品香茗、赏明月、话团圆……在这个美好的夜晚，每个人都沉浸在欢乐祥和的氛围中。梦华中秋游园会期间活动丰富多彩、趣味横生，来往游客无不流连忘返、尽兴而归。

象山、宁海与台湾南投：一场跨越海峡的茶文化盛宴

初秋时节，茶香四溢。2022年8月10日下午，一场别开生面的象山·宁海·南投甬台云端茶叙会如期举行。此次茶叙会以茶为媒，会聚了海峡两岸的茶文化爱好者和专家，共同探讨茶文化的博大精深，共话发展大计。

时任宁波市台办副主任顾海飞，时任象山县委常委、统战部部长陈善杰等领导，以及象山茶文化促进会会长金红旗与各界茶友共50余人，齐聚象山会场——象山县非遗馆。与此同时，宁海望府茶业、台湾竹山茶业的代表也在各自会场通过网上视频连线，共同参与这场跨越时空的茶叙盛宴。

茶叙会上，茶香袅袅，气氛和谐。来自甬台的茶友们以"茶"为主线，展开了一系列深入的交流。从茶叶的历史追溯，到种植技术的探讨；从茶叶的品种分类，到制作工艺的研究；再到甬台两地茶叶市场规模的分析，话题广泛而深入。大家在轻松愉快的氛围中，分享着各自的经验和见解，共同感受着茶文化的独特魅力。

在象山会场，范晓霞茶艺大师工作室的创办人范晓霞女士，为大家带来了一场精彩的点茶表演。她娴熟地碾茶、注汤、击拂、分茶，经过七次精心的调制，乳沫堆积如雪，茶汤呈现出美丽的画面。范晓霞女士还以茶膏为墨，以茶勺为笔，在茶汤上挥毫泼墨，创作了一幅名为《云端品茶共天涯》的茶画作品。画面中，明月高悬，青山隐隐，水波荡漾，寓意着两岸茶友虽相隔千里，却能共品佳茗，共赏美景。她的表演赢得了两岸茶友的阵阵掌声和赞誉。

与此同时，宁海和南投竹山的茶友们也在各自会场进行了茶艺表演和茶点制作。他们通过视频连线，向大家展示了各自独特的茶艺风格和茶点文化。精美的茶具、娴熟的茶艺、美味的茶点，让大家仿佛置身于一个充满诗意和禅意的茶文化世界。

在茶叙会上，象山、宁海茶文化促进会与台湾南投县竹山镇茶道协会的负责人分别发表了热情洋溢的致辞。他们纷纷表示，茶是中华民族的瑰宝，是两岸人民共同的文化遗产。通过茶文化的交流和传播，可以增进两岸人民的相互了解和友谊，推动两岸关系的和平发展。他们希望甬台两地茶友能够继续加强交流与合作，共同推动茶文化的传承与创新。

金红旗会长在致辞中详细介绍了象山茶文化的发展历程和独特魅力。他表示，象山与宁海、台湾南投在茶文化上有着深厚的渊源和广泛的合作空间。甬台两地茶友应该携手共进，共同推动茶产业的繁荣和发展。他还向竹山茶文化协会赠送了茶画《云端品茶共天涯》，寓意着甬台两地茶友云端相聚，共品佳茗的美好愿景。

茶叙会上，大家还观看了象山半岛仙茗的视频推介专题片，品尝了这款具有独特风味的名优绿茶。半岛仙茗外形细嫩挺秀，香气嫩香持久，滋味嫩爽回甘，叶底嫩匀鲜活，让人回味无穷。大家纷纷表示，要通过各种渠道宣传和推广象山半岛仙茗，让更多的人了解和品尝这款优质的绿茶。

在茶叙会的尾声，甬台两地茶友通过视频相约起立举杯。他们纷纷表示，期待将来能够在线下相聚，共品佳茗，共叙友情。这场云端茶叙会不仅增进了甬台两地茶友之间的了解和友谊，也为甬台两地茶文化的交流与合作注入了新的活力和动力。

小小一片茶　浓浓两岸情

　　春暖花开之际，面朝壮阔的大海，一场别致的茶歇在象山黄金海岸雷迪森酒店优雅上演。这不仅是一场味蕾的盛宴，更是一次视觉与心灵的双重享受。雷迪森酒店坐落于风景如画的松兰山滨海旅游度假区内，这里有着"仙岛奇礁碧海金沙"的美誉。酒店南邻波涛汹涌的大海，三面环绕着青翠的山峦，碧湾金沙、蓝天白云与葱郁青山交相辉映，构成了一幅绝美的自然画卷。

　　2023 年 3 月 4—5 日，一个特殊的日子，台湾南投基层交流团一行 148 人踏着春天的脚步访问象山。这是近年来宁波迎来的规模最大、人数最多的台湾交流团，也是 2023 年南投与象山之间的首场交流盛会。在这个春意盎然的季节里，两岸同胞相聚在山海之间，以茶为媒，共叙友情，共商发展大计。

　　在雷迪森酒店的山海阁内，一场精致的茶歇如期举行。伴随着悠扬的古筝曲声，茶香在空气中弥漫开来。两位身着汉服的姑娘手指轻舞，弹奏出深邃而幽雅的旋律，仿佛将人们带入了远古的时空。非遗传承人卢圣贵现场展示的鱼拓表演更是令人叹为观止，他巧妙地将鱼儿的形象拓印在纸上，呈现出一种独特的渔乡风情和神奇魅力。

　　茶歇的高潮部分无疑是来自象山自在茶社与台湾茶艺师的同台献艺。台湾茶艺师带来了产自南投的高山乌龙，其置茶、冲茶、洗茶、洗盏、斟茶等动作行云

流水、一气呵成，高山乌龙特有的金桂香瞬间弥漫整个空间。茶汤金黄透亮，啜饮一口，花香扑鼻而来，喉韵回甘浓郁持久。在茶艺师的悉心指导下，嘉宾们纷纷品茗尝鲜，感受台湾高山乌龙的独特韵味。

与此同时，象山茶艺师也表演不凡，他们选用了象山自产的半岛仙茗绿茶和望潮红红茶进行冲泡展示。望潮红红茶以其"嫩、鲜、甜、香"的品质特征和浓郁的文化内涵深受人们喜爱。茶艺师们身着茶服，举止优雅从容，他们将嫩绿的绿茶和清甜香醇的红茶冲泡得恰到好处，让春天的滋味在客人们的唇齿间缓缓流淌、回甘无穷。

此次茶歇不仅在茶艺表演上下足了功夫，在茶席布置、茶歇摆台以及茶点选取等方面也进行了精心的设计和安排。茶点均选用象山本地产的精致糕点和时令水果，既体现了地方特色，又满足了客人们的口味需求。而茶席的设计更是别出心裁、寓意深远，契合了此次活动的主题："两岸一家亲"。自在茶人设计的三张茶席主题分别为："千里江山两岸情浓""暗香浮动待客来""一片冰心在玉壶"，每一张茶席都融入了丰富的文化内涵和深刻的象征意义。

活动期间，南投基层交流团还在象山松兰山景区内种下了80棵见证两岸同胞情谊的茶树和梅树。南投的小朋友们与象山县大目湾幼儿园的小朋友们一起为新种下的树苗培土浇水，共同播种希望、展望未来。这一举动不仅象征着两岸同胞的友谊之树生根发芽、茁壮成长，也寓意着两岸关系和平发展的美好愿景。

万象山海迎亚运　半岛仙茗待嘉宾

2023年5月21日，在这春意盎然、茶香四溢的美好时节，第四个"国际茶日"暨首届半岛仙茗文化节在宁波象山亚帆中心盛大开幕。此次活动会聚了众多茶文化爱好者和亚运会的教练员、运动员们，共同欢庆这一茶文化的盛宴。

象山亚帆中心，坐落于风景秀丽的松兰山旅游度假区内，一半依陆，一半临海，透出一股滨海之城的独特韵味。在这里，海与天的交汇，山与水的缠绵，共同见证了一场别开生面的茶文化盛会。

上午9点50分，随着民族乐器重奏《仙茗和乐》的悠扬旋律响起，文化节正式拉开帷幕。时任副县长石赟甲在开幕式上热情致辞，他强调象山茶叶因独特的地理位置和优越的生态环境而拥有与众不同的优良品质，希望通过"国际茶日"的契机，进一步推广象山茶文化，让"半岛仙茗"香飘四方。

象山茶文化促进会会长金红旗表示，擦亮"半岛仙茗"这一文化品牌，不仅是时代赋予象山茶文化的历史使命，更是象山茶文化应有的责任担当。他相信，借助亚运会的东风，象山茶文化必将发扬光大，半岛仙茗也将飘香千家万户。

活动现场，茶农们为亚运会的教练员和运动员们献上了珍贵的茶礼——"象山半岛仙茗"绿茶与"望潮红"红茶。这两款茶分别代表了象山绿茶与红茶的精湛工艺和卓越品质。接受馈赠的教练员与运动员们脸上洋溢着喜悦的笑容，他们表示将不负众望，努力赛出成绩，回报热情好客的象山人民。

一曲《海乡茶缘》歌声悠扬，仿佛将人们带入了那春茶飘香的季节。满山的茶香化作了采茶女的甜美歌声，绕过千山万水，带着茶叶的清香浸润了每一个人的心田。歌声中透露出的深情与辽阔，让人们感受到了渔乡的茶缘与人和自然和谐共生的美好景象。

在《茶诗联诵》节目中，主持人黄柳博倾情朗诵了8首中国最美茶诗。每一句诗句都充满了浓郁的茶香，让人们仿佛置身于美丽的中国茶诗意境之中，流连忘返。

茶艺师们还为现场的茶友们带来了精彩的调饮茶表演。浓郁的奶香与清新的绿茶完美融合，带来了味蕾上的极致享受。而抹茶所带来的丝丝甜苦更是令人欲罢不能，仿佛置身于一片绿意盎然的茶园之中。

象山县戏曲家协会的戏曲家韩小芬、俞志梅也为大家带来了经典戏曲《一杯茶》的精彩表演。经典唱段令人百听不厌，将茶文化的韵味与戏曲艺术的美感完美地融合在一起。

女子群舞《佳茗行》则以现代的表现形式展现了古典的茶道精神。舞者们身着古典服饰，翩翩起舞，仿佛化身为那佳茗一般清新脱俗。她们的舞姿轻盈优雅，将茶与舞、现实与幻想、流动与意象完美地融合在一起，为观众呈现出一幅美轮美奂的艺术画卷。

活动现场还邀请了象山书法家朱自清挥毫泼墨。他凝神聚气，笔走龙蛇，一气呵成地写下了"半岛迎亚运，仙茗待嘉宾"的墨宝。这一幅书法作品不仅赢得了现场观众的阵阵喝彩，更成了此次文化节的一大亮点。

此次活动由象山县农业农村局、县亚运办、县文学艺术界联合会以及象山茶文化促进会共同主办。同时得到了象山半岛仙茗茶叶专业合作社和范晓霞茶艺大师工作室的大力支持。80余名爱茶之人以及亚运会的教练员、运动员们齐聚一堂，共同见证了这一茶文化的盛事。

第五章

海山仙子国　象山出仙茗

象山山水如画，土壤丰饶，雨露滋润。对名优茶的培育与发展尤为重视，自1981年起，便踏上了名优茶开发的探索之旅。

1999年，是象山茶叶历史中的一个重要节点，"半岛仙茗"名茶试制成功，它的诞生，如一颗璀璨的明珠，照亮了象山茶叶的未来之路。这款茶，由象山县林业特产技术推广中心精心创制，汲取了半岛山水的精华，汇聚了茶农的智慧与汗水，成为象山地方特色的金字招牌。

随着时间的推移，象山的茶叶事业更是如日中天。天池翠、嵩雾一叶、象山天茗、野茗红……这些名字，如同星辰般闪耀在象山的茶叶天空中。它们在各类评比中屡获殊荣，赢得了无数茶客的赞誉与喜爱。

在象山的茶场里，一批批炒制能手如雨后春笋般涌现，他们技艺高超，手法娴熟，将一片片绿叶炒制成香醇可口的名茶。更令人欣喜的是，80%以上的茶场已经实现了名优茶加工机械化，大大提高了茶叶的生产效率与品质。如今，名优茶的采摘面积已达1万亩，覆盖了全县60%以上的茶场，象山的茶叶产业，正以前所未有的速度蓬勃发展。

2022年5月9日，象山县第六届"半岛仙茗杯"名优茶产品质量推选活动盛大举行。国家级著名评茶专家、浙江大学农业与生物技术学院教授龚淑英亲临现场，对象山的茶叶给予了高度评价。她赞叹道："象山的绿茶成绩可喜，特别是一芽一叶的，品质上乘，可圈可点。在绿茶中，象山以针形茶做得最好，内质优于外形；就内质而言，汤色清亮、香气馥郁、滋味醇厚，三方面表现都相当出色。更令人惊喜的是，象山的红茶也做得非常好，已走在全省的前列。"

象山的茶叶承载着半岛的灵秀与茶农的期望，走向更广阔的天地。

半岛仙茗：凌波一叶　山海同韵

"半岛仙茗"，此名自 1999 年试制生产之始，便与时光共舞，在象山的山水间绽放其独特的芬芳。它的采摘期早，每年在惊蛰前夕，那嫩芽便迫不及待地探出头来，等待采摘者的细心呵护。乌牛早、迎霜、鸠坑、中茶 108、龙井 43、尖叶乌牛早等茶树，它们的单芽与一芽一叶，是半岛仙茗的精华所在。经过精细的制作，干茶外形细嫩挺秀，香气嫩香持久，滋味嫩爽回甘，汤色嫩绿明亮，叶底嫩匀鲜活，这"五嫩"特色，使得半岛仙茗在茶界独树一帜。

2018 年，县林特中心为了规范半岛仙茗的生产，重新制订并颁布了《象山县半岛仙茗技术规程》县级地方标准。半岛仙茗的品质一直卓越，自创建之初便荣获市级名茶证书，并连续多年被评为省一类名茶。它的荣誉更是数不胜数，从 2001 年的省"龙顶杯"金奖，到 2002 年的中国农业精品博览会金奖，再到连续多届"中绿杯"与"华茗杯"中国名优绿茶评比金奖，以及浙江省绿茶博览会名茶评比金奖。

半岛仙茗的起源，更是充满了传奇色彩。它最早产于象山县珠山山顶，又名"珠山白毛尖"。相传，珠山脚下有位名叫珠妹的姑娘，为了救治患上眼疾的母亲，历经千辛万苦，终于在仙翁的指引下，采摘到了罗盘茶树上的白毛嫩芽。这嫩芽不仅治愈了母亲的眼疾，更因其神奇的功效而被村民们传颂。为了纪念这位白头仙翁和珠妹的孝心，人们将这种茶树加工而成

的茶叶命名为"珠山白毛尖"。后来，随着陶弘景等文人墨客的相继来访，半岛仙茗的名声更加远扬。

2018年，县农业农村局创建了"象山半岛仙茗"茶叶公用品牌，并重新编制发布了相关生产技术标准。同年10月，象山半岛仙茗茶叶专业合作社的成立，标志着半岛仙茗品牌管理进入了新的阶段。该合作社实行统一专用包装、统一标识、统一加盟店门面、统一技术标准、统一对外宣传、统一管理公用品牌的管理模式，为半岛仙茗的品牌发展提供了有力的保障。目前，合作社已有社员46人，涉及全县32家茶叶企业、家庭农场、茶叶门店，共同推动着半岛仙茗品牌的壮大。

2019年6月，"象山半岛仙茗"商标正式获准注册，所有权属象山县农业经济特产技术推广中心。该中心通过授权形式，为茶农提供半岛仙茗区域公用品牌服务。至2021年，已有27家茶企获得授权，12家半岛仙茗加盟店（基地）门面进行了统一标识装修。全县半岛仙茗专用包装订购量达到2.1万套，占全县包装总量的70%以上，半岛仙茗品牌的影响力逐渐扩大，有力推进了象山茶产业的发展。在各级各部门的茶叶检测抽样中，地产茶叶的产品检测合格率均达到100%，这无疑是对半岛仙茗品质的最好证明。

为了提高茶叶品质与加工技艺，象山半岛仙茗茶叶专业合作社还特邀了中国农业科学院茶叶研究所的研究员进行授课。2019年春，叶阳研究员的到来，为合作社的会员和茶农们开办了红茶加工培训班。他们的技艺得到了进一步的提升。

　　时光荏苒，半岛仙茗的茶园也在不断扩大。2022 年，半岛仙茗茶采摘基地已达 1 万亩，产量达到了 130 吨，产值更是跃升至 6000 万元。其产品不仅销往上海、南京、杭州等大中城市，更是远销全国各地，深受消费者喜爱。同年 11 月 8 日，象山半岛仙茗茶叶专业合作社的"象山半岛仙茗"绿茶，在第 15 届中国义乌国际森林产品博览会上荣获金奖，这也是半岛仙茗连续五届蝉联此殊荣的见证。

　　半岛仙茗，这一承载着象山山水灵韵与茶农心血的茶叶品牌，正以其独特的品质和深厚的文化内涵，走向更广阔的天地，成为象山茶产业的一张亮丽名片。

蒙顶天池出青翠

天池翠，源自象山县的蒙顶山，那座山，位于西周镇的南面，因春夏两季云雾缭绕，仿佛为山巅披上了一层轻纱，故得名蒙顶。山巅之上一片小盆地，四周群山起伏，林木繁茂，雾气缥缈，群鸟欢歌，景色如诗如画，令人陶醉。

蒙顶山，海拔600米，地处海洋气候之中，四季温差细微，气候湿润，雨水丰沛，山清水秀，竹林茂密。山顶地势平缓，内有一池，池水常年碧绿如玉，乡民

们亲切地称之为"天池"。池畔，林木葱茏，鸟语花香，宛如人间仙境。

传说昔日西天瑶池中的七位仙女，偶然动了凡心，结伴云游，飘然降临于东海之滨。她们见蒙顶山云蒸霞蔚，山顶的碧池波光粼粼，便欣然前往，嬉笑戏水，沐浴其中。她们的欢声笑语引来了山头的百花争艳，百鸟齐鸣。仙女们在嬉闹中击起的水花溅到池畔的茶丛，竟使茶树沐浴了仙露，从此更加苍翠欲滴，清香四溢。云雾散去，仙女们离去，但那清香却永远留在了蒙顶山。村民们视为天赐之茗，称赞其为"仙露茶，满口香"。蒙顶山的云雾茶，因其色泽、香气、口感、形状俱佳，冠名为"天池翠"，一度名扬四海。

唐朝时期，佛茶之风盛行，饮茶之俗在全国广为流传，蒙顶山的天寿佛茶也几乎与普陀山佛茶同时兴起。日本的高僧曾登上蒙顶山，问道访茶，留下了深厚的文化交流印记。

民国初年，功川法师东渡日本，随身携带了一批蒙顶山佛茶，准备赠予渡边高僧。巧合的是，渡边招待他的竟也是蒙顶茶的后代。渡边解释，这茶原本是他

的祖辈从蒙顶山带回的茶种，经过几代人的精心培育，才成为如今的精品。

天池翠，创制于 2002 年，其外形微扁，紧直挺秀，色泽翠绿，清香持久，口感鲜醇爽口，汤色清澈明亮，叶底嫩绿明亮。自 2003 年至 2010 年，天池翠在上海国际茶文化节、宁波中绿杯等展会上连续斩获 8 项金奖，2006 年更荣获"全国用户依赖品牌"称号。至 2010 年，天池翠的生产基地已达 3000 余亩，年产量 25 吨，产值高达 500 万元，主要销往宁波地区。

2003 年 4 月，天池翠经过由浙江大学博士生导师刘祖生、中国茶叶研究所研究员姚国坤、徐南眉，中华全国供销合作社杭州茶叶研究院研究员骆少君，以及浙江省农业厅罗列万高级农艺师等 5 位高级专家组成的鉴定委员会的评审鉴定，获得了极高的评价："天池翠名茶采自云雾缭绕的高山茶区，原料品质优良，采摘精细，制作精良，具有制作特优名茶的基础条件；天池翠茶外形紧秀挺直、隐绿披毫，汤色清澈明亮，香气嫩香、清高，滋味鲜爽、甘醇，叶底嫩匀，具有名茶的典型特征、特性。"

有人以诗赞之："蒙顶天池雾笼翠，春风雀舌露华鲜。七仙香茗君知否，一盏饮来成羽仙。"又有诗云："世间无处不生愁，一盏

外国友人品饮象山名茶天池翠

天池解百忧。闻说新来七仙女，知心相约上茶楼。"天池翠如今已列入"象山半岛仙茗"公用品牌，成为象山县茶产业的一张亮丽名片。

竺济法的七绝《咏象山蒙顶山》云："云雾仙山蒙顶茶，蜀中大岳巧同名。茶禅曾引东瀛客，盛世犹期景色新。"此诗描绘了蒙顶山的仙姿，以及其茶禅文化的影响力，展现了其在茶产业中的重要地位。

天赐香茗出箭山

象山天茗茶叶，源自象山县那如诗如画的射箭山、珠山、白仙山和五狮山之间，这片土地孕育了茶叶的芬芳与灵韵。2002年，象山天茗茶叶专业合作社在这片土地上诞生。他们以匠心独运的手法，创制出独具特色的象山天茗茶。

天茗茶，分为扁形、条形和微发酵三类，虽工艺皆属绿茶范畴，却各有千秋。那扁形茶，宛如江南的丝绸，光滑细紧，色泽翠绿，香气高扬，口感爽滑，均匀耐泡。条形茶则紧直挺拔，色泽翠绿，毫尖显露，清香四溢，持久不散，让人回味无穷。而那微发酵茶既有传统绿茶的秀丽外形和鲜亮色泽，又带有乌龙茶的淡雅花香，清汤绿叶，柔和爽口，仿佛是茶与花的浪漫邂逅。

2004年、2005年，象山天茗茶叶连续荣获"中绿杯"银奖，这是对其品质的极高赞誉。2007年，更是斩获"中茶杯"优质奖，证明了其在茶叶界的卓越地位。至2010年，象山天茗茶叶的生产基地已扩展至5000余亩，产量达到35吨，产值高达700万元，主销宁波、上海、江苏、北京、广东等地，深受消费者喜爱。

在五狮山的脚下，坐落着白林茶场。这里，山峦叠翠，薄雾缭绕，仿佛置身于仙境之中。白林茶场，作为象山天茗的主产地之一，拥有茶园200余亩。这

里种植的茶叶品种繁多，有迎霜、乌牛早、龙井、安吉白茶等多个良种。每一种茶叶都有其独特的风味和特点，它们在这片土地上茁壮成长，为象山天茗茶叶的品质奠定了坚实的基础。

嵩雾峰头出一叶

嵩雾一叶茶，源于黄避岙乡高登洋茶场。其外形扁平如镜，光滑如玉，苗锋尖削，片片平展，不带一丝芽与茎梗，微微向上重叠，恍若绿波轻舞。色泽润绿如玉，栗香四溢，入口甘醇鲜爽，汤色清澈明亮。

嵩雾一叶茶之鲜叶，以一芽二叶初展为上品，采回后精细筛分，确保芽叶大小、长短一致，如同翡翠般晶莹剔透。其加工工艺独特，分为摊青、杀青、揉条、辉锅四道精妙工序。鲜叶稍经摊放，便入铜锅炒青，锅温恰如春风拂面，约200℃左右。每锅投叶量500克，恰似绿珠落玉盘。杀青后期，锅温渐降，边揉条边抛炒，至适度时起锅，摊凉后轻轻搓揉，如抚琴弄弦，婉转悠扬。再用焙笼烘焙至八成干度，复入锅整形翻炒，直至足干。当茶条初具弯曲之姿，改用滚炒与抛炒相结合的手法，此时锅温略升，茶香随之四溢，宛如山涧幽兰，芬芳馥郁。最后再在锅中辉干，使茶香更加持久。

嵩雾一叶茶之制作技艺，承袭自梅家坞龙井茶之真传。1985年清明前夕，杭州梅家坞村党支部书记卢镇豪携45位炒茶师傅莅临高登洋茶场，与当地茶场合作加工龙井茶。李达震先生虚心向学，深得制茶之精髓。1992年2月5日，嵩雾商标荣获国家商标局注册，其生产的"嵩雾一叶"茶深受上海、天津、杭州

等地消费者之喜爱。1993 年，嵩雾龙井更是荣获全省名茶品比会二类名茶之殊荣。至 2022 年 11 月 8 日，嵩雾牌印雪白茶更是斩获第十五届中国义乌国际森林产品博览会金奖，名扬四海。

黄避岙精制茶厂始建于 1979 年，南朝西沪港，北靠象山港，地理位置得天独厚，生态环境秀美如画。该厂在全县率先推广绿色防控技术，开发出独具一格的嵩雾一叶有机茶。其中，"嵩雾一叶"黄金芽更是有机茶之珍品。其色泽嫩黄如金，滋味鲜爽，回甘无穷。茶山常年云雾缭绕，茶树生长环境优越，茶园实行有机茶培育管理，更通过中国农业科学院茶叶研究所有机茶研究与发展中心之认证，品质卓越，无可挑剔。黄金芽鲜叶金黄璀璨，干茶亮黄如玉，汤色明黄如琥珀，叶底纯黄如金箔。品饮此茶，口感鲜爽如泉，茶汤绵柔如丝，回味悠长，令人陶醉。

东海蓬岛出香茗

蓬莱香茗是丹西街道杨蓬岙村茶农于1981年研制成功。此茶扁平光滑，挺直如剑，色泽嫩绿，光润如玉。香气鲜嫩清高。滋味鲜爽甘醇，饮之如饮甘露，回味无穷。叶底细嫩，朵朵如花，赏心悦目。其外形挺直，扁平俊秀，光滑匀齐，色泽绿中显黄，宛如翡翠镶嵌金丝，璀璨夺目。汤色杏绿，清澈明亮，叶底嫩绿，匀齐成朵，芽芽直立。蓬莱香茗在市里评比中频频获奖，声名远播，销售至宁波、南京、苏州等地，备受赞誉。

杨蓬岙村坐落于荷花芯山下，四周群山环绕，宛如一幅天然画卷。荷花芯山，形似荷花瓣，主峰高耸入云，海拔588米，山高坡峻，岩怪奇特，草木茂盛，生机勃勃。山泉自岩石间渗出，潺潺流水，宛如天籁之音。周围水库星罗棋布，空气湿润，清新宜人。山林倒映在湖水之中，水天一色，美景如画。放眼望去，一片茶园映入眼帘，嫩绿的茶叶在阳光下闪烁着生机与活力。

自1967年起，杨蓬岙村便引进樊岙优良茶种，将昔日桃树园改造为茶树之园，培育高山茶，让茶香弥漫山间。1975年，该村又在双岩门山、六家山广植茶叶，百亩茶园郁郁葱葱，茶厂应运而生，珠茶之香四溢。1983年，茶园承包到户，村民积极性

高涨，茶叶产量达到高峰，蓬莱香茗成为该村绿茶之翘楚。2016年，茶叶公园建成，茶叶产量稳定，质量提升，村民收入亦随之增加，生活更加美满。

村民胡象日是蓬莱香茗之主要创制者之一，种茶已逾40年。1981年，他未读完高中，便回村投身茶厂，学习珠茶制作之术。茶地承包后，他加工毛烘青，赶集售卖，勤劳致富。1994年，眼见毛烘青价格低迷，他从新昌县请来师傅，学习龙井茶炒制技艺。炒出的龙井茶色泽绿中带黄，香气浓郁持久，味道纯正醇厚，外形扁平挺直光滑，令人赞叹不已。村民们纷纷前来学习，龙井茶之风迅速在全村盛行，效益显著提高。为在市场上立足，他尝试过珠茶、毛烘青、扁茶、条形茶等多种茶类制作，技艺日益精湛。在县农业经济特产技术推广中心的指导下，2018年，胡象日建起了全县首个试点绿色防控示范茶园，率先引种鼠茅草除草，投放茶尺蠖诱捕器和黄板纸，引进乌牛早、鸠坑、黄金茶、安吉白茶等新品种，为茶叶产业注入新的活力。2021年，在杭州狮集团的培训期间，他得知乌牛白茶品质卓越，次年便引进乌牛白2000株，每株苗价高达5元，终获成功。如今，"象山半岛仙茗"公用品牌推出，蓬莱香茗已归入其麾下，共铸辉煌。

五狮野茗香浓郁

五狮野茗，这款由象山茅洋南充茶场精心创制的绿茶，其色泽翠绿欲滴，宛如初春的嫩叶，充满生机。香气清高悠远，仿佛山涧清泉，沁人心脾。汤色清澈明亮，如同翡翠般晶莹，叶底嫩绿均齐。其外形紧结匀整，每一片茶叶都仿佛经过精心雕琢，散发着清馨持久的

香气。口感清爽甘醇，每一口都仿佛能品尝到大自然的馈赠，茶香浓郁悠长，让人回味无穷。

五狮野茗的商标自 2003 年注册以来，便以其卓越的品质赢得了广大消费者的喜爱。2006 年，它成功通过 QS 认证，并获得食品质量安全许可证，成为象山茶叶中首家通过绿色食品认证的佼佼者。同年，南充茶场更是引入无公害标准进

行规范化管理，确保了茶叶的品质与安全。自 2008 年起，五狮野茗便连续获得浙江绿茶博览会金奖、上海国际茶文化节"中国名茶"金奖、宁波"中绿杯"金奖等多项殊荣，其美名远扬，深受人们赞誉。

南充茶场坐落于茅洋溪口水库源头，五狮山麓。这里雄峰峻秀，五座山峰犹如五只雄狮相搏，气势磅礴，因而得名五狮山。传说中，五狮山东北麓的李家庄（后名李家弄）曾遭遇五狮肆虐，伤人咬畜，毁坏庄稼。幸得青年吴虎挺身而出，一箭射中一狮目，五狮俱逃。吴虎因困倦入睡，梦中得九转金丹，服下后化为巨龙追赶五狮。最终，狮不敌龙，化为巨石，龙又变为大山，耸立在村东南。遥望五狮山峰顶开阔平坦，辟有水田数亩，建有白龙庵，内有白龙潭，深三四尺，可供百人饮用而不涸。这一传说为五狮山增添了几分神秘与传奇色彩。

南充茶场的500亩茶园中，有绿色茶园200多亩。这里不施化肥、不打农药，采用纯天然仿野生管理方式，让茶叶在大自然的怀抱中自由生长。每一片茶叶都凝聚着大自然的精华与茶农的辛勤汗水，是品质与健康的完美结合。

象山银芽气高雅

象山银芽，源自那风景如画的射箭山下墙头镇亭岙村，宛如一颗璀璨的明珠镶嵌在绿意盎然的大地上。射箭山，其主峰高耸入云，海拔548米，雄伟壮丽，气势磅礴。山西北面，象山港及其内港西沪港温柔地环绕，犹如大海伸出的双臂，深情地将这片山水紧紧拥抱。

这里，海洋性气候的恩赐让四季如诗如画，温和湿润，雨量充沛。终年云雾缭绕，仿佛仙境般缥缈，弥漫着神秘的气息。年平均气温16.5℃，年降水量1430毫米，大自然的馈赠为茶树的生长提供了得天独厚的条件。土壤深厚肥沃，微酸而滋养，有机质含量恰到好处，约1.5%，仿佛是大自然亲手调配的滋养剂，滋养着每一棵茶树，让它们茁壮成长。

象山银芽精选无性系良种福鼎大白等多毫品种鲜叶，经过匠心独运的制作工艺，终成佳品。每一片芽叶都粗壮有力，白毫显露，熠熠生辉，如同银丝般闪耀。制作过程中，鲜叶摊放、杀青理条、揉搓做形、烘干定形，每一道工序都烦琐而精细，凝聚了匠人的心血与智慧。

成品的象山银芽，银毫裹翠，满披茸毛，犹如一件经过精雕细琢的艺术品。其极品为单芽，形态优雅，故以形定名为象山银芽。它外形紧直匀整，绿润披毫，香气高雅持久，滋味鲜醇回甘。冲泡后，汤色清澈透明，叶底芽叶完整嫩绿明亮，仿

佛一幅生动的山水画在杯中徐徐展开。

　　品饮象山银芽，仿佛能感受到春天的气息与大海的韵味在口腔中交织蔓延，让人陶醉其中，回味无穷。自 1994 年起，象山银芽便在各大茶评比赛中崭露头角，荣获"中茶杯"全国名优茶评比一等奖的殊荣，声名大噪。1995 年，再获第二届中国农业博览会银奖的荣誉，更是让其声名远扬。到了 2001 年，"半岛仙茗"这一品牌的推出，使象山银芽成为其旗下产品之一，从此，"象山银芽"便圆满完成了自己的历史使命。

知青茶场绿萌香

在群山环绕之间，南峰岗巍然耸立，其主峰直插云霄，海拔450米。这里，终年云雾缭绕，仿佛置身于仙境之中。竹木葱茏，翠绿如海，土壤丰饶，气息清新。天地之间的精华，皆汇聚于此，赋予了南峰岗茶场无与伦比的独特魅力。而绿之萌南峰香茗，便是这片土地上的璀璨明珠，闪耀着知青岁月的香茗传奇。

20世纪60年代，那是一个充满热血与激情的年代。一群年轻的知青，肩负着时代的使命，毅然决然地踏上了下乡的道路。他们披荆斩棘，开发茶山，将一片片荒芜之地变成了绿意盎然的茶园。300余亩的翠绿初现，为南峰岗带来了勃勃生机。儒雅洋公社南峰岗茶叶专业大队应运而生，这些知青成了茶园的开拓者和守护者。

他们在茶园里挥洒汗水，耕耘着希望。他们用心呵护每一株茶树，期待着

它们能够茁壮成长。他们的青春，在这片土地上留下了深深的烙印。70年代末，随着知青们陆续离去，南峰岗茶园也经历了一段沉寂的岁月。然而，那段知青岁月所留下的痕迹和记忆，却永远镌刻在了这片土地上。

80年代中期，茶叶市场波谲云诡，南峰岗茶园也遭遇了前所未有的困境。销售不畅，茶园陷入了困境之中。然而，就在这关键时刻，朱华好夫妇毅然决然地站了出来。他们于1996年接手南峰岗茶场，决心要让这片茶园重现生机。

当时的茶场破败不堪，一幢四合院摇摇欲坠，庭院荒芜，羊肠小道崎岖难行。然而，朱华好夫妇并没有被眼前的困境所吓倒。他们心怀信念，立志要将这片茶园打造成一片绿色的宝地。数载耕耘，他们付出了无数的辛劳和汗水。他们修剪茶树，施肥灌溉，精心呵护着每一片茶叶。在他们的努力下，茶山终于重现了生机。

2000年，朱华好取得了南岗峰20年茶山经营权。他投入巨资，对老茶园进行改造，同时开发新园，不断扩大茶园面积。他深知，只有不断创新和改进，才能让南峰香茗在激烈的市场竞争中脱颖而出。

自2001年起，朱华好开始倾力打造绿之萌南峰香茗品牌。他注重品质管理，严格控制茶叶的采摘和加工过程。他引进先进的制茶技术，将传统工艺与现代科技相结合，使茶叶的品质得到了极大的提升。同时，他还将茶园更名为南峰茶牧发展农场，致力于打造一个集茶叶种植、加工、销售于一体的综合性企业。

经过朱华好的不懈努力，绿之萌南峰香茗逐渐崭露头角。2002年，它一举斩获中国精品名茶博览会金奖和国际名茶银奖；翌年，又荣膺浙江农业博览会优质奖。这些荣誉的背后，是朱华好夫妇数年的辛勤付出和知青们曾经留下的青春印记。

如今，南峰茶牧发展农场已经成为国家农业部认定的茶叶无公害基地。这里主要生产有机绿茶、珠茶、眉茶等优质茶叶品种，深受消费者喜爱。每一片茶叶都承载着知青们的梦想和朱华好夫妇的期望，它们在这片绿色的土地上绽放出耀眼的光芒。

绿之萌南峰香茗，不仅仅是一种茶叶品牌，更是一段知青岁月的香茗传奇。它见证了知青们的青春与热血，也见证了朱华好夫妇的坚守与奋斗。在这片绿色的土地上，他们用汗水和信念书写了一段传奇故事，让南峰香茗成了人们心中永恒的绿色瑰宝。

珠山茶：撷沦佳味胜醍醐

珠山，那座屹立于象山贤庠与涂茨二镇交界之地的巍峨山峰，又名珠岩山，海拔541.5米，仿佛是天地间的一位巨人，昂首挺胸，气势磅礴。它不仅是宁波市的十大名山之一，更是一段历史的沉淀，一种文化的传承。

明朝时期，那位茶人和学者许次纾，在其著作《茶疏》中，曾对珠山茶赞不绝口："睦之鸠坑，四明之朱溪。朱溪村在东乡珠山下，是吾里所称珠山茶，前代固驰名矣。"他的文字，犹如涓涓细流，流淌着对珠山茶的喜爱与敬仰，让我们仿佛能够穿越时空，领略到那个时代珠山茶的辉煌。

陈汉章先生更是为珠山茶谱写了一曲赞歌，诗云：

珠山山高似天都，神人书剑疑有无。

风云呵护语录濡，淑气旁薄钟扶舆。

发苗旗枪春之初，撷沦佳味胜醍醐。

樊子馈我双鹦壶，两腋生风七碗茶。

数年渴病疗相如，何须双井求云欤。

会当分植三千株，家家珍藏珠山珠。

在这首诗中，珠山茶仿佛成了天地间的精灵，受风云之呵护，雨露之滋润，孕育出那独特的清香与韵味。每一片茶叶，都凝聚着大自然的精华，都蕴含着茶农们的辛勤与智慧。

珠山的产茶历史，悠久而灿烂。早在唐代，象山便有了产茶的记载。而珠山、

蒙顶山、五狮山、射箭山一带，更是象山茶叶的主产区。这里的茶叶，汲取了山间的灵气，承载了茶农们的情感与期待。

明清时代，珠山茶更是名扬四海。明嘉靖年间的《象山县志》中，便有这样的记载："茶出于珠山尤佳。"清乾隆年间的倪象占，也在其《蓬山清话》中对珠山茶赞不绝口。这些古老的文字，都见证了珠山茶在历史上的辉煌地位。

然而，时光荏苒，珠山茶曾一度在历史的长河中失传。幸运的是，在1981年，人们开始恢复名茶的试制。在那一年的5月下旬，浙江省名茶评比在雁荡山举行，珠山茶以其独特的品质，被列为省级一类名茶，重新焕发出昔日的光彩。

珠山茶的采摘极为讲究，一般在四月上、中旬开采。它的条形肥壮，色泽翠绿，显露出细腻的毫毛。当用热水冲泡时，那清香幽雅的茶香便四溢开来，味道醇厚回甘，汤色明亮如翡翠。每一口品尝，都能感受到大自然的清新与甘甜，仿佛置身于那云雾缭绕的山间茶园之中。

然而，令人惋惜的是，由于交通不便等原因，珠山茶并未能得到充分的开发。那独特的茶香，那悠久的文化，都未能为更多的人所知晓。但愿在未来，珠山茶能够走出深山，让更多的人品味到那份来自大自然的馈赠，感受到那份深厚的文化底蕴。

鲜艳甜香望潮红

望潮红红茶在外观、口感、包装等方面，均展现出别具一格的风采。它的品质特征，可谓是嫩、鲜、甜、香四者兼备。外形乌润紧结，在杯中翩翩起舞；汤色红黄明亮，仿佛山间初升的朝霞，令人心醉神迷；滋味醇厚鲜甜，每一口都仿佛能感受到大自然的馈赠；而那甜香、花香交织的香气，更是令人陶醉其中，仿佛置身于花海之中。

象山红茶的起步，始于 2014 年春天。南充茶场以独具匠心的工艺，成功开发了野茗红红茶，它以甘、醇、香、活为特色，打破了象山县单一传统绿茶的历史格局，为红茶产业注入了新的活力。

2018 年的春天，象山墙头智门寺茶场更是掀起了一股红茶制作的新潮流。他们采用机械设备新工艺加工方法，试制红茶。那红茶原料，主要是迎霜、鸠坑等春茶，细嫩而品质上乘。试制产品一经推出，便赢得了消费者的喜爱，声名渐渐远扬。

2019 年，是望潮红红茶的丰收年。象山县农业经济特产技术推广中心，顺应茶农的发展需要，以智门寺茶场 200 亩茶园为基地，开始制作望潮红红茶，并注册了望潮红商标。那一年，象山半岛仙茗茶

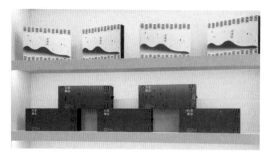

叶专业合作社的社员们，更是自发邀请了中国农业科学院茶叶研究所的研究员叶阳到象山讲课，到智门寺茶场指导红茶制作。叶阳研究员的悉心指导，让红茶制作技艺得到了进一步的提升。从此，越来越多的象山茶农开始走上红茶制作之路，红茶产业在象山县蓬勃发展。

望潮红红茶的成功开发，无疑是这一年最大的亮点。它不仅销售了 500 斤，更是选送的红茶样品荣获了中国茶叶流通协会"华茗杯"金奖，这是对望潮红红茶品质的最好肯定。

望潮红红茶对原料的鲜嫩度有着极高的要求。它主要以迎霜、鸠坑茶树品种的一芽一叶、一芽二叶鲜嫩芽叶为原料，每年 3 月底至 5 月底采制。通过萎凋、揉捻、发酵、干燥等精细工艺加工制成，每一道工序都凝聚着茶农的汗水与智慧。

2023 年 6 月 2 日，是望潮红红茶的又一高光时刻。在全市第六届红茶产品质量推选活动中，望潮红红茶一举成名，全市 10 名金奖红茶中，象山县独占 4 席。这不仅是望潮红红茶的荣誉，更是象山县红茶产业的骄傲。

象山县农业经济特产技术推广中心，以文化铸魂，以产业筑基的品牌发展计划，正推动着望潮红茶产业迈向高质量发展的快车道。随着消费者对本地红茶的喜爱日益加深，望潮红生产规模逐渐扩大，产量从 2019 年的 500 公斤，提高到 2022 年的 5 吨，创产值 500 万元。这一数字的背后，是望潮红红茶品质的不断提升和市场认可度的持续增强。

望潮红红茶，如同一颗璀璨的明珠，在红茶的世界里熠熠生辉。它以其独特的品质特征和深厚的文化底蕴，吸引着越来越多的消费者。

甘醇香浓野茗红

野茗红红茶南充茶场于 2014 年开发，以"甘、醇、香、活"四绝著称，开创了象山县茶叶产业的新纪元，打破了长久以来单一传统绿茶的生产格局。

此款红茶，精选鸠坑种茶青为原料，每一片茶叶都凝聚着大自然的精华。其外形宛若金骏眉，乌润光亮，犹如黑曜石般闪烁着

神秘的光泽。当用热水冲泡时，汤色红艳明亮。而那高爽的香气，带着丝丝甜花香，仿佛能穿越时空，引领人进入那遥远的茶马古道，感受那份古朴与纯真。品饮之间，滋味鲜醇甘爽，余味悠长，仿佛有一种昙花之香在舌尖绽放，令人陶醉。

野茗红红茶不仅口感卓越，其价格亦比绿茶高出许多，这是因为它的品质与珍稀性所致。而且它耐储藏，无论是送礼还是自饮，都是极佳的选择，因此受众极广，深受消费者喜爱。

南充茶场深知品质的重要性，因此多次邀请中国国际茶文化研究会名誉副会长、中国农科院茶叶研究所原所长程启坤等专家前来指导。这些茶叶界的泰斗，

用他们丰富的经验和深厚的学识，为野茗红红茶的加工提供了宝贵的建议。在他们的指导下，南充茶场的制茶技艺日益精进，野茗红红茶的品质也越发卓越。

在第十二届"中茶杯"全国名优茶评比中，南充茶场选送的野茗红红茶凭借其出色的品质荣获一等奖。同年，它

又在宁波市第三届红茶评比中摘得金奖的桂冠。此后，野茗红红茶更是屡获殊荣，在各大茶叶评比中频频获奖，如2019年"浙茶杯"优质红茶质量推广活动的金奖、2020年"浙茶杯"优质红茶推选活动银奖等。这些荣誉的获得，不仅证明了野茗红红茶的品质卓越，也彰显了南充茶场在茶叶制作方面的实力与水平。

中国农业科学茶叶研究所的专家们对野茗红红茶给予了高度评价："品质优异，特色突出，达到五星名茶标准。"这是对野茗红红茶品质的最好肯定，也是对南充茶场制茶技艺的最高赞誉。

如今，野茗红红茶已经成为象山县的一张亮丽名片，它承载着南充茶场的匠心与智慧，也见证了象山县茶叶产业的辉煌与发展。

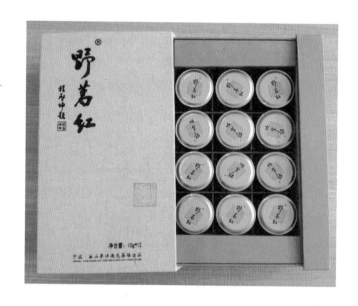

锋毫婉约嫩享红

嫩享红红茶，由象山半岛茶业发展有限公司开发。这款红茶，外形条索细紧，带锋毫，犹如一位婉约的女子，在轻风中摇曳生姿。汤色红艳明亮，宛如初升的太阳，温暖而耀眼。香气高爽，带着丝丝甜花香，令人陶醉其中，仿佛置身于花海之中。叶底红匀鲜亮，味道鲜醇甘爽，每一口都让人回味无穷。

嫩享红红茶，以其卓越的品质，屡获殊荣。在 2021 年"华茗杯"全国绿茶红茶产品质量推选活动中，它荣获红茶类金奖，展现了其非凡的实力。2022 年，"甬茶杯"优质茶推选评比中，嫩享红红茶更是斩获红茶类特别金奖，这无疑是对其品质的极高赞誉。而在 2023 年"华茗杯"绿茶、红茶产品质量推选活动中，嫩享红红茶荣获红茶特级产品，再次证明了其在红茶界的卓越地位。

喝上一口嫩享红红茶，那醇厚的口感、甘甜的滋味，仿佛能让人忘却世间的烦恼与忧愁。在这红茶的世界里，人们可以抛开尘世的喧嚣与纷扰，让疲惫的身心得到充分的放松与滋养。

嫩享红红茶，不仅是一款美味的茶饮，更是一种生活的态度。它让人们在忙碌的生活中，找到一片宁静的天地，让心灵得到净化与升华。那红艳清澈的茶汤，仿佛能洗涤人们内心的尘埃，让人们在品茗的过程中，感受到生活的美好与真谛。

嫩享红红茶，以其独特的魅力，吸引着越来越多的人们。它不仅是一种美味的饮品，更是一种文化的传承与发扬。它让人们感受到生活的韵味与诗意，让人们在品茗的过程中，体验到生活的美好与真谛。

如银如雪御金香

2020年，象山县农业经济特产技术推广中心将工艺白茶的试制列为年度的创新之举，这一重任便落在了西庐茶场茶农盛华清的肩上。盛华清，这位对茶叶怀揣深厚情感的茶农，怀揣着满腔热忱，向福建的茶友与制茶师傅虚心请教，最终试制出一批御金香工艺白茶。这批白茶在象山第一届名茶品鉴会上大放异彩，赢得了众人的一致好评。

西庐茶场坐落于风景如画的西沪港畔大雷山脚下，大雷山奇峰耸立，气势磅礴，自古便以壮丽的景色闻名于世。而御金香工艺白茶的原料，盛华清精心挑选了乌牛早这一品种，以单芽为主，形态宛如银针般纤细。经过室外与室内复式萎凋，再经过阳光的自然干燥，白茶终于制作而成。短短的半个多月时间里，盛华清成功试制出五种不同原料的工艺白茶茶样。

2021年，在宁波市农业农村局农技推广总站举办的地产工艺白茶品鉴会上，盛华清秋季精心压制出的工艺白茶再次崭露头角。福建白茶原产地的师傅们对这款茶叶赞不绝口，他们认为，这款茶叶条索细紧纤长，绿中泛黄，香气高雅而悠长，带有花果的芬芳，口感淡雅柔和，鲜醇回甘，汤色浅黄翠绿，叶底嫩黄明亮，品质已然达到了福建白茶的同等水平。

盛华清是茶艺技师、高级评茶员、高级制茶师，还是中国茶叶学会的会员，现任象山县茶叶产业农民合作经济组织联合会秘书长。他于2020年创办了象山西庐家庭农场，三十载春秋，他始终致力于茶叶加工、名优茶创新加工技术及茶文化的推广。近五年来，在县农业经济特产技术推广中心的支持下，他五次赴福建，向白茶师傅学习制作工艺白茶的精湛技艺。

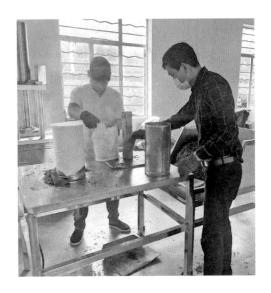

工艺白茶，不炒不揉，经过萎凋、轻发酵等工序精心制作而成。干茶满披白毫，泛着银白的光泽，故而得名。盛华清初次试制的是散茶，那清新醇雅的香气、浓醇甘爽的口感、汤熟稠糯的滋味，无不令人陶醉。散茶的成功试制，让盛华清对制作饼茶产生了浓厚的兴趣。

白茶饼不仅能节省仓库空间，其口感独特，醇厚糯甜甘香，散发着与散茶不同的枣香等花蜜香味。饼茶易于保存，卫生安全，吸附杂味的可能性极小；运输方便，损耗也大大减少。如今，白茶压饼已越来越普及，茶友们也逐渐接受了白茶饼的存放与品饮方式。然而，白茶压饼并非一蹴而就，它需要陈化一段时间，压饼前还需存放、静置。至于这个时间段具体多久为好，虽无统一标准，但象山与福鼎地域的差异，使得这一问题更需深入摸索，需长年经验的总结与探究。

白茶生产技术及流水线设备和压饼工艺及流水线设备的引进，得到了县农业经济特产技术推广中心的大力支持。2023年6月，盛华清与南充茶场制茶师郑希敏携手在智门寺茶场，开始了白茶饼的生产之旅。他们试压制饼茶和巧克力饼茶，实现了批量生产。如今，松兰牌和野茗牌白茶饼已批量投放市场，深受消费者喜爱。

第六章

驿路待茶亭　客来聚茶馆

象山，这片绿意盎然的土地，不仅有着秀美的山水，更有着众多茶亭与茶馆，它们如诗如画，成了象山人心中最美的风景。

茶亭，宛如古道上的守望者，静静地伫立在道路中间，迎接着南来北往的行人。亭内，石桌石凳井然有序，或是用三合土精心垒起的座台，可供行人安坐休憩。清风徐来，带走了夏日的酷热，带来了丝丝凉意。那几条连接立柱的厚木条凳，宛如古老的时光，静静地承载着岁月的痕迹。

象山的茶亭，每一个都有着自己独特的名字，美妙动听，内涵丰富。从这些凝聚着吉祥寓意的亭名中，我们可以领略到如诗的境界，感受到丰富的人文特征。黄

土岭亭、七里亭、放舟亭、客爱亭、着衣亭……每一个名字都蕴含着一段故事，一段历史，让人心生向往。

如今，虽然古道上有些亭阁已被荒废，但它们依然静悄悄地隐匿在冷僻之地，默默述说着昔日的辉煌和曾经的繁忙。它们见证了象山的变迁，也见证了无数行人的匆匆脚步。

象山的茶馆独具魅力，深受当地居民和游客的喜爱。这些茶馆大多坐落在风景秀丽之处，环境清幽，是品茗论道、放松心情的绝佳去处。在象山的茶馆内，茶叶品种繁多。你几乎可以喝到全国各地的名茶。从龙井、碧螺春到铁观音，应有尽有。

茶馆老板们精通茶艺，他们用心泡制每一杯茶，让客人能够品尝到茶叶的醇厚口感和独特韵味。

除了品茶，象山的茶馆还是文化交流的重要场所。在这里，人们可以欣赏到茶艺表演，感受茶文化的博大精深。茶馆内还常常举办书法、绘画等文化活动，为茶客们提供了一个展示才华、交流思想的平台。无论是当地居民还是游客，都能在这里找到一份宁静与惬意。

象山的茶馆老板，往往都很有文化底蕴。他们不仅精通茶艺，更懂得茶文化的深厚内涵。每一位老板，都是一位茶艺师，也是一位文化传承者。他们用心泡制每一杯茶，用情讲述每一个茶的故事。

在茶馆里，老板们会与客人分享茶叶的产地、采摘、制作等各个环节的故事，让客人更加深入地了解茶叶的魅力。他们还会讲解茶道的礼仪、泡茶的技巧，让客人在品茶的同时，也能感受到茶文化的博大精深。

象山的茶亭与茶馆，是驿路上的风景，也是心灵的驿站。它们用茶水滋润着行人的心田，用名字诉说着象山的故事。在这里，人们可以感受到象山的韵味，也可以找到心灵的归宿。

西沙止息禅茶亭

在蜿蜒曲折的西沙岭古驿道上，一座古朴的止息寺静静伫立，仿佛是历史长河中一颗璀璨的明珠。止息，这个梵语词语"奢摩他"的汉译，寓意为消除一切杂念，清净无为，是修行者追求的至高境界。

止息寺始建于唐宋年间，它坐落在墙头镇与西周镇之间的西沙岭上，仿佛是大自然与人类文明的完美结合。南面，连绵的群山宛如黛色长龙，在雾气氤氲中逶迤伸展，给人以无尽的遐想；北面，则是辽阔无垠的大海，海鸟自由翱翔，水天相接，构成了一幅壮丽的画卷。

西沙驿亭，这座始建于宋嘉定十六年（1223）的古亭，静静地守护着止息寺的西北角。沿着菩提大道缓缓前行，两旁的石雕和佛语仿佛在诉说着千年的故事。尽管岁月的风霜侵蚀了一些景观，只留下了断壁残垣，但仍能从那斑驳的痕迹中，想见旧时的繁华，听见历史的回声。

古道两旁，森林茂密，翠竹青青，抬头望去，千顷翠竹如波涛般起伏，蔚为壮观。行走其间，仿佛置身于一个清幽的世界，只闻溪水潺潺，不见水流何处，令人心旷神怡。寺庙前后，红木石楠、银杏和香樟树郁郁葱葱，散发着淡淡的药香，更增添了古寺的神秘与风雅。

如今，止息寺的住持是印春法师。他天庭饱满，脸色红润，一身袈裟，两袖清风，给人一种庄重而慈祥的感觉。寺院的茶，都是清明前由师父们亲手采制的。每一杯茶都蕴含着大自然的精华和师父们的辛勤付出。举杯轻呷，香气扑鼻，回味无穷，仿佛能品出岁月的甘甜与人生的真谛。

印春法师讲起茶经来，更是头头是道，满腹经纶。他深情地说："一壶茶，即浮即沉，浮浮沉沉。可沏作茶，可参作禅，可看作境，可观作心。以心为壶，任天雨播洒，与山水共一色，与天地共虚空。任天花缤纷，壶中自有妙境界，壶中自有好乾坤。一壶茶，有舍有得，可参可悟。得时如观自在，悟时了然干净。一切虚无，化空而去；一切妙有，踏空而来。禅有一念天地，茶有百味人生。由茶入禅，禅即生活，禅即一颗了然干净的心。"

在止息寺，茶与禅融为一体，人们在品茶的同时也在品味人生。每一杯茶都像是人生的一个缩影，有苦涩也有甘甜，有起伏也有平静。

黄土水月义茶碑

黄土岭普福寺坐落于普明禅寺西侧，位于丹西街道珠水溪村普明路与迎恩路交叉口附近的珠水溪路220号。这座寺庙旧名普福庵，据传始建于唐代，以真武大帝为主神，因而得名"普福寺"。寺庙入口处左侧，矗立着两方碑刻，其中一方尤为引人注目，那是刻立于清嘉庆十七年（1812）的义茶记古碑。

古碑分正背两面镌写。其文如下：

思夫劳者息，渴者饮，人情也。而道途之辛苦尤甚，然安得净方金布，到处成缘，遥源溶波，酌而不竭，亦惟善小不为，是惧区区之心窃尝慕之。邑西南十五里有黄土岭者，宁象通衢往来要路。前有乐善君子构宇庄像，招僧奉佛，意美、法良，福缘善庆矣。又恐后之乐施者，照旧修理，未极增补，亦仍等于善未终，而美不成也。嘉不敏，亦无长策，聊于嘉庆九年，敬助佛厨一座。十年，捐起茶亭，钱叁拾伍千文。十六年，又起转厅三间，遂将己户下民田八号，计实田十二亩。士名列石，愿助亭内以备每年烧茶之用，惟冀后有作者慨然乐助，相继靡涯，岂特嘉区区之心，幸抑亦前君子乐善之幸也，故敢勒诸石以志，不忘焉，是为记。嘉庆十年，助茶堂四间。十五年，经堂四间。念亩洋村，两号，田五亩半，黄土岭头村，四号，田两亩半，徐家屋基村，两号，田四亩（内两亩系弟起震助）。大清嘉庆十七年，岁在玄默君滩之余月，钱起嘉妻俞氏敬立。

用现代汉语翻译如下：

人们常言，劳动者应得休息，口渴者需饮水，此乃人之常情。然而旅途的辛劳尤甚，如何能处处得享清净之所，茶水源源不断呢？虽然善事无分大小，但我内心常常怀有这样的憧憬。在邑城的西南方向十五里处，有座名为黄土岭的山丘，此处为宁象两地通衢的要道。前有乐善好施的君子在此建造佛像，并招僧侣供奉佛祖，其意甚美，其法甚良，真可谓福缘善庆。然而，我又担心后来的乐善好施者，虽照旧修缮，但未能进一步增补完善，如此则善行仍未终了，美事也未完成。我虽不才，也无良策，只能在嘉庆九年，敬助建起佛厨一座。嘉庆十年，我捐款建起茶亭，并投入三十五千文钱。到嘉庆十六年，又建起转厅三间，并将自己名下的民田八号，共计实田十二亩，捐出以供茶亭每年烧茶之用。我希望后来之人能慷慨解囊，相继不断，这不仅是我个人的心愿，也是对那些先前乐善好施者的幸事。因此，我敢于将此事刻于石碑之上，以志不忘。嘉庆十年，又助建茶堂四间；十五年，建经堂四间。念亩洋村捐田两号，计五亩半；黄土岭头村捐田四号，计两亩半；徐家屋基村捐田两号，计四亩（其中两亩由我的弟弟起震捐助）。大清嘉庆十七年，玄默君滩之余月，钱起嘉与其妻俞氏共同敬立此碑。

古碑背面文字如下：

闻之靡不有初，鲜克有终。余于黄土岭前，既捐田十亩作烧茶之费，以成始事矣，而无亭宇继之，是仍委嘉赆于草莽也。况兹岭上通鄞奉，下底昌石，旁连台宁。往来行人络绎不绝，憩息之所，尤为要举，爰独出己资，于嘉庆十年起南首茶堂四间，十五年又起经堂四间，俾施茶者托业有方，解渴者栖身有所，而余所捐之田亦得与亭俱长焉。乃延至今春，众同事又谋，于门首起一凉亭，旁边起一侧屋，以取关锁整齐之义。来捐于余，余曰：此正赍志人矣，未之逮也。今果得之余又何辞？遂出资五十千，胞弟起震出资二十千，住僧广秀出资三十千，而精于择吉张君文富者，余姻亲也，亦出资十千，以襄美举。外此慨然乐助者，悉数难终其名，另寿于石。余之所为，不过以我之心，行我之事，以成初终云尔，后有同志者，更能扩大而增益之，是又余所深望也夫。

大清嘉庆十七年，岁次元黓涒滩之黄钟月上浣吉旦，钱起嘉同弟起震立。

现代汉语翻译如下：

常言道，善始者实繁，克终者盖寡。我在黄土岭前，既已捐出十亩田地作为烧茶之用，以完成初始之事，但若无亭宇继之，则善举仍将被埋没于草莽之中。况且此岭上通鄞奉，下达昌石，旁连台宁，往来行人络绎不绝，因此休憩之所尤为重要。于是，我独自出资，于嘉庆十年建起南首茶堂四间，十五年又建起经堂四间，以便施茶者有所依托，解渴者有所栖身，而我所捐之田也得以与亭宇共存。至今春，众同事又商议在门首建起一凉亭，旁边建起一侧屋，以使整体更加整洁有序。有善士欲将此义举捐款于我，我答道："此正是有志之人所应为之事，我虽未及，但亦愿尽我所能。"最终，我出资五十千，我的胞弟起震出资二十千，住持僧广秀出资三十千，而精通择吉之术的张君文富，乃我的姻亲，也出资十千，以助此美举。除此之外，慷慨解囊者众多，难以一一列举，故另刻石以记。我所做之事，不过是尽我所能，行我之志，以成善始善终之事。我衷心期望，后有同志者能继续扩大并增益此善举，这将是我所深感欣慰之事。

大清嘉庆十七年，岁次元黓涒滩之黄钟月上浣吉旦，钱起嘉与其弟起震共同立此碑。

普福寺的东北角立有一茶亭名水月亭。

普福寺地处虚堂故里黄土岭下，其《义茶记》碑文与水月亭茶亭的发现具有十分重要的意义。

黄土岭，这处古朴而充满禅意的所在，仿佛是岁月静好的见证者。普福寺静静矗立，古韵悠长，而寺前的碑刻与茶亭，更是清代善行义举的生动注脚。

《义茶记》古碑，犹如一部尘封的历史长卷，缓缓展开在世人眼前。那镌刻在石碑上的文字，仿佛能穿越时光的尘埃，将我们带回那个嘉庆年间的清晨或黄昏。那时，黄土岭上来来往往的行人，或疲惫或焦急，而普福寺前的茶亭，便是他们休憩的港湾。钱起嘉，这位乐善好施的君子，以其慷慨之心，捐田建亭，供人解渴。他的善举，不仅温暖了过往行人的心，更在黄土岭上留下了一段佳话。

每当风吹过黄土岭，似乎都能听到那悠悠的茶香和行人的赞叹声。水月亭下，一壶热茶，几句寒暄，便是人间最温暖的风景。而这一切，都得益于那些默默奉献的善士。他们以茶为媒，传递着爱心与善意，让黄土岭的每一寸土地都充满了温情与美好。

站在普福寺前，望着那巍峨的古碑和雅致的茶亭，心中不禁涌起一股敬意。这些不仅仅是建筑或石刻，它们更是清代黄土岭人民善良与淳朴的象征。在那个年代，人们或许没有现代社会的繁华与便利，但他们却拥有一颗颗纯净而善良的心。他们用自己的方式，守护着这片土地，传递着爱与温暖。

如今，当我们漫步在黄土岭上，感受着那份古朴与宁静时，不妨也去思考一下那些善行义举背后的意义。它们不仅仅是历史的记忆，更是对我们现代人的启示与鞭策。在这个快节奏的时代里，我们或许也应该学会放慢脚步，去关注身边的人和事，去传递更多的爱与善意。

从《义茶记》看清代黄土岭的善行义举，我们看到的不仅仅是一段历史，更是一种精神与文化的传承。愿我们都能像那些善士一样，用自己的力量去温暖这个世界，让爱与善意在人间流传不息。

黄埔岭岙底古茶亭

晓塘乡，那是一片藏匿着古老故事的土地。黄埔岭古道，便是其中最为传奇的一页。这古道，曾是石浦人通往外部世界的唯一通道，它宛如一条历史的长河，见证了无数往来行者的足迹与岁月。当地人亲切地称它为"百步耸"，每一步都仿佛承载着厚重的历史与文化。

古道之上，石条铺就，或长或短，整齐有序，犹如一盘精心布局的棋局。石阶与弹石岭交错，形成了独特的韵律与节奏。路旁，引水的小沟静静流淌，宛如一条银色的丝带，为这古道增添了几分灵动与生机。

黄埔村，这座宁波市首批、浙江省第五批历史文化名村，静静地依偎在黄埔岭的怀抱中。岭顶之上，两座古老的茶亭屹立不倒，岙底茶亭与民国乡人筹建的凉亭，仿佛是历史的守望者，默默守护着这片土地的记忆。

岙底茶亭，坐落在黄埔岭山腰的路旁，灰瓦屋顶在阳光下泛着淡淡的光泽，杉木梁柱坚固而稳重，青石门窗则透露出一种古朴与雅致。亭中摆设简单却实用，茶灶、茶缸、茶桌、茶碗一应俱全。这茶亭，虽只有一间房子大小，却用老式青砖精心垒成，坚固而耐用。

茶亭坐北朝南，面对着行色匆匆的过往行人。它没有华丽的窗户，只有三道门，正门朝南敞开，迎接着来自四面八方的客人。东西两侧各有一门，通风透气，使得亭内始终保持着宜人的温度与湿度。

岙底茶亭的碑文上记载着

它的历史与由来："呑底茶亭在晓塘乡黄埠岭脚。因处山呑深处，故名。清同治乙丑年（1865）建。半穿廊式3间。砖石结构，石柱8根，弹石地面，东、南均有门。内有碑记。"这些文字，仿佛是时光的印记，将我们带回了那个古老而淳朴的年代。

在呑底茶亭里，无论春夏秋冬、阴晴雨雪，总有一位热心的村民每天无偿地烧一瓦缸茶水放在亭子里，供路人自助饮用。南来北往的过路客，每当走入这茶亭，总会停下脚步，稍作歇息。此时，他们都会捧起一碗热腾腾的茶水，细细品味。凉风轻轻拂过面颊，山泉叮咚作响，山景如画映入眼帘。这一刻，所有的疲惫都烟消云散，取而代之的是身心的愉悦与满足。

呑底茶亭，不仅仅是一个供人歇息的场所，它更是一个传递爱心与温暖的港湾。在这里，每一个过客都能感受到那份来自家乡的亲切与关怀。而这份关怀，也如同一股清泉，流淌在每一个行者的心间，让他们在旅途中感受到无尽的温暖与力量。

三湾路廊施茶俗

深藏于石浦镇文兰社区的三湾路廊，位于52号西侧，是通往昌国的必经之路。这里，是象石古道十八亭中的一颗璀璨明珠，以穿廊之姿，静静伫立于岁月长河之中。十根石柱，撑起拱门与石凳的质朴，墙裙则以条石精心砌筑。亭中两根石柱之上，镌刻着一副楹联："一宇拓江海，赫赫明神堂庇护；三湾通石镇，劳劳过客暂勾留。"此联由民国九年（1920）的纪传长、任筱甫、俞怀白、丁希圣等人共同募建，孙荣桂挥毫书写，墨香犹存。

三湾路廊以三开间之姿，展现着古朴而又不失精致的建筑之美。明间侧缝五架抬梁，以二柱支撑，三架梁处饰以雀替雕刻，细腻生动。脊檩下的荷叶木，两端雕刻成象首状，寓意深远。次间则稍显简约，五架抬梁仅用一柱，西侧更是无柱网之设，尽显建筑之巧妙。明间西墙之上，筑有一佛龛，以石板砌筑，透着古朴庄重之气。而两次间的西墙，则设有内宽外窄的穹顶门，通往幽深的佛堂。穹顶门上，圆形泥塑中镶嵌着双鱼太极图案，流转着无尽的哲理。

墙上两处钱形旋读凸文，分别为"坐坐也好"与"去去就来"，笔法流畅自然，乃昌国俞怀白之墨宝。西墙之上，更有一宫殿式神龛，雕刻精细无比，楹联"泗水恩波长流千古，荔江法雨普及万民"熠熠生辉。弧形条石拱门与地面铺设的石板相映成趣，亭西的三开间小庵与路廊左右两侧的拱门以回廊相连通，构成了一幅和谐而精巧的画面。此建筑结构之对称精巧，被誉为"浙东第一亭"，实至名归。

然而，岁月流转中，三湾路廊也曾历经风霜。20世纪60年代，因新建渔港路而一度废弃。幸而在民国时期得以重建，焕发新生。自2011年4月起，更被列为县级文物保护单位，得到了应有的珍视与保护。如今的路廊西侧靠墙处，仍保留着一排石凳，供行人歇脚憩息之用。南北山墙建有穹顶大门，门框两侧以条石砌筑，坚固而美观。北门顶部镌刻着"游目"二字，引人遐想无限。屋顶采用硬山造，两坡面覆盖小青瓦，古朴典雅。地面以石板铺设，墙基用磐石砌筑，上部则用青砖构筑，整体均用方形石柱支撑起这一方古朴的天地。

三湾路廊不仅作为行人歇脚遮阳避雨之所，更承载着深厚的文化内涵。施茶之习俗在此地得以长期延续，以茶水传递着人与人之间的温暖与善意。这种乐善好施的义举在民间仍可见诸实践，特别是在炎热的夏季，大道半途、庵堂之旁，常有善心人士为过路游客提供免费茶水以解暑热之渴。施茶之物件虽简单，却蕴含着浓浓的人情味。陶缸或木桶中盛放的粗茶，在立夏至秋分之间的特定节气里，更会加入薄荷、金银花等提神醒脑之物，让过往行人在这一杯茶水中，品味到古老路廊里的人情与烟火气息。

象山旧时三茶馆

在岁月的长河中，那些被时光浸润的古老茶馆，曾经是人们生活的温馨驿站。往昔，它们被唤作茶坊、茶园，如同一片静谧的绿洲，在喧嚣的尘世中为人们提供了一处避风的港湾。

茶坊，往往与书棚相依相存，仿佛文化与生活的交融之所。在这里，茶客们一边品味着香茗的甘醇，一边聆听着书声的悠扬。那些规模虽小，却蕴藏着无限韵味的茶坊，在清末民初的象山丹城、石浦、西泽轮船码头等地，如雨后春笋般崭露头角。其中，丹城十字街茶坊、姜毛庙茶馆、石浦火炉头茶馆等，更是名噪一时，成了当时人们心中的一片净土。

当天边泛起鱼肚白，晨曦初露时，搬运工人们便络绎不绝地踏入茶馆的门槛。他们在这里，泡上一壶酽茶，伴着茶坊门口点心摊上油条大饼的香气，享受着一天中最惬意的时光。边吃边饮边畅谈天下事，传播着各种各样的社会新闻。等到渔船靠岸，有人前来雇用时，他们便背起或挑起沉重的货物，开始了新一天的劳作。而那些坐镇茶坊的车夫、脚夫、轿夫，也在这里以茶会友，交流着生活的点滴。他们在茶坊中听说书人的故事，享受着难得的休闲时光。

民国时期的象山丹城十字街茶坊，坐落于西街、东街与横十字巷的交汇处。人来人往间，三教九流汇聚一堂。这里不仅是信息的集散地，更是各种生意的交易所。有时候，一些革命者也会选择在这里密谋策划，商讨大计。上午时分，茶坊里清茶飘香；而到了下午，则是茶食并进，绿茶与红茶交相辉映，满足了不同茶客的口味需求。

旧时的茶馆，是谈生意的会所，也是信息交汇的枢纽。在这里，人们不仅可以品尝到香浓的茶水，还能购买到各式各样的茶食，如饼干、花生、瓜子等。茶客们纷纷入座，每人一把精致的小茶壶，一只茶碗。有桌子的地方，还可以下象棋、打扑克牌，消遣时光。店家忙碌地冲泡着茶水，而茶客们则沉浸在这片宁静与和谐之中，仿佛时间都在这一刻凝固了。茶馆里的竹椅、板凳都是当地特产的竹木制品，质朴而舒适。大部分竹椅还可以躺下休息，先到者先得。在这里喝茶的大多是中老年人，他们在这里寻找着生活的乐趣和慰藉。

在那个娱乐匮乏的年代，茶馆成了人们的精神家园。有些人甚至整天泡在茶馆里，享受着这里的宁静与悠闲。如果有人想要找人，去茶馆一准没错。而茶店老板为了招徕生意，还常常请来戏班子为茶客们清唱几出。主要是评话和走书的形式，演唱的内容大多是长篇书目，如《三国》《水浒》《隋唐演义》等演义和传奇故事。每天唱几回，到紧要关头时，总是留个悬念，让茶客们欲罢不能，期待着下一次的精彩继续。此外，还有盲人演唱的"莲花落"，那悠扬的旋律和动人的歌词，常常让听众为之动容。慷慨的听众会给予他们一些小钱作为奖赏，而他们也用这种方式感谢大家的支持与鼓励。

半个多世纪的沧桑巨变中，象山旧时的茶馆如同江湖中的一叶扁舟，在风雨飘摇中历经沉浮。它们是旧时象山社会经济文化变迁的缩影，见证了无数人的欢笑与泪水。如今回首望去，那些已经消逝在历史长河中的茶馆依然闪耀着光芒，成了我们心中永恒的记忆。

当代茶馆呈精彩

"忽如一夜春风来，千树万树梨花开。"这句诗仿佛为改革开放后的象山茶馆量身定做。自那时起，象山的茶文化便如春风拂过的梨树，繁花似锦，生机勃勃。

2000年，茅洋的吴女士在丹城塔山路率先开设了佳人茶艺馆，如同春风中的第一朵花，引领了象山茶文化的新潮流。随后，天安路和茶坊、丹峰东路文澜茶馆等如雨后春笋般崭露头角，使得象山的茶文化更加丰富多彩。至2022年末，丹城、石浦等地已有茶馆、茶楼、茶庄50多家，它们不仅经营着茶叶、茶具、茶食，更是致力于推广茶艺，成为茶文化不可或缺的重要组成部分。

随着人民生活水平的日益提高，闲暇时光也愈加充裕，这无疑为茶馆经济注入了新的活力。一批批极具特色的茶馆与茶楼应运而生，市民们在选茶、选水、选器上也愈加讲究，追求品味与格调的完美融合。

曲茗阁茶馆

在丹城这片热土上，茶馆的经营状况尤为繁荣，数量也略胜一筹。其中，七碗茶舍、尚茶坊、纨素房茶馆等更是独具匠心，为茶馆的时尚化、生活化贡献了一份不可忽视的力量。它们或古朴典雅，或现代简约，但无不散发着浓郁的茶香和文化气息，成为市民们休闲娱乐的好去处。

与此同时，全县各地还涌现出一批极具特色的主题茶馆。渔文化茶会、曲茗阁等主题茶馆相继亮相，将渔文化与曲艺文化展现得淋漓尽致。这些茶馆不仅兼容了时尚与文化，更让人们在品茶的同时深刻体验了茶的魅力。如曲茗阁，这座两层楼的茶楼与戏台毗邻，被茶香包裹。在这里，既可随曲吟唱，也可谈笑风生；二楼打开帘子可俯瞰满堂风光，收起帘子便是自我天地。无论是读书静思、洽谈会友还是洽谈生意，这里都是理想的选择。

为了满足不同顾客的需求，一些茶馆还相继推出了各式各样的休闲模式。人们在品茶的同时，还能享受个性化服务。有的茶馆邀请各界人士或学生前来观赏茶艺表演，在现场互动的过程中传授识茶、泡茶、品茶的方法与技巧。这些活动不仅为爱茶之人提供了一个休闲娱乐、交流情感的平台，更让人们在品茶的同时放松身心、获得多方面的享受。

如今的象山茶馆已经不再是单纯的饮茶场所，而是成了文化传承与交流的重要载体。在这里，人们不仅可以品味到茶的香醇与甘美，更能感受到茶文化的博大精深与无穷魅力。

一、七碗茶舍：致力传播传统茶文化

在象山这片充满韵味的土地上，有这样一位茶娘子，她用茶香诉说着岁月的故事，用茶艺描绘着文化的脉络。她，就是七碗茶舍的主人范晓霞，宋代点茶象山第一人，一位将茶意融入生活的茶艺大师。

范晓霞，如同一位穿越时空的茶艺传人，将唐人的煮茶、宋人的点茶技艺传承得淋漓尽致。在象山影视城，她带领的茶艺师们上演着一幅幅美妙的茶艺画卷。茶席上，她们纤手翻飞，演示着七汤法点茶的全过程。清水在茶汤上流转，犹如诗人的笔墨，在宣纸上挥洒自如。茶沫为纸，茶膏为墨，一幅幅生动的画面在茶汤上呈现，花鸟草木、世间万象皆入画中。这一幕幕美景，仿佛将人们带回了那个风雅至极的大宋时代，让人们领略到了宋人的浪漫与才情。

范晓霞的茶艺表演，不仅仅是一种技艺的展示，更是一种文化的传承。在2019年全国加强乡村治理体系建设工作会议期间，她带领墙头小学的学生们为嘉宾们献上了一场精彩的茶艺表演。洗杯烫盏、分杯奉茶、闻香品茗，学生们在悠扬的音乐声中，用小小的巧手演绎着茶文化的博大精深。这场表演不仅赢得了嘉宾们的赞赏，更让人们看到了茶文化在年轻一代中的传承与发扬。

范晓霞对茶的热爱与执着，让她走遍了全国六大茶类的主产区。她追寻着源头茶的踪迹，亲自登上福建福鼎的赤岩岭，探寻羊粪埋在茶树下种出的有机白茶；她踏上茶马古道，聆听云南普洱的历史传奇。每一次的山路穿梭，都是对人生的千锤百炼；每一次的茶路穿梭，都如茶叶在沸水中翻飞浸泡。范晓霞用她的双脚丈量着茶的世界，用她的心感受着茶的灵动与韵味。

七碗茶舍，是范晓霞精心打造的一方茶艺天地。这里环境清静雅致，处处透露着文化的气息。品茶之余，人们可以在这里感受到中国传统文化的韵味与魅力。许多名人雅士都被这里的茶香所吸引，纷纷前来品茗论道。著名导演张纪中夜访七碗茶舍，只为感受这杯茶香带来的宁静与惬意；国际友人也频频光临，品味着中国茶的独特风味与文化内涵。

范晓霞不仅在茶艺上造诣深厚，她还不断学习进取，提高自身茶学修养。她多次在浙江大学等学府进修茶学课程，并被评为优秀学员；她获得了国家评茶技师、国家茶艺技师、高级制茶师等职称；她还通过了茶艺教师资格认证，取得茶艺师裁判员、评茶裁判员资格证书。范晓霞用她的实力与才华诠释着一位茶艺大师的风范与担当。

范晓霞以匠人精神推广茶学、传授茶艺为己任，从 2015 年至今已授课 50 多场，培训班近千名茶艺师。她的学生们遍布各地，在各类茶艺大赛中屡获佳绩，为她赢得了荣誉与尊重。范晓霞用她的智慧与汗水浇灌着茶文化的花园，让茶香四溢、芬芳满园。

范晓霞的茶艺之路是一条充满艰辛与辉煌的道路。她用执着与热爱诠释着茶文化的魅力与价值；她用智慧与才华书写着一位茶艺大师的精彩人生。在范晓霞的带领下七碗茶舍将继续传承和发扬中国优秀的茶文化，为更多人带来茶的清香与甘甜；为更多人照亮内心的世界，感受"从心到百骸无一不自由"的境界与美好。七碗茶舍被评为 2022 年度宁波茶文化促进会先进集体，这一荣誉是对范晓霞和七碗茶舍最好的肯定与鼓励，也是对未来发展的期望与鞭策。

二、尚茶坊茶室：上茶，上好茶

2023 年 5 月 21 日，一场茶界的盛事在宁波优雅揭幕。由宁波茶文化促进会与宁波中华文化促进会联手主办的 2023 年第四个"国际茶日"活动，暨 2022 年宁波茶行业先进单位和优秀个人颁奖仪式，在这座城市的历史与现代交织中隆重上演。尚茶坊茶室，作为一颗镶嵌在繁华都市中的璀璨明珠，荣获了先进集体的茶馆殊荣，并受到了与会者的高度赞誉。

尚茶坊茶室，宛如一位含蓄秀气的江南女子，隐匿于丹峰东路与巨鹰路交叉口的婆娑树影之中。拾级而上，至四层境地，现代空间概念与古典韵味在此交融碰撞。围廊隔断的巧妙设计，令人在抬头低头间感受到通畅与敞亮，仿佛置身于山间茶园，凉风习习，茶香袅袅。转角之处，几丛翠竹若隐若现，为这现代空间增添了一抹古意与生机。

茶室内陈设古朴而不失雅致。古色古香的窗格门扇、简约大方的茶桌茶椅，每一件都经过精心挑选与打磨，不留痕迹地融入这方天地。柔和的光线洒落，营造出月夜星空下品茗的浪漫氛围。壁上镶嵌的橱柜木格中，各色紫砂名壶与历代茶具静静陈列，诉说着岁月的沧桑与茶文化的厚重。墙上精心装裱的名家字画与红木桌椅相映成趣，洋溢出浓郁的文化气息。每一处细节都讲究品茗赏景之趣，风雅与诗意在此交织蔓延，展现出独特的江南风情与清雅韵味。

尚茶坊茶室自 2019 年 1 月 21 日开业以来，便以其独特的魅力吸引着四方茶客。五百多平方米的宽敞空间内，茶香四溢，韵味无穷。业主沈浓女士深谙茶道之美，她坚守一个原则：与客人分享的必须是自己亲自品尝过、深爱不已的好茶。为了寻找那些珍藏在深山幽谷中的佳茗，她曾多次踏上寻茶之旅。无论是福建武夷山桐木关的高山云雾茶，还是浙江安吉县的千年白茶祖，抑或是福建安溪的豆浆灌溉铁观音，她都一一探寻品鉴，只为将那份最纯净的茶香带回茶室与客人共享。

尚茶坊茶室不仅注重茶叶的品质与选择，更致力于茶文化的传承与发扬。在这里商业性与文化性和谐共存、相得益彰。江南名茶与各地珍茗交相辉映，彰

显出主人对茶文化的深厚底蕴与热爱之情。"泡好每一壶茶，崇尚茶文化"是尚茶坊坚定不移的经营宗旨。为了让更多人领略茶文化的魅力，尚茶坊积极参与并举办各类茶事活动。从作家沙龙到德国交换生红茶奶茶制作体验；从菖蒲香囊茶会到丹山雅集；从茶叶品鉴到茶文化摄影书画展……每一次活动都吸引着社会各界的关注与参与，好评如潮。

尚茶坊茶室的辛勤付出与卓越成就也得到了社会各界的广泛认可。2019年12月27日，中国国际茶文化博览会组委会授予其"宁波十佳人气茶馆"荣誉称号；2020年1月4日下午县作家协会在此举办首期象山作家沙龙活动；2020年5月24日象山县首个"国际茶日"活动中尚茶坊茶艺师更是以精湛的表演赢得了嘉宾们的一致赞誉。

如今尚茶坊茶室已成为众多茶友心中的一片净土。在这里他们以茶会友、以茶养心，在暖暖的午后或静静的夜晚手执一杯香茗与老友们畅谈闲聊。看时光在茶碗里慢慢氤氲开来，那是一种无法用言语表达的别样享受，那是一种心灵与茶香交织的绝妙境界。

三、纨素房茶馆：茶香中的文化传承与公益情怀

纨素房茶馆创办于2018年9月，致力于为各大企业精心策划、承办各类主题茶会，如同一架精致的桥梁，将茶香与文化、人与情紧密相连。西寺无我茶会、亲和源九九敬老茶会、仙子湾冬至茶会、竹林茶友雅集、大目湾畔中秋茶会……它们在县内引起了同行的瞩目，屡屡在媒体上报道，赢得了广泛的赞誉。

2020年10月25日的重阳佳节的午后，九九敬老茶会暨县音协亲和源送温

暖演出在亲和源酒店三楼露天阳台优雅上演。这里，湖光山色与人文气息交相辉映，构成了一幅动人的画卷。亲和源老年公寓，这个和谐有序、充满亲情的大家庭，此刻更是洋溢着节日的喜庆和温馨。百余位老人及其子女们欢聚一堂，共同感受这份特别的关爱与温暖。茶艺师们身着素雅的汉服，仪态端庄地为大家沏茶、赏茶、闻茶、品茶。一缕缕茶香在空气中弥漫开来，沁人心脾，令人陶醉。老人们品尝着香醇的茶汤，脸上露出了满意的笑容。这不仅仅是一场茶会，更是一场传承尊老敬老爱老助老中华传统孝文化的盛会。它让我们在品味茶香的同时，也品味着人间的温暖与真情。

纨素房茶馆的公益之路并未止步。它的茶香飘得更远、更广，将爱与关怀播撒在每一个需要的角落。2022 年 5 月 20 日，象山县渔文化研究会在东门渔村任氏故居举办了一场别开生面的"敬茶老渔民，分享渔故事"茶会。茶艺师们再次倾情出动，为老渔民们带去了精心泡制的香茗和丰富的饮茶知识。当渔民们捧起那杯热气腾腾的茶汤时，他们的脸上露出了会心的微笑，那是对纨素房茶馆最好的回馈与肯定。

创办者张重阳女士更是凭借着对茶文化的执着追求和无私奉献，荣获了2022 年度宁波茶文化促进会优秀会员的殊荣。

纨素房茶馆用一盏盏香茗传递着人间的温情与关爱，让更多的人在品味茶香的同时，也品味着生活的美好与真谛。

象山青瓷杯如玉

春天，如诗如画，是大自然赐予人间的最美时节。此时，一场春茶的盛宴如期而至，宛如风中舞动的翠绿轻纱，诱人品味。在这宁静的周末时光，悠然地泡上一杯新采的春茶，那杯中荡漾的绿意，如翡翠般璀璨夺目。茶叶在热水的熏陶下轻轻翻滚，逐渐舒展开来，犹如水中舞蹈的仙子，婀娜多姿。轻啜一口，那鲜爽的滋味在口腔中蔓延开来，沁人心脾，直抵心灵深处。此情此景，最是醉人。

好茶须配好器，方能相得益彰。提及茶器，不得不让人联想到象山青瓷。那一抹淡雅的青色，宛若烟雨朦胧的江南水乡，透露出丝丝文雅与清新。当象山青瓷与春茶相遇，仿佛是天作之合，它们共同演绎出一曲高山流水遇知音的绝美篇章。青瓷茶具的胎质细腻坚致，釉色纯净明亮，造型端庄大气。用它来泡茶，茶香更添一分清雅与脱俗。那青瓷杯，似玉非玉而胜似玉，自古以来便深受文人雅士的钟爱。《饮流斋说瓷》中赞曰："陆羽品茶，青碗为上；东坡吟诗，青碗浮香。"此言非虚，青瓷之美，的确堪称瓷器中的瑰宝。

象山之地，钟灵毓秀，古窑遗址众多。陈岙青瓷窑址、东塘山古窑址等唐宋时期的遗址见证了象山青瓷的辉煌历史。象山青瓷瓷质细密坚致，线条流畅明快，造型端庄古朴又不失雅致。其色泽青翠欲滴，明亮如镜；叩之声音清脆悦耳，犹如天籁之音。如此美器，被誉为"瓷器之花"，实至名归。

今日有幸得见三款象山青瓷佳作，皆出自象山青瓷传统烧制技艺代表性传承人郑亚丽之手。其匠心独运，技艺精湛，令人叹为观止。首款名为"海洋之花"的青瓷杯套装，将青金完美融入釉中，独具匠心。此套装由五个梅花状的品茗杯与一个莲花状的主人杯组成，宛如海中盛开的花朵般绚烂多姿。值得一

提的是，这款"海洋之花"品茗杯与另一款升斗杯一同荣获了 2020 年中国特色旅游商品大赛银奖，其艺术价值与文化内涵得到了广泛认可。其釉色青翠欲滴，温润如玉；胎体轻薄透亮，仿佛冰雪般晶莹剔透。纯手工打造而成的造型灵巧精致，坯质细密坚致；杯身上的涟漪型流线设计更是巧妙绝伦，在光影之下更能彰显出茶汤的灵动之美。"海洋之花"作品不仅构思精妙绝伦，技法更是细腻入微；其釉色自然天成，毫无矫揉造作之感。整套作品风格独特新颖，既展现出女性特有的婉约柔美之气质又不失大方典雅之风范；用之品茗春茶，仿佛能感受到那浓郁的海洋风情与春天勃勃生机交织在一起的美妙境界。

第二款名为升斗杯的青瓷对杯更是别出心裁、寓意深远。升斗杯是象山海涂泥与高山红泥的完美融合之作，其形状上方下圆与上圆下方相互呼应；另配两个向日葵形状的杯垫作为点缀装饰之用，既实用又美观大方，寓意着事业蒸蒸日上、欣欣向荣之意境。茶杯造型别致新颖、独具一格；上方下圆者形似古时量米器具，代表稻米丰收之喜悦心情；而上圆下方者则形似鱼塘，代表着鱼鲜满仓之富足生活场景；二者结合在一起便完美诠释了"鱼米之乡"的深刻内涵与美好寓

意。其釉面光滑细腻如婴儿肌肤般柔滑润泽；触感温润如玉给人以宁静安详之感；体积轻巧便于携带且比例协调适度适合各种手型握持使用；无论是冲泡何种茶叶都能轻

松应对自如且不失优雅风范。当这样一套精美绝伦的茶具摆放在茶席上时便能让人感受到一种来自江南水乡鱼米之乡的清新气息扑面而来；与春茶搭配使用更能相得益彰，凸显出春茶之鲜嫩甘醇与香气四溢之特点。

最后一款名为清莲杯与吉象杯的青瓷单品也同样精彩纷呈、各具特色。清莲杯以莲花为造型元素进行设计创作而成；莲花"出淤泥而不染，濯清涟而不妖"的高洁品质被赋予其中，使得整个杯子都散发出一种清新脱俗高雅之气质令人心旷神怡。"清莲"谐音"清廉"也寓意着清廉自守之品格受到世人尊崇与敬仰。其色泽青翠欲滴如碧玉般晶莹剔透；造型圆润可爱且手感极佳；无论是自用还是馈赠亲友都是极佳之选择。而吉象杯则以大象为造型元素进行设计创作而成；三只栩栩如生可爱至极的小象象征着力量与吉祥之美好寓意，而这寓意更赋予使用者以积极向上的精神力量去面对生活中的种种挑战与困难。整体器形圆润饱满，线条流畅自然；釉色纯净明亮，犹如雨过天晴般清新怡人；其色泽典雅大气且不失时尚感；杯身线条简约而不失优雅风范；方正挺拔的杯把设计既符合人体工程学原理又具有良好的防滑效果，使得握持更加舒适稳固不易脱手；整体采用天青色釉面进行装饰点缀，更显得清新雅致、端庄大方。用其冲泡春茶，嫩茶香里似乎更多了春天的花香，令人陶醉不已。

品茶之道在于茶香韵味与心境相互融合达到一种至高无上之境界；而好茶则需配以好器方能充分展现出其独特魅力所在。象山青瓷便是这样一款能够让茶香韵味更加淋漓尽致展现出来的好器。无论是海洋之花、升斗杯，还是清莲杯与吉象杯，都各具特色风格迥异，但它们都拥有着共同特点，那便是精致典雅、清新脱俗之气质以及卓越不凡之工艺水平。正因如此才使得它们成了品茗春茶时不可

或缺之良伴佳品，让人们在品茶之余也能感受到一份来自心底深处柔软平和之情愫以及对美好生活无限向往与追求之情怀。在这个充满生机与活力的春天里，让我们一起手持细腻高雅、独具匠心之象山青瓷杯共饮一杯春茗，品味着大自然馈赠给人类最珍贵的礼物——茶叶之鲜嫩甘醇，享受着岁月静好时光里那一份难得闲暇与宁静致远之情致吧！

第七章

科教赋能量　千里送茶香

在科技的温柔赋能与产学研的深情相拥下，象山的茶叶生产焕发出勃勃生机。自 1971 年起，象山便率先引进珠茶炒干机，初试机械化制茶之水，迈出了坚实而可喜的一步，为后续的茶叶生产机械化奠定了坚实基础。随着茶园绿意蔓延，茶区面积不断扩大，而农村劳动力却悄然向第二、第三产业流转。在这样的时代背景下，机械化制茶不仅成了一种选择，更是一条必由之路，它为象山茶叶注入了新的活力，让茶农们的荷包更加鼓实。

象山县农业经济特产技术推广中心的技术人员们，经过无数个日夜的辛勤耕耘，终于收获了一批丰硕的农业科技成果。这些成果如同明珠般闪耀，在省、市、县的科技成果奖中屡获殊荣，而后又化为甘霖，滋润着象山的茶田，转化为强大的生产力。中心与象山茶文化促进会携手并肩，不断邀请茶叶界的泰斗前来传经送宝。叶阳、程启坤、毛立民等专家们，他们踏足象山的土地，用心指导茶农开发新产品，提高茶叶品质。在他们的帮助下，象山成功攻克了多个关键性技术难题，研发出了红茶和白茶加工的新工艺，让象山茶叶的品种更加丰富多彩。

一批批农技专业人员，他们如同茶叶的守护者，默默奉献在产业发展的第一线。项保连、方乾勇、俞茂昌、肖灵亚等科技工作者们，他们带领团队深入田间地头，将科技的种子播撒在象山的每一片茶田中。他们跑遍了茶园、茶企，访遍了茶农，用真情和实干为象山茶产业的健康发展提供了坚实的支撑。通过科技下乡、集中培训、现场指导等多种形式，他们培养了一批又一批学农、懂农、爱农的茶产业建设人才，为茶产业的高质量发展注入了源源不断的动力。

在现代化科技的助力下，象山茶产业不断攀登新高峰。通过研究优良品种的品质退化修复技术、机采鲜叶智能分级分离加工新技术体系等一系列创新技术，象山茶产业实现了从传统到现代的华丽转身。利用科技手段突破质量安全瓶颈、应对成本竞争压力，创新出符合消费需求的新产品，提高了茶叶的市场竞争力。如今，象山的茶企业已经拥有了科技化的生产车间和现代化的机械生产线，茶的生产从靠经验掌控转变为靠科技提质。茶农们只需轻轻设置机械的温度和转速，便能减少人为和外界的影响因素，让茶叶的品质得到大幅提升。

黄避岙精制茶厂便是象山茶产业发展的一个缩影。该厂倡导生态与科技相融合的保护开发模式，提出了"生态为根、农艺为本、生防为先"的茶树病虫害防控理念。这一理念的实践不仅提升了象山茶产业的绿色发展水平，还为其生态发展、循环发展提供了有力的科技支撑。在全县率先推广绿色防控技术后，黄避岙精制茶厂成功开发出嵩雾一叶有机茶等高品质茶叶产品。2021年4月，该厂荣获中国农科院茶叶研究所质量认证发展研究中心和中国茶叶学会有机茶专业委员会颁发的"有机茶发展杰出贡献奖"，成为宁波市首个获此殊荣的企业。

在茶文化培育方面，象山茶文化促进会也是不遗余力。他们注重茶文化教育，提升城市人文底蕴，积极开展茶文化进机关、进社区、进学校、进企业、进家庭的"五进"活动。通过多种形式的茶事活动和社会参与面的不断扩大，让更多的人感受到茶文化之美。同时，他们还邀请国内著名的茶文化学者前来开讲座、传播茶文化知识。茶文化志愿者们深入机关、企业、景区、乡村等地开办各类品茗雅集活动，让茶文化活动走进家庭、走进居民的生活。这一系列的举措不仅丰富了象山人民的精神文化生活，也为推动茶产业的高质量发展注入了新的活力。

攻关茶科技　赋能茶产业

随着茶产业的蓬勃发展，象山县的茶叶生产科技成果丰硕，不仅让茶叶的品质得到了坚实的保障，更让茶农们的生活焕发出了新的光彩，让茶叶的产量更高、品质更优、产业更加繁荣。

科技在生态保护、绿色发展方面发挥着积极的作用，为茶产业的发展注入了新的活力。茶科技与茶产业的深度融合，如同琴瑟和鸣，共同谱写着茶文化、茶产业、茶科技"三茶统筹"的华美乐章。科技工作者们深入田间地头，将最新的科技信息服务送到茶农的心间，宣传新产品、新技术、新政策，鼓励茶企及茶农引进先进技术，提高产品价值，探索产业发展新路。他们的辛勤付出，让象山的茶叶在科技的滋养下茁壮成长。

自1982年起，象山县的茶叶科技成果便开始在省级舞台上崭露头角。由省农业厅和县林特局共同完成的茶叶矮化密植连生栽培技术推广项目，荣获省农业技术推广二等奖，为象山茶产业的发展奠定了坚实的基础。此后，象山的茶叶科技成果便如雨后春笋般不断涌现。1989年，项保连参与的茶叶大面积亩产150千克以上模式栽培技术研究项目，再次荣获省农业科技成果二等奖，彰显了象山茶科技的强大实力。而名优茶开发配套技术及其标准化研究项目、茶叶生产快速高效综合技术应用研究和推广项目等也相继获得省级荣誉，这些成果不仅填补了象山茶科技的空白，更为茶产业的发展提供了有力的支撑。

在市县级舞台上，象山的茶叶科技成果同样熠熠生辉。名优茶开发配套技术及其标准化研究、高效综合技术应用研究和推广、白茶新优品系选育及产品开发研究等一系列项目，如同璀璨的明珠，镶嵌在象山茶科技的桂冠之上。这些项目的成功实施，不仅提高了茶叶的产量和品质，更让茶农们的收入节节攀升，为象山茶产业的繁荣发展注入了新的动力。

象山的茶科技工作者们还笔耕不辍，撰写了一批又一批学术论文，发表在各级学术刊物上。这些论文紧密结合地方实际，深入剖析茶产业发展的瓶颈与机遇，为指导产业发展提供了宝贵的理论依据。

在科技的引领下，象山茶产业正迈着坚实的步伐走向更加美好的未来。

塔山讲堂：茶文化的交流桥梁

塔山讲堂自 2006 年起开办，秉持着"让专家、学者为百姓服务"的宗旨，犹如一座坚实的桥梁，连接着高深学问与广大民众，为的是将那优秀的中国传统文化播撒至每一个角落。讲堂已走过无数个春秋，举办了上千期的讲座，邀请了全国各地的知名学者

前来开讲。无论是博大精深的政治经济，还是贴近生活的文化教育，抑或是引人入胜的艺术卫生，甚至是那些充满神秘色彩的军事科技，都曾在这里留下深刻的印记。无数人曾驻足于此，沐浴在知识的海洋中。

为了更好地传播知识，塔山讲堂不仅创建了"讲堂联盟"，更是推出了"名家论坛"与"市民大讲堂"两大栏目。这不仅让观众们有机会近距离感受大师们的风采，更是让他们深刻领略到了家乡本土文化的独特魅力。茶，作为中国的国饮，更是受到了讲堂的特别关注。自 2016 年起，多位茶文化界的泰斗级人物如姚国坤、王岳飞、朱红缨等都被邀请到了这里，为市民们分享茶的故事，传播茶的文化。

2016 年 9 月 24 日上午，象山茶文化促进会在丹城塔山讲堂举办饮茶与养生讲座。姚国坤教授带着他深厚的茶文化学识踏入了塔山讲堂。这位中国国际茶文化研究会的学术委员会副主任，以其渊博的知识和深入浅出的讲解风格，为在场的百余人带来了一场关于"饮茶与养生"的精彩讲座。他从茶叶的起源讲起，一路追溯到茶在全球饮品中的崇高地位，再到饮茶的诸多益处。每一句话都如同甘

甜的茶汤，滋润着人们的心田。

2019 年 9 月 21 日，浙江大学茶叶研究所的王岳飞所长也受邀来到了这里。他以"茶文化与茶健康"为主题，为茶促会的成员和茶文化爱好者们揭示了茶的五大魅力：产业、文化、科技、健康和生活。他的话语中充满了对茶的热爱和敬畏，让人们更加深刻地认识到了茶作为健康饮品的无与伦比的价值。

2021 年 5 月 9 日下午，塔山讲堂迎来了又一位重量级的嘉宾——朱红缨教授。这位在象山长大的女儿，如今已是浙江树人大学现代服务业研究院的院长、国际茶文化学院的院长以及世界茶联合会的秘书长。她带着对家乡的深深眷恋，为听众们带来了一场名为"饮茶文化与美好生活"的讲座。她的讲解生动而易懂，仿佛将人们带入了一个幽静的茶室之中，让人们感受到了茶与生活的紧密联系以及饮茶文化所带来的无尽魅力。

朱红缨围绕着茶饮的仪式化、文化史以及与美好生活的关联进行了深刻的阐释。她指出：茶饮仪式化的缘起源于人们对信念的敬畏感，而茶文化的根本则是仪式感的延伸。这一独特的见解让听众们眼界大开的同时，也更加深入地理解了饮茶文化的深层内涵。在塔山讲堂的每一次讲座中，无论是姚国坤教授的深入浅出，还是王岳飞所长的旁征博引，抑或是朱红缨教授的生动讲解都让人们深深感受到了中国茶文化的博大精深和无穷魅力。

西周校园茶文化根深叶茂

自象山茶文化促进会成立以来，茶文化便如一股清泉，潺潺流入了象山县的各大校园。为了弘扬这份深沉的传统文化，促进会积极策划，将地方独特的茶文化资源巧妙融入校园教育之中，让茶文化的芬芳在青少年心中生根发芽。

在西周中学、建工学校、实验小学等学校内，茶文化不再仅仅是古老的传统，而是被赋予了新的生命，成了学生们日常学习的一部分。课程化的茶文化知识，与课后服务、社团活动紧密结合，使得学生们在忙碌的学习之余，有机会品味茶的清香，感受茶文化的深厚底蕴。校园内，茶文化阵地如雨后春笋般涌现，每一个角落都弥漫着淡淡的茶香，营造出一片宁静与雅致的学习氛围。

而象山县的学子们也不负众望，他们身着传统服饰，在茶艺与商务礼仪的舞台上翩翩起舞，将茶艺的精髓展现得淋漓尽致。在全国中学生文明风采大赛、茶艺大赛的舞台上，他们频频获奖，为家乡争光。这一切的背后，都离不开象山茶文化促进会的悉心指导与支持。西周小学更是成为宁波市茶文化实验学校，而象山县技工学校也紧跟步伐，建立了茶艺实训室。茶文化工作者们纷纷走进校园，与学生们分享茶的知识与乐趣，推动了茶文化在青少年中的普及与发展。

西周小学这所坐落在蒙顶山麓的学府，更是与茶结下了不解之缘。蒙顶山上云雾缭绕，所产云雾茶名扬四海。西周小学充分利用这一地域优势，结合小学生的身心特点，将茶文化与教育紧密结合。他们构建了以"正"

为核心的茶育理论，旨在培养学子们纯正的品质。通过了解各类茶知识，学生们不仅拓宽了视野，还提高了语文、美术、信息搜集等多方面的能力。

宁波市建筑工程学校也成立了学生茶艺社，将茶文化融入学生的日常生活中。茶艺社的成员们以茶会友，通过学习列具、烹泉、纳茶、润茶等一系列茶艺流程，不仅提升了个人气质与修养，还培养了良好的行为规范与价值观。在这里，茶不再仅仅是一种饮品，而是成了一种修身养性、培养情趣的载体。

在象山的这些学校中，我们常常可以见到这样的场景：古色古香的茶桌旁，师生们端坐其间，精巧细致的茶具在他们手中流转自如。茶艺教室里茶香四溢，让人心旷神怡。象山茶文化促进会定期组织会员们走进校园，为师生们带来精彩的茶文化宣讲与实践活动。茶艺老师们身着传统服饰，为学生们讲解茶艺基础知识和基本礼仪，并现场表演茶艺流程。他们的动作优雅而娴熟，从坐姿形体到冲泡奉茶都透露出对传统文化的敬畏与热爱。

为了让学生们更直观地了解茶叶的生产与制作过程，老师们还带领他们走出教室，走进茶叶加工厂和茶农家中进行实地学习。在这里，学生们亲身参与采茶、种茶、修剪茶树等活动，深刻感受到了茶叶生产的艰辛与不易。这样的体验让他们更加珍惜每一片茶叶的来之不易，并懂得了尊敬与感恩父母和长辈的辛勤付出。

茶文化进校园活动不仅丰富了校园文化生活，还激发了学生们对茶文化学习的浓厚兴趣。通过将茶艺与德育、美育、劳育有机结合起来，这些活动引导孩子们认识并了解我国独特的传统文化，树立"知茶性、明茶理、爱家乡"的意识。从小培养孩子们对茶文化的热爱与传承意识，让他们成为传播茶文化的使者，为家乡的发展贡献自己的力量。

塔山社区：一杯茶温暖一座城

当第二个"国际茶日"悄然临近时，象山茶文化促进会的志愿者们，如同春风拂面般，走入社区的每个角落，为居民们带来一场名为"健康饮茶，美享人生"的茶文化活动。他们不仅传递着茶的知识，更点燃了人们对茶文化的热爱与向往。

在丹东街道塔山社区的夜晚，星光点点，茶香袅袅。居民们围坐一堂，每张茶桌旁，都有一位茶艺师轻声细语，讲述着茶的故事，展示着茶的韵味。她们手中的半岛仙茗，犹如春天的使者，带着清新的气息，滋润着每个人的心田。

茶艺师们精心泡制的每一杯茶，都如同一首小诗，流淌着优雅与宁静。她们说："品茶，不仅仅是味蕾的享受，更是心灵的洗礼。"居民们轻啜一口，只觉得那茶香在舌尖舞动，滑过喉咙，直沁心脾，仿佛整个世界都变得清新明亮起来。

随后，茶艺师们又为大家奉上了嵩雾一叶黄金芽、御金香白茶和野茗红红茶等象山珍品。每一种茶，都有其独特的口感与香气，让人仿佛置身于一个五彩斑斓的茶的世界。尤其是那黄金芽，色泽嫩黄，香气清高，滋味鲜爽，仿佛是大自然赐予人们的一份厚礼。

伴随着婉转空灵的古琴曲，茶艺师们的冲泡技艺更是达到了炉火纯青的地步。她们的动作如行云流水般自然流畅，每一个细节都透露出对茶的无限热爱与敬意。那一刻，人们仿佛忘记了时间的流逝，只沉浸在这茶香四溢的美好时光中。

而在丹东街道梅园社区的龙泽喷泉广场上，另一场盛大的茶会也在如火如荼地进行着。夏风轻拂，霓虹闪烁，茶香与音乐交织成一幅美丽的画卷。居民们或坐或立，一边品茶一边欣赏着精彩的文艺演出。茶艺师张重阳更是为大家带来了一场关于家庭饮茶与健康的精彩分享，让人们更加深刻地感受到了茶文化的魅力与内涵。

两场茶会，虽然地点不同、形式各异，但都传递着同一个信息：那就是知茶、爱茶、品茶的健康养生方式已经深入人心。在象山茶文化促进会的推动下，越来越多的人开始关注茶文化、学习茶文化、传播茶文化。他们相信，通过这一杯杯清茶，不仅能够品味到生活的美好与真谛，更能够收获到健康与快乐。

茶艺润泽大企业

在快节奏的现代商业社会中，企业不仅仅是一个纯粹的经济组织，更应是一片丰饶的文化沃土，涵养着诸如茶文化这般的清新绿洲。象山茶文化促进会便是这样一股温润而坚韧的力量，它将茶文化细腻地渗透至企业的每一寸肌理，助力企业提升其内涵与品位。

自促进会成立之日起，便秉持着将茶文化带入企业、让企业文化焕发新光彩的宗旨。一场场茶文化盛宴在天安集团、华翔集团等知名企业内如火如荼地展开，茶艺师们如同优雅的使者，引领着员工们共赴这场文化与味蕾的盛宴。在这些活动中，茶香袅袅升起，茶韵悠悠回荡，员工们在品茶的过程中感受着文化的滋养。

为了更好地普及茶文化知识，象山茶文化促进会还特地举办了企业茶文化学习班。茶艺师们在这里化身为传道授业解惑的师长，向学员们传授着各类茶的冲泡技巧。从基础的冲泡器具使用讲起，进而深入探讨茶的礼仪、茶与健康的关系以及茶在提升个人修养方面的独特作用。茶艺老师们的讲解生动而具体，示范精准而优雅，使学员们在轻松愉悦的氛围中领略到了茶文化的博大精深。

宁波的华翔集团与天安集团更是将茶文化的精髓深深地融入到了企业文化之中。华翔集团的专业茶室不仅是一个品茶的好去处，更是一个弘扬茶文化、传播"清、敬、和、美"理念的重要阵地。天安集团的阳光茶室则以茶为媒，搭建起了企业与客户、企业与员工、员工与员工之间沟通交流的桥梁。在这里，一杯杯热茶传递着温暖与关爱，一声声问候拉近了彼此的距离。茶在这里扮演着一个重要角色——商业社交的润滑剂、人际关系的纽带。

当茶文化遇上象山影视城，便迸发出了更为绚烂的火花。影视城内的宋徽宗点茶技艺再现活动以及梦华中秋游园会等系列活动都深受游客喜爱。在这些活动中，游客们不仅可以一睹千年前的宋代点茶文化之美，还能在明月下焚香饮茶、为家国祈福，共同感受中国传统文化之美。央视 CCTV-6《中国电影报道》对象山影视城的茶文化活动的报道，更是让这股茶香飘向了全国乃至全世界。

象山茶文化促进会及其所推动的茶文化进企业活动不仅提升了企业的文化内涵和品位，也为员工和游客们带去了精神上的享受和文化上的熏陶。这是一种双向的滋养与提升——企业文化因茶而更加丰富多彩，茶文化也在企业的土壤中扎根生长、枝繁叶茂。

第八章

品茗赏书画　墨香茶更香

茶，那自古以来被誉为国饮的琼浆，与书法，那流传千载被尊为国粹的墨迹，二者相互交织，共同谱写着修心的乐章。在"琴棋书画诗香花茶"这人生八雅之中，茶与书画更是如影随形，紧密相依。当那壶中香茶沸腾，当那纸上笔墨挥洒，便是心领神会之际，最动人的知觉被轻轻唤起。

茶与书法，它们共同描绘出一种轻松而高雅的生活状态。想象一下，在那宁静的时刻，茶香四溢，诗书相伴，美轮美奂的景象便浮现在眼前。茶以书画为伴，更添雅趣；书画以茶为友，愈发释怀。茶香墨韵，这便是文人墨客心中不可或缺的良辰美景。

回望象山历史长河，多少文人墨客在茶香中寻觅灵感，在笔墨间挥洒豪情。从宋高僧虚堂智愚，到元高僧竺仙梵仙、楚石梵琦，再到清诗人倪象占、民国国学大师陈汉章，直至当代著名书法家王蕊芳等。他们无不沉醉于这片片叶子所泡出的香茗，以及那笔下流淌出的墨迹。

在氤氲的茶香中，时间仿佛放慢了脚步。书画的一笔一画，都融入了书画家的儒雅与豪放。茶与书画之间的联系，不仅仅在于它们都是中华文化的瑰宝，更在于它们有着共同的审美理念、审美趣味和艺术特性。它们以不同的形式，共同诠释了中华民族的文化精神。

中国书画艺术，追求在简洁的线条中表达深邃的思想内涵。这与茶如出一辙，一片普通的树叶，经过精心冲泡，便能散发出丰富的色、香、味，令人陶醉。它们不求外表的华丽，而注重内在的生命力和韵味。茶与书画，一个是文化之美，一个是艺术之美，它们相互辉映，共同谱写着中华文化的辉煌篇章。

茶的种植、采摘、烹制、茶艺、饮茶以及茶文化的创作过程，无不充满艺术气息。而书画的艺术创作过程，同样是艺术家精神状态和意境升华的过程。二者在意义上相近，在追求上相似，在境界上更是相通。书画的起承转合，需要我们从视觉到心灵去感悟其中的旨趣；而品茶的过程，也同样需要我们用心去体会其中的甘醇与清香。

茶与书画的结缘，在中国茶文化中有着特殊的地位。茶中有禅意，茶禅一味。不少书画家通过书画作品反映出深入浅出的哲理，让人在品味之余陷入深思。在象山文化界，一批批书画家留下了珍贵的书画诗词等作品，其中王蕊芳便是杰出的代表之一。她的作品不仅让人感受到书画的艺术魅力，更能让人领悟到茶文化的深刻内涵。

2016 年，象山茶文化促进会主办的蓬山茶韵书法摄影作品大赛，更是将茶与书画的完美结合推向了高潮。来自全国各地的数百幅征稿作品汇聚一堂，这些作品不仅展示了书画家们的精湛技艺和艺术才华，更成了象山茶文化的重要组成部分。它们见证着茶与书画的深厚渊源和不解之缘，也让我们更加深刻地体会到中华文化的博大精深和无穷魅力。

千载儒释道 万古山水茶
——王蕊芳书法欣赏

王蕊芳（1940—2021），生于象山，杰出女书家。师范毕业后便扎根于宁海的教育事业，奉献了她的一生。她不仅是中国民主同盟的盟员、浙江省第七届政协委员、中国书法家协会会员，更是首届浙江省女书法家协会的主席，以及宁波茶文化书画院的画师。她的生活与艺术，都深深浸润在中国传统文化的精髓之中。

王蕊芳的书法作品中，蕴含着丰富的茶文化元素。其中最为人所称道的，便是她的行书茶联："千载儒释道，万古山水茶"。这寥寥数语，便道出了茶文化与中国传统儒、释、道三教的深厚渊源和和谐共生。此联约书于2010年，字迹工整优美，笔力遒劲，颇见功力，是王蕊芳书法艺术的代表作之一。

2002年6月，宁波如意股份有限公司董事长储吉旺在游览宁海望府茶业有限公司茶叶基地——原岭头茶场后，有感而发，赋诗一首《与济法友观望府楼茶场有感》。诗中写道："踏青何须寻彩芳，望府茗茶赛春光。与君对饮三五杯，醉倒陆羽岭头岗。"王蕊芳为这首诗挥毫泼墨，书成条幅，落款"储吉旺咏望府茶，王蕊芳书"。她的书法与储吉旺的诗句相得益彰，共同诠释了茶文化的无穷魅力。

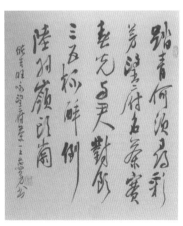

已故中国佛教协会原会长、著名书法家、诗人赵朴初（1907—2000），也是一位茶文化的爱好者。他喜好饮茶，更善于以茶入诗，从诗中流露出对茶的深厚情感和对饮茶真谛的独到见解。1982年3月20日，赵朴初访问日本时，曾拜访了京都清水寺一百零八岁的长老大西良庆。在茶文化的传统中，一百零八岁被称为"茶寿"，因为"茶"字可以拆分为"艹"与"八十八"，合起来即为一百零八。大西良庆长老以香茶待客，并赠给赵朴初一木制茶盘作为"茶寿"留念。茶盘上刻有长老手书的"一"字及"吃茶去"的法语。赵朴初深受感动，特献以汉徘句五首致贺。其中第一、二、四首都写到茶，如"山茶特地红，三年不见见犹龙，华藏喜重逢"和"茶话又欣同，深感多情百八翁，一席坐春风"等句，都表达了赵朴初对茶的深厚情感和对茶文化的独特理解。

王蕊芳对赵朴初的茶禅诗深表喜爱，并书录纪念。她的书法作品中，不仅融入了茶文化的元素，更传承了中国书法的精髓和神韵。她的字迹流畅自然，气韵生动，既展现了女性的柔美与细腻，又彰显了书法家的力度与气魄。

王蕊芳留下的诸多茶文化书法作品，不仅为人们提供了欣赏艺术的机会，更为我们传承和弘扬中国传统文化提供了宝贵的墨宝。她的作品将茶文化与书法艺术完美结合，既具有深厚的文化内涵，又具有极高的艺术价值。这些作品不仅是王蕊芳个人的艺术成就，更是中国传统文化的一份珍贵遗产。

🍵千载儒释道，万古山水茶　　🍵茶沸丹露满，风生绿竹凉

蓬山茶韵　翰墨飘香
——象山茶文化美术书法摄影作品选

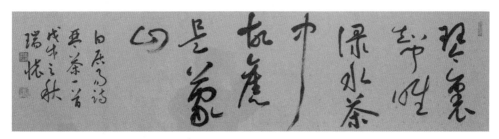

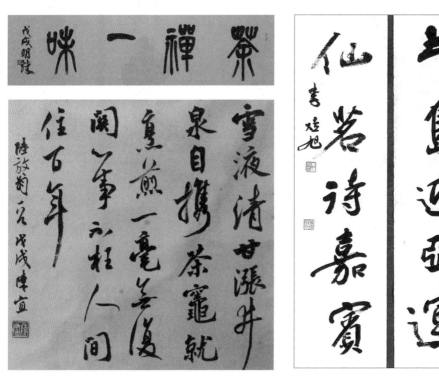

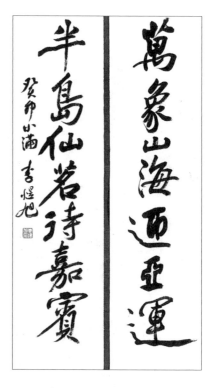

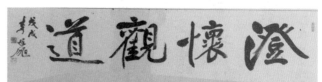

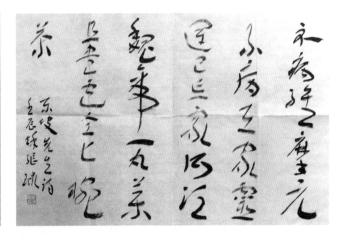

象山籍茶文化学者著作简介

一、《九曲红梅图考》

《九曲红梅图考》是 2016 年浙江大学出版社出版的图书，作者为毛立民、赵大川。本书主要内容包括对九曲红梅百年历史的翔实考证和鲜活展示，图文并茂地诠释了九曲红梅的前世今生。

毛立民，1967 年 2 月出生，浙江象山人。曾任浙江省茶叶集团股份有限公司（其前身是成立于 1950 年的浙江省茶叶公司）董事长、总经理，第十一届浙江省政协委员，高级商务师，高级评茶师。早在 1990 年，他就牵头开展有机茶国际认证工作，并使公司成为我国茶叶界首家获得有机茶国际颁证并出口的茶企，被录入联合国粮农组织"有机食品与饮料"的调查报告年鉴中。他还创办了浙江骆驼九宇有机食品有限公司，专门从事有机茶、有机食品的生产加工和出口业务，致力于为全球客户提供绿色、健康、优质的茶叶饮品。2009 年被评为中国茶叶行业年度经济人物。

赵大川，男，1941 年 7 月出生，山东济宁人。浙江大学茶学系兼职博士生导师、杭州茶叶试验场原场长。对茶文化有深入研究，担任杭州陆羽与径山茶文化研究会副会长兼秘书长、中国茶叶博物馆特约研究员、杭州市茶文化研究会常务理事、杭州市余杭区茶文化研究会副秘书长、杭州市上城区茶文化研究会理事长等职务。

本书收录了大量精美的历史文献和图片资料，具有很高的史料价值，有助于了解九曲红梅的历史渊源和发展历程。书中对九曲红梅的起源进行了深入的材料论证，内容严谨翔实，整个九曲红梅的发展脉络清晰可见。通过当时的报纸、茶广告、茶包装等资料，读者可以了解前人的茶生活和茶文化。同时，本书也有助于传承和弘扬中国优秀的传统文化。

此外，书中还提到了九曲红梅的一些曾用名，如杭州红茶、龙井红茶、红袍、乌龙等，并解释了"九曲"为地名，"红梅"则形容其汤色如红梅般艳丽。关于九曲红梅的起源，书中指出是在太平天国运动后，由福建迁入的茶农所研发。九曲红梅的特点是形状细紧弯曲，色泽乌润，汤色红艳，香气浓郁，滋味醇厚回甘。这些特点使得九曲红梅在茶叶市场上具有很高的辨识度和美誉度。

二、《中国茶艺文化》

在茶艺文化专业研究中，浙江树人大学朱红缨教授的专著《中国茶艺文化》是一部贯通式的茶艺文化著作，也是茶艺文化专业人才培养的通用教材。

朱红缨，象山人，浙江树人大学国际茶文化学院院长，浙江省现代服务业研究院执行院长，中国国际茶文化研究会理事，世界茶联合会秘书长。朱红缨从事茶文化专业和学科建设，开创性地建构了普通高等教育茶文化人才培养体系，始终专注于茶作为文化产品对社会经济文化发展的贡献。她完成了论文、著作、咨政报告等50余篇（部），主持承担了教育部及省市级科研项目30余项。她曾受邀赴日本、韩国、澳大利亚以及中国台湾、中国香港等地进行茶文化学术交流，是茶艺文化学院派的代表之一，培养了一批优秀学生活跃在茶文化的多个领域。

《中国茶艺文化》全书内容分7章，构建了中国茶艺文化的学术架构。该书以成就茶人为核心，站在文化学、美学、社会学、历史学等多学科的角度，构建了茶艺文化学术体系，为创新型的中华茶艺师以及茶文化学科建设提供了支持。

该书以培养茶文化高层次人才为目标，对丰富和完善茶文化专业教学内容、提升涉茶专业人才技能、茶产业从业人员素养以及推进中华茶文化及茶产业创新发展具有重要意义。

该书从茶艺历史演变的视角出发，梳理了中国饮茶方式的演变及历代特征，尤其重视当代茶艺师技能的获得。它为茶艺师提供了理论和实践的指导，使茶艺师能够坦然沉静地展现自己的技艺。同时，该书还从美学的视角阐释了茶艺文化丰富多彩的美学内涵，为茶艺师提供了茶艺美学的理论与实践指导。此外，该书还涉及了茶艺元素、流程、汤法及茶会茶席设计等内容，具有很强的指导性。从中华饮食文化的角度出发，该书对茶艺文化从抽象到具象的多重内涵进行了学理性的阐述。

三、《中国式日常生活：茶艺文化》

该书为朱红缨著，中国社会科学出版社于 2013 年 6 月出版。该书以日常生活理论为背景展开叙述，共分 9 章。包括导论、茶艺文化基础、茶艺结构、茶

艺规则、茶艺流程与方法、茶艺历史沿革、茶艺审美活动、茶艺作品创作以及茶艺与社会等方面的内容。该书主要涉及茶艺文化哲学研究、茶艺性质要素与结构研究、茶艺规则与程序研究、茶艺历史沿革研究以及茶艺审美创作与茶艺产品研究等领域。综合运用了哲学、自然科学、艺术学和社会学等研究方法与陈述方式，以茶艺的作品实现及其与大众社会、日常生活的互动为核心，在茶文化历史发展的基础上系统性地呈现了我国现代茶艺文化的体系与面貌。该书力图提供日常生活理论区域内的一个

社会事实，并将茶艺引入日常生活视域进行学理的探索和构架。这是茶艺美学生活化的专业思考，也是茶艺文化理论研究方面的重要学术著作。

四、《六杯茶的美好家生活——头条家政 600 问》

该书为朱红缨主编，浙江科学技术出版社于 2016 年 1 月出版。作者认为中国人对两样东西特别在意：一是家庭生活；二是神形兼备的茶。在中国人的观念中，没有比家庭生活更重要的价值了；同样地，也没有比一杯茶更能抒发情怀的了。当茶与家庭生活相结合时便呈现出了最美好的场景。《六杯茶的美好家生活——头条家政 600 问》以茶为引子展开讲述但并不以茶为主角，而是发挥茶的神奇功能来与生活相联系，讲述了全民家政头条 600 问、20 个主题 6 大篇章的故事。

五、《茶语》

林宇晗编著的《茶语》由浙江人民出版社于 2021 年 6 月出版，浙江省政协原主席、中国国际茶文化研究会会长周国富作序。全书分 6 章，分别是产业、历史、人生、文化、交流合作、发展战略，共计 24 万余字。

林宇晗，男，1964 年 7 月出生，汉族，浙江象山人。他不仅是分管茶业工作的政府官员，还对茶产业、茶文化有深入研究。他深入学习茶学知识，从事茶产业工作，热爱茶文化，撰写茶学论文，并致力于茶学研究。至今共发表

关于茶的论文、调查报告等 10 余篇，参与编辑茶著 5 种。他是国家一级评茶师、东亚茶文化研究中心研究员、中国国际茶文化研究会学术委员会委员。

《茶语》对全面了解茶业现状、深耕茶产业、繁荣茶文化、发展茶科技以及推动当代茶业创新发展具有很好的启迪作用。著名茶文化专家姚国坤评价道："这是一部具有创造性意义的茶书。"在《茶语》一书中，林宇晧对中国尤其是浙江茶产业、茶文化发展的历史和实践进行了提炼总结，回顾并肯定了我国茶文化在对外交流中发挥的独特作用。他展示了中国茶产业在发展经济、提高人民生活水平方面的重要作用，并生动阐述了茶文化在促进"人与自然和谐共处"世界观形成中的重要作用，提出了新的观点。

附录一

象山历代茶诗选

张如安　竺济法（整理）

一、赵善晋

题丹山井

泓泓澈底清，滴滴瓶透冷。

灵源何处来，独照贞白影。

——引自《宁波古韵：宁波地名诗》

作者简介

　　赵善晋，字公直，生平未详。南宋嘉定（1208—1224）间进士，曾任象山县令。他既重农桑耕织、亦重教化民众。任职期间，重修孔圣殿，修建会源碶。四民乐业，全县上下，俗成礼让之风。

二、虚堂智愚

谢　茶

一朵云生碧瓦瓯，故交珍味远相投。

竹门白昼无闲客，失处谁能交赵州。

——选自《新撰贞和分类古今尊宿偈颂集》

虎丘十咏·憨憨泉

憨泉一掬清无底，暗与曹源正脉通。

陆羽若教知此味，定应天下水无功。

——选自《虚堂和尚语录》

谢芝峰交承惠茶

拣芽芳字出山南，真味哪容取次参。

曾向松根烹瀑雪，至今齿颊尚余甘。

——选自《虚堂和尚语录》

茶寄楼司令

暖风雀舌闹芳丛，出焙封题献至公。

梅麓自来调鼎手，暂时勺水听松风。

——选自《虚堂和尚语录》

贺契师庵居

正席云山万象回，道人青眼为谁开。

呼童放竹浇花外，修整茶炉待客来。

——选自《虚堂和尚语录》

作者简介

虚堂智愚（1185—1269），号息耕叟，俗姓陈，母郑氏。象山人。16岁依近邑之普明寺僧师蕴出家。先后在奉化雪窦寺、镇江金山寺、嘉兴兴圣寺、报恩光孝寺、庆元府（宁波）显孝寺、婺州云黄山宝林寺、庆元府（宁波）阿育王山广利寺、临安府净慈寺等地修行、住持。度宗咸淳元年（1265）秋，奉御旨迁径山兴圣万寿寺，为该寺第40代住持。世寿85岁。有《虚堂智愚禅师语录》十卷，收入《续藏经》，集录虚堂智愚的法语，其中诗、赞、偈颂500多首。庆元府清凉禅寺住持法云禅师撰有《虚堂智愚禅师行状》。

三、释竺仙梵仙

追和庐山龙岩首座十题·煎茶

碧云袅袅引风长，碗面白花毛骨凉。

山月临窗梅影转，瓦砖重注啜余香。

——选自（日）释慧广《东归集》

次韵赵州十二时歌·人定亥

人定亥，静定安详绝憎爱。

匆思明月落波心，一片晴湖本无盖。

少沙弥，大新戒，劳伊给侍休相怪。

提瓶挈水点茶汤，与君共结龙华会。

——选自《竺仙和尚语录》

作者简介

竺仙梵仙（1292—1348），俗姓徐，法讳梵仙，道号竺仙，自号来来禅子，晚年号思归叟，象山人。元代著名高僧。临济宗杨岐派僧人。十多岁入湖州资福寺做僧童，18岁入杭州灵隐寺，师从瑞云松隐，得法号"梵仙"。曾先后参禅于灵隐寺元叟行端、净慈寺东屿德海、虎跑寺止庵普成，之后于天目山见到中峰明本，得"竺仙"道号。当时禅僧古林清茂居于建康府（今南京）凤台山宝宁寺，其前往请法，继承了古林清茂之法。1329年六月，其38岁时，受日本邀请，与明极楚俊东渡日本弘法22年，在日本影响较大，圆寂于日本。他在国内和日本，留有诸多茶禅文化文献，为中日茶禅文化交流代表人物之一，在中日两国茶禅文化史上具有重要影响和意义。

四、释慧广（日）

次韵谢竺仙惠茶

玉川子家堪与语，当时谏议有斯举。

年头忽得建溪春，知出武夷最深处。

华线斜封来，足献王公去。

草木严寒冻未芽，拂雪摘得鹰爪夸。

鼎雪吹香激松籁，瓶浪涵清贮井花。

原一盏开开睡眼，二子神通得梦见。

争如我从蓬莱仙，一啜春风宽气岸。

——选自释慧广《东归集》

作者简介

　　释慧广（1273—1335），号天岸，日本国武藏比企郡（今埼玉县）人。1285 年，参于渡日高僧无学祖元门下，后为高峰显日所认可。1324 年，与物外可什等一同随商船入元，曾游历了庆元的天童寺、大慈寺。后拜于金陵保宁寺古林清茂的"金刚幢下"修禅，1326 年认识竺仙梵仙。1329 年，天岸慧广等成功劝说明极楚俊、竺仙梵仙等一起回到日本。著有《东归集》。

五、释梵琦

余寓万宝坊凡三阅月，郝冀州延入南城弥陀寺禅诵焉。

寄吕改之二首（选一）

兀兀清斋坐虎皮，流年不道暗中移。

郭生堕甑休回首，陶令闻钟只皱眉。

新得卢茶敲石煮，每闻羌笛隔邻吹。

曳裾懒向王门去，须信名场有蒺藜。

赠怯薛

龙凤团茶唤客烹，爱君年少气峥嵘。

蓬莱殿近闻天语，阊阖门高侍辇行。

春暖摘花供进酒，月明吹竹和弹筝。

焉知寂寞山林士，粝饭寒赍度一生。

宫使出家

昭阳宫里剩春花，不与元悲解叹嗟。

旧赐尽抛金骥裹，新恩初降紫袈裟。

都将凤阁千钟酒，并换龙团一品茶。

京洛风尘顿萧爽，山青云白是吾家。

赠江南故人

煮茗羹羊酪，看山驻马过。

地椒真小草，芭榄有奇花。

汉月宵沉海，边风昼起沙。

登高望吴越，极目是云霞。

惠山泉

玉音正似佩春撞，何许流来满石矼。

天下名泉虽有数，江南斗水本无双。

因僧浴象心俱净，共客分茶睡已降。

俗驾往还那识此，自今幽梦绕山窗。

过开元访断江禅师

田地无尘松桧香，白头禅叟坐高堂。

山童为客擎茶碗，世事令人看屋梁。

霞彩未消先变绿，月轮欲上半涂黄。

阁中有二如来像，近亦曾闻夜放光。

垂虹待月

秋光湛湛玉无瑕，不许云痕一线遮。

天宇倒垂青盖影，龙宫初喷白莲花。

且停内府新浇烛，须点头纲旧赐茶。

帆过东南更清美，尽将烟痕涤尘沙。

隋　河

隋河八百里，京口到钱唐。

地转冠带国，江通鱼稻乡。

寒泉无愧茗，沃野更宜桑。

颇爱吴音软，临流驻客航。

> ——以上八首选自释梵琦《楚石北游诗》

偈颂·送僧住庵九首之四

白云深护碧岩幽，成现生涯免外求。

一个衲衣聊挂体，三间茅屋且遮头。

长松片石闲无事，淡饭粗茶饱即休。

拈出昌溪长柄勺，不风流处也风流。

> ——选自《楚石梵琦禅师语录》卷十八

偈颂·十二时颂·巳时

巳时作务也奇哉，门户支持客往来。

对坐吃茶相送出，虚空张口笑哈哈。

> ——选自《楚石梵琦禅师语录》卷十九

和《层层山水秀》

地僻无人到，苔深一径微。

松间缚茅屋，竹上挂蒲衣。

静看青山朵，闲拈白拂枝。

焚香作茗事，此外更何为。

——选自梵琦《和寒山诗》

和《三月蚕犹小》

五月南塘陆，芙蓉正作花。

朱门荫杨柳，绿水鸣虾蟆。

冷浸金盆果，浓煎石鼎茶。

此中可避暑，修竹绕百家。

——选自梵琦《和寒山诗》

和《无事闲快活》

无穷山水乐，不染利名人。

松竹深深处，云霞片片新。

炉中拨芋火，月下转茶轮。

昔作红颜客，今为白首人。

——选自梵琦《和寒山诗》

偈颂·送明禅人游天台

五百声闻不住山，何拘天上与人间。

只消一盏黄茶水，供罢依然旧路还。

——选自《楚石梵琦禅师语录》卷十九

偈颂·送延寿梓知客

临济大师宾主句，赵州见僧吃茶去。

旋风顶上屹然栖，走遍天涯不移步。

九九从来八十一，寻常显元尤绵密。

撑天拄地丈夫儿，手眼通身赫如日。

——选自《楚石梵琦禅师语录》卷十六

重阳上堂偈

昨日是中秋，今朝又重九。

亲我紫苿茶，疏他黄菊酒。

紫苿与黄菊，本自无疏亲。

相识满天下，知心能几人。

——选自《楚石梵琦禅师语录》卷五

渔家傲

听说娑婆无量苦，茶盐坑冶仓场务。损折课程遭箠楚。陪官府，倾家买产输儿女。

口体将何充粒缕，飘蓬未有栖迟所。苛政酷于蛇与虎，争容诉？劝君莫犯雷霆怒。

——选自《楚石梵琦禅师语录》

颂　古

一物不为，合水和泥。

千圣不识，随声逐色。

无绳自缚数如麻，客至烧香饭后茶。

——选自《楚石梵琦禅师语录》卷十二

偈颂·三玄三要·三要之一

第一要，了无奇特并玄妙。

未曾噇饭肚皮空。久不吃茶唇舌燥。

——选自《楚石梵琦禅师语录》卷十九

病起上堂偈

寿山不会说禅，病起骨露皮穿。

判得阎罗老子，一朝催讨饭钱。

剑树刀山，未免镬汤炉炭交煎。

更入驴胎马腹，不知脱离何年。

因什么如此，是他家常茶饭。

——选自《楚石梵琦禅师语录》卷十九

茶句三则

偈颂·送诸侍者游天台、雁荡

试点五伯罗汉茶，一枚盏现一枝花。

——选自《楚石梵琦禅师语录》卷十七

偈颂·送伊藏主游四明、天台

闹中不碍身心静，直饶茶盏现奇花。

——选自《楚石梵琦禅师语录》卷十七

偈颂·送信首座参礼育王宝陀

手点昙华亭上茶，最先勘破盏中花。

——选自《楚石梵琦禅师语录》卷十六

作者简介

释梵琦（1296—1370），俗姓朱，字楚石，一字昙耀，象山泗洲头镇塘岸村人。元末明初高僧。父母尊佛向善，9岁出家于海盐县天宁永祚禅寺，16岁赴杭州昭庆寺受戒。自是历览群经，学业大进。时元英宗诏写金字《大藏经》，被选入京。元帝泰定年间（1324—1327），曾奉宣政院命开堂说法。近50年间，先后于江浙一带住持过六处寺院，晚居海盐天宁寺西偏，自号西斋老人。元至正七年（1347），元帝赐号"佛日普照慧辩禅师"。

明洪武元年时期，奉诏参加蒋山法会，朱元璋称其为"本朝第一流宗师"。著有《净土诗》《慈氏上生偈》《北游集》《凤山集》《西斋集》，又有和《天台三圣诗》《永明寿禅师山居诗》《陶潜诗》《林逋诗》等若干卷。弟子编有《楚石梵琦禅师语录》二十卷。

六、汤式（词四首）

[双调]湘妃引·送友归家乡

高烧银蜡看锟铻，细煮金芽搅辘轳，满斛玉罂倾醽醁。离怀开肺腑，赤紧的世途难况味全殊。麟脯行犀箸，驼峰出翠釜，都不如莼菜鲈鱼。

[双调]湘妃引·自述

龙涎香喷紫铜炉，凤髓茶温白玉壶，羊羔酒泛金杯绿。暖溶溶锦绣窟，也不同探花风雪何如。一步一个走轮飞鞚，一日一个繁弦脆竹，一夜一个腻玉娇酥。

[双调]天香引·友人客寄南闽，情缘眷恋，代书此适意云
（八首选一）

望三山远似蓬壶，捱到如今，提起当初。槟榔蜜涎吐胭脂，茉莉粉香浮醽醁，荔枝膏茶搅琼酥。花掩映东墙外通些肺腑，月朦胧西厢下用尽功夫。好事成虚，新变成疏；生待何如，死待何如？

[正宫]醉太平·书所见

二八年艳娃，五百载冤家，海棠庭院玩韶华，无褒弹的俊雅。脸慵搽倚窗纱翠袖冰绡帕，步轻踏浣尘沙锦勒凌波袜，笑生花唤烹茶檀口玉粳牙，美人图是假。

——以上均选自汤式《笔花集》

作者简介

汤式，元末明初重要散曲作家，字舜民，号菊庄，浙江象山人。生卒年不详。元末曾补象山县县吏，后落魄江湖。入明不仕，但据说明成祖对他"宠遇甚厚"。为人滑稽，所作散曲甚多，名《笔花集》，今存抄本。作品多写景、咏史之作，颇工巧可读。另有杂剧《瑞仙亭》《娇红记》，已散佚。

七、沈明臣

四月望后始得朱溪新茗，因分贻郑朗，系以长律

海国今年气未融，一春多雨病山农。

到来新茗时全过，分去余甘手自封。

消渴最怜君卧久，提携无奈使难逢。

一杯乍许金茎露，好挹天泉对古松。

——选自沈明臣《丰对楼诗选》

作者简介

沈明臣 (1518—1596)，字嘉则，别号句章山人，晚号栎社长，鄞县（今宁波市海曙区）栎社人。明朝诗人，内阁首辅沈一贯叔父。平生作诗七千余首，与王叔承、王稚登同称为万历年间三大"布衣诗人"。著有《丰对楼诗选》四十三卷、《越草》一卷、《荆溪唱和诗》《吴越游稿》《通州志》等。

八、陈其璜

新正书怀二首

（选一）

柴米油盐酱醋茶，只将七字略安排。

别无他物增年例，才有闲身度岁华。

春菜两盘尝腊酒，小窗一角见梅花。

鹤臞自不嫌清也，何意妻孥笑语哗。

省回船过绍兴游兰亭

得便寻兰渚，船回指绍兴。

百花香帖字，一匣入昭陵。

水似当时曲，亭惟过客登。

好鹅人不见，打搅煮茶僧。

同裕庵登石屋避暑

便觅蒲团坐，轻衫挂树枝。

一岩空似屋，六月冷侵肌。

碑古书成藓，墙低竹当篱。

炉边泉自到，煮茗更便宜。

答郡中索画诸君

拙陋从来不自遮，惯拈画笔作生涯。

酬柴酬米亦酬酒，换鹅换书兼换花。

只好称尊无佛处，那堪见笑大方家。

况今百事都慵做，一炷清香一盏茶。

——以上均选自倪勋《彭姥诗蒐》卷八

作者简介

陈其璜，字尔璧，号鹤臞，象山人。生平未详。清雍正七年（1729），曾分修《象山县志》，十一年，参修《宁波府志》。清乾隆元年（1736）恩贡生。工画梅，著有《丹山自鸣集》。

九、张思齐

冬夜与林君猷坐谈

良友相过入暮天，梅花香暗逐茶烟。

竹炉话久重添火，絮袄更深再著绵。

论到奇书还起舞，触来时事不成眠。

床头新酿今初熟，畅饮高歌惜去年。

——选自倪劢《彭姥诗蒐》卷八

作者简介

张思齐（1674—1763），名光鳞，字健修，号梅屿，象山龙屿人。诸生，性潇洒，喜吟咏，有学行。著有《梅屿诗草》二卷。

十、石大成

即　景

古藓烂斑湿础花，山云昏黑暗窗纱。

蛙知雨到声俱寂，燕打风归势转斜。

幂幂苍烟浮暮树，层层碧落散晴霞。

自然闷破孤楼客，却听龙团七碗茶。

——选自倪象占《蓬山清话》卷八

作者简介

　　石大成，字辉山，一字错庵，自号"西山居士"，象山人。性诙谐，常逗人开心。一生清贫，志澹泊，曾为塾师，工诗，著有《古香亭诗草》。

十一、倪象占

蓬岛樵歌

（选一）

大夏王宫灯事奢，石炉古庙竞于夸。

秧歌一队前街去，又爨连厢唱采茶。

——选自倪象占《蓬岛樵歌》

蓬岛樵歌续编

（选一）

黄溪前望海门青，官渡遥从七里亭。

宾馆小茶彭岭麓，编签轻载快扬舲。

——选自倪象占《蓬岛樵歌续编》

象山杂咏

（选一）

处处云深谷雨前，莺歌唱到焙茶天。

何当去试珠山品，坐听松涛煮玉泉。

（自注："邑茶以珠山为魁，珠山在邑东三十里。其东南玉泉山有怪松覆泉上，品水者尝以为第一云。旧志。"）

——选自倪象占《九山类稿》

雪水茶二十韵

幻忆茶经水，琼天坐遥望。

凝寒惊昨夜，蹢濡遂连朝。

乳落银翻浦，花来玉缀条。

封看随束人，取不待符要。

巧搯辞牵荐，勤收爱缚苕。

白疑拚鹤氅，细过滤鲛绡。

积处先孚缶，倾时异挹杓。

元精窥影溢，大化托炉销。

槐火舒文焰，松声起暗潮。

漾依云片动，沸作霞珠跳。

梨合三秋液，梅分五出标。

香资山客碾，洁借道人瓢。

古井嗤垂绠，中江笑鼓桡。

歌惟儿逞艳，味许婢夸娇。

春气闲轩集，烦襟块礧浇。

生风旋习习，听响尚萧萧。

秃笔长忘冻，青帘远谢招。

句还揣圭璧，价岂换金貂。

霤晚冰兼彻，窗晴月更邀。

挑灯增旅话，破睡度严宵。

——选自倪象占《九山类稿》附《近稿偶存》

清　明

才觉年光冉冉轻，离人时节复清明。

花含热粉虚流艳，茶斗新香未破酲。

尽日春风抛燕语，一灯心事聚蛙声。

开轩东望聊舒眼，月转楼南又二更。

——选自倪象占《九山类稿》

春山读《易》图

道人煮茶梦，中见羲皇心。

不觉碧山雨，落花门外深。

——选自倪象占《铁如意诗稿》

东岙杂题邀石辉山（大成）同作·茶园

新晴谷雨天，满坞凝云绿。

不见采茶人，春风飐细曲。

——选自倪象占《九山类稿》

郧南杂诗

（选一）

一色它泉满载回，家家酿酒得良材。

金波亦泛双鱼印，应负区茶十二雷。

——选自同治《鄞县志》卷七十四

顾渚茶，唐贡即此

晚候笑骑火，新烟驰瀹汤。

年年络丝鸟，唤起是头纲。

——选自倪象占《九山类稿》

寒食日唐四（祖樾）枉过寓斋，即题其《晋游草》后

客中清话火前茶，卷里新诗雪后花。

驱马真摩东壁过，怀人还拨太行遮。

千年往梦征黄雀，终古遗风感白鸦。

即事为君重怅望，朝来烟雨满天涯。

——选自倪象占《九山类稿》

舟行杂句

（其一）

一昔佳游破暝烟，别来茶磨梦常悬。

解人妙有东阳叶（蓁，履仁），客馆分甓送慧泉。

——选自倪象占《近稿偶存》

241

十六字令

奢，白石清泉处士茶。

剹松梢雪，取渝梅花。

施茶募引

十里五里，行矣常劳。长亭短亭，至焉斯憩。为念征人之渴，因谋济众之方。愿从设茗于炎天，略慰望梅于前路。然举轻似易，不过一勺之多；但积久为难，诚恐半途而废。是以思其善策，鸠我同人，请布余赀，共延好事，庶几厝火抱薪之会，即共当汲井奥辞。虽异乞浆得酒之时，亦不待叩门始兴。

——选自倪象占《九山类稿》

作者简介

倪象占（约1733—1801），初名承天，后以字行，更字九三，号韭山，象山丹城大碶头人。文史家、书画家。清乾隆二十一年（1756）补诸生。清乾隆三十年（1765），乾隆帝南巡，选列迎銮，拔充优贡，一时荣耀备至。旋奉调分纂《大清一统志》，同编《千叟宴诗》。清乾隆五十三年（1788），应聘分纂乾隆《鄞县志》。翌年，补授嘉善训导，勤于督课。擅画兰、竹、松、石，几入逸品。撰《周易索诂》，历八载始成。另有《蓬山清话》《抱经楼藏书记》《象山杂咏》《青枫馆集》《韭山诗文集》等。

十二、钱沃臣

（二首）

蓬岛樵歌

（一百十六首选二）

垂发娃儿未吃茶，金银定帖漫相夸。

罗衫爱绣梁山伯，蝉鬓羞簪谢豹花。

海东道院旧相夸，二月山城春正赊。

顿顿烹鲜雷霆笋，村村唤卖雨前茶

——选自钱沃臣《乐妙山居集·蓬岛樵歌续编》

作者简介

钱沃臣（1754—1825），字心启，一字心溪，为五代时吴越王钱镠后裔。象山人。诸生，有才名，遍游浙东西 40 年，各地官员争聘其为幕僚。著有《蓬岛樵歌》《乐妙山居集》等。

十三、冯登府

（诗三首，铭一则）

象山试陶真隐丹井泉，同童大令（立成）、马孝廉（丙书）、赵明经庚吉

茶梦松风昨夜圆，空山岁暮结清缘。

听诗爱坐三层阁，煮雪来寻一勺泉。

丹鼎难求医俗药，白衣翻悔出山年。

平生惯喜穷荒率，乌帽青鞋夕照边。

（首句自注云：前夜梦白髯老人以朱砂白泉相赠。）

——选自象山《同治志稿》

润之茂才每岁致象山珠茶

辛老风情最足夸，一瓯林下是君家。

都篮箬笼分新胯，石铫砖炉试早芽。

东谷曾携丹井水，南朝犹说象山花。

事亲我愧程签判，剩有诗篇为拜嘉。

——选自冯登府《拜竹诗龛诗存》卷十

（第五句自注："余曾试象山陶真隐丹井泉。"末二句自注：东坡以新茶送程之邵以馈其母，程有诗谢。余母嗜象山茶，每岁必寄四饼。）

题淳熙井

秋风冷到旧银床，山县萧条未改唐。

六百年来陶令醉，黄花酒说古重阳。

——引自品诗文网

陶贞白炼丹井铭

蓬莱山之趺有泉焉，相传陶贞白炼丹之井，旁有祠有庼，以覆之。泉迸如珠，一名透瓶，冽而甘，深不过尺，白沙以为底。取之不加少，不取不加多，有君子

之道焉，岂即所谓仙乎？余以庚寅冬，偕赵君庚吉携茶具，呼童扫落叶，烹丹灶火，踞石试茗，几忘身在万山中也。

——选自张如安《宁波茶通典·茶诗典》

作者简介

　　冯登府（1783—1841），一作登甫，字云伯，号勺园，又号柳东，浙江嘉兴人。尝从阮元游，阮元重其学，相处十分融洽。清嘉庆二十五年（1820）进士，改庶吉士。中岁游闽，修《福建盐法志》《福建通志》，名震海峤。后官宁波府教授。大吏重其才，将荐举之，力辞不就，后告归故里王店，已得咯血疾，筑勺园以颐养天年。鸦片战争爆发后，宁波沦陷，其与宁波感情深厚，忧愤交加，病剧而卒。一生著作等身，著有《石经阁文集》等文集八卷、诗四卷、词四卷，还有《小谪仙馆摭言》十卷、《酌史岩摭谈》十卷、《梵雅》一卷、《金屑录》四卷、《石余录》四卷、《石经考异》十二卷、《浙江砖录》四卷等二十余种，均《清史列传》并传于世，并辑有《浙西后六家词选》《梅里词辑》等。修纂同治《象山县志》。

十四、童立成

丹井试茶和冯柳东太史韵

六角孤亭夕照圆，半瓯茶熟亦前缘。

折腰自愧渊明米，洗眼来观贞白泉。

敢说冰清怀一勺，未成井养已三年。

会须丹灶寻仙去，结侣蓬莱浅水边。

——选自象山《同治志稿》

作者简介

童立成，字楚翘，江苏崇明举人。道光八年（1828）任象山知县。性喜静，尚廉洁。视官事如家事。为振文风，重延文峰塔。又疏浚城中河道，修葺明伦堂、药王殿。留意地方文献，主持重修道光《象山县志》二十二卷。后调任离象，士民久久怀念。

十五、吴 桢

探 茗

品在卢仝陆羽间，未逢谷雨便登山。

崎岖缓策鸠头杖，消息频探雀舌班。

此后倾筐凭少妇，从前煮雪记双鬟。

生平自笑耽茶癖，霁月和风数往还。

——选自倪劢《彭姥诗蒐》卷十一

作者简介

吴桢，字薪之，号云轩，象山人。清嘉庆六年（1801）拔贡生。自幼力学，喜好歌曲。暮年居别业，莳弄花卉，游咏其间。

十六、周步瀛

西寺（象山等慈寺）

冷落怜西寺，当门塔影圆。

佛参修竹里，僧卧落花前。

小憩袈裟地，闲寻妙喜泉。

新茶聊试味，早觉俗尘蠲。

——引自品诗文网

作者简介

周步瀛，字丹洲，奉化人，生平未详。清道光十六年（1836)恩贡。

十七、姚 燮

西沪棹歌

其一

路转茶亭岭下滩，伏人山势一龙蟠。

宝沙夜发金银气，我笑贪夫欲识难。

（自注：茶亭岭以施茶著名。伏人山有金银沙可漉。）

其二

凤闻仓岭涌泉潭，汲试纲茶味剧甘。

漫说连珠横七井，辘轳重绠秘难探。

（自注：仓呑岭有涌泉潭。清潭山上有七井如连珠。）

——选自民国《象山县志》卷三十二

作者简介

姚燮（1805—1864），字梅伯，号复庄，又号大梅山民、复道人、东海生等，浙江镇海（今属宁波市北仑区下邵乡）人，祖籍浙江诸暨。晚清文学家、画家。道光举人，以著作教授终身。治学广涉经史、地理、释道、戏曲、小说、红学、诗歌、书画等多个领域。五岁赋诗，一生作诗万首。又擅画人物花鸟，尤精墨梅，人称"大梅先生"。著有《复庄诗问》《复庄骈俪文榷》《疏影楼词》《今乐考证》《红楼梦纲领》《退红衫》《梅心雪》《苦海航》等，编有《今乐府选》《皇朝骈文类苑》等，所著编为《大梅山馆集》传世。

十八、王蒔蕙

煮 药

四壁炉烟风乍定，一庭花影日初长。

餐霞有客应相过，添得茶香与酒香。

——选自《抱泉山馆诗文集》卷七

作者简介

　　王蒔蕙（1835—1894），谱名尚彬，小字彬如，榜名蒔蕙，字撷香，号研农，别号抱泉山人，又号陶园主人，象山墙头舫前人。现存《抱泉山馆诗文集》，包括诗集十一卷：《蕉鹿余吟》《炱蝉剩稿》《听秋声草》《筠窗清籁》《玉版屑》《陶园鼓吹》《闲桑窝草》《倚阑草集》《悼亡诗》《红犀馆社课诗》《补遗》；文集三卷：《古文鞏》《骈体文存》《壬辛脞录》，并收录其子予龄《荣鞠诗钞》一卷。《抱泉山馆诗文集》由其侄孙王世祺、孙子王世谐校订。

十九、郭传璞

催 馕

暗翠愔愔境入秋，香边领略梦边搜。

舻迷远浦风能语，磬落空山雨未收。

静拍竹枝千缕脆，乱筛花影一团柔。

怜他瘦鹤相偎倚，茶韵如笙正细抽。

——选自王莳兰等撰、姚燮鉴定《红犀馆诗课》

偕郑柏堂（永祥）、欧仲真［景袋（岱）］游天赦田（山名）

素簟将抛暑未蠲，凭他石铫试茶烟。

云花雨脚蒙山品，只欠中泠第一泉。

——选自郭传璞《焦桐集删存》

欧大茶仙（景辰）索予双龙泉碗，诗以滕之

茶仙品茶仙乎仙，都篮雅具兼两骈。

柴汝官定飘云烟，巧偷豪夺无瓦全。

譬建安研绍泰砖，剥蚀风雨刓戈铤。

黠者或因塼埴便，壶卢依样澌所天。

空名则存实不然，近代成窑陶旒专。

鸡缸金翠施雕镌，贵重过于珍珠船。

竹垞之文吾信坚，逮今新苑夸龙泉。

蔑有薜荔希拘挛，友人贶我承筐前。（处州龙泉谢蓊斋同年赠予六具。）足洼口博穹腹圆。

高三寸美围赢焉，上偃以盖螺纹旋。

七层宝塔森蝉联，天青雨过光夺鲜。

栝苍灵秀胚蜿蜒，茶仙睹之喜欲颠。

横索双美毋迁延，仆也心许悭囊捐。

云翘云英骄婉婵，桃叶桃根惊丽娟。

遣嫁惜无五云軿，活火候熟龙团煎。

香生舌本粲妙莲，较曼生壶更足怜。

拙句聊发一笑嫣，倘蒙遥和琼瑶，味外有味参诗禅。

——选自郭传璞《海粟集删存》

作者简介

    郭传璞（1855—？），清末藏书家、书画收藏家。字晚香，号怡士，鄞县（今宁波）人。清同治六年(1867)举人。光绪间以孝廉任文职官员，拜姚燮为师，后为浙东名家。工于骈文和词章之学。据《鄞县通志》记载，其收藏古籍和金石书画甚富，有"金峨山馆"，编有《便查书目》，著录图书1400余种，附有《癸酉增置书目》《甲戌选存书目》《丙子置书目》《丁丑置书目》《戊寅增置书目》《馈赠友人书目》《金峨山馆法帖目录》等，可见其每年都有目录留存。另有《四明金石志》，刻书《金峨山馆丛书》等12种，至民国年间藏书散失。藏书印有"晚香""臣郭传璞"等。雅好音乐，精通音律，自能制曲和工于诗文，撰《金峨山馆文酌》一卷、《金峨山馆文甲乙集》《吾梅集》一卷、《游天窗岩记》一卷、《劫余随笔》等。

二十、沈炳如

薯　粉

剖云堪作片，裁玉亦成丝。

何似霜捶屑，还教雪炼脂。

点茶降酒力，调蜜润诗脾。

九作珍珠样，呼名错豆糜。

——选自王莳兰等撰、姚燮鉴定《红犀馆诗课》

作者简介

沈炳如，谱名宗倩，字豹章，又字亦仙，象山墙头蔡家呑人。清咸丰元年 (1851) 举人，生平未详。

二十一、孔广森

翠竹轩新筑露台，同人小集，次大梅山馆，集露台，坐月二首，元韵

其　二

笛倚酒边歌，星横天半河。

山空开境阔，地峻得凉多。

静有露霏竹，香疑风送茶。

倘容频纳爽，尘事谢奔波。

——选自王莳兰等撰、姚燮鉴定《红犀馆诗课》

作者简介

孔广森，象山墙头村孔家人，生平未详。

二十二、姚景皋

和　作

许我徜徉即乐邱，问津何必武陵游。

满山风籁摶归鸟，一击霜钟起卧虬。

苔密诗难题古石，梦回茶且注银瓯。

披云独立盘桓迳，涧底泉声几度秋。

——选自王莳兰等撰、姚燮鉴定《红犀馆诗课》

作者简介

　　姚景皋，生卒未详，字缙伯，号少梅。浙江镇海人。清代同治、光绪年间诗人。姚燮之子，姚景夔之兄。善诗，曾撰有《红木犀辞》一书，记述木犀有红、白、黄三种，产于象山。宋高宗时，邑人史本初经本献贡，得赐，由此四方知名。

二十三、欧景岱

和 作

严峦奥古如坟邱，结襫欣接群仙游。

敢夸奇采绚麟凤，日放大笔蟠龙虬。

枯僧持帚埽石榻，渴狸上几翻茶瓯。

此日松萝亦腾笑，白云渺渺空千秋。

——选自王莳兰等撰、姚燮鉴定《红犀馆诗课》

作者简介

欧景岱（1833—1870），字仲贞，象山墙头村人。生平未详。附贡生。资质聪明，读书一目十行。通经，尤精通《周易》。著有《无名指斋诗》一卷。评选《古文辞类纂》及《唐诗别裁集》等。

二十四、陈得善

少坡有《黄浦寻春词》，因复和之

一盏红茶劝客尝，沾唇犹带口脂香。

客来偏抱卢仝癖，枯断槎枒九曲肠。

——选自陈得善《石坛山房诗集》卷一

答人问病

药鼎茶铛傍座隅，潘仁无事惯闲居。

屡经布指腰围减，为怕梳头鬓发虚。

久病已忘吾丧我，知心应叹子非余。

长生不解容成术，谢尔殷勤一纸书。

——选自陈得善《石坛山房诗集》卷一

江南好

（七首选一）

江南好，偷到泰娘家。要我亲栽和事草。教人休折合昏花，来吃绿云茶。

——选自陈得善《三蕉词》

江城子·奠妇当哭

影堂残烛暗无花，荐春茶，奠秋瓜。一缕心香，微篆鹊炉斜。

含泪问卿应认得，是娇女、拜筵前，双髻麻。

思卿忆卿泉路遐，风紧些，霜冷些。

夜台孤怯，愁魂在，也念还家。

好趁盂兰，灯火驾灵车。

病骨近来尤减瘦，新领釦，旧腰围，渐渐差。

——选自陈得善《变雅堂词》

齐天乐

西风作意催人瘦，年年例逢秋病。

倦蝶眠花，寒螀絮草，相对罗窗愁凭。

单衣怕冷，更细雨吹凉，暗灯摇影。

夜久如年，乱鸡啼彻尚天暝。

多情追念少小，故人欢笑处，时赋秋兴。

桂老烹茶，犀香泛酒，一味模糊消领。

而今重（去）省，算谏果余，甘蔗根，新境药裹料（平），量恼人，听沸鼎。

——选自陈得善《绿蕙词》

贺新郎·沈大彤甫为儿纳妇，倚此贺之

风雨重阳后。报新晴，屋头鸠语，戏调斑妇。

画阁秋深呼晓梦，惊醒红蘇鸳耦。

只怕恼堂前姑舅。比目茶温催送去，尽匆匆，妆罢和郎走。

郎道是，莫迟否。

承欢有日须无负，卅年时，金碑拜像，可曾回首。

五十休文腰脚健，到此宜开笑口。

漫忘（去）却，印肩旧友。

强学痴聋原不惯，便真成老态还堪丑。

飞贺盏，劝君酒。

——选自陈得善《绿蕙词》

菩萨蛮

金杯不分三蕉尽，酒醒解渴思春茗。枕上唤如花，教烹一盏茶。

起来行太速，户限鞋尖触。移步靠牙床，轻摩低唤郎。

——选自陈得善《桐音词》

茶壶铭

如金如锡，淡而温，而可以涤烦，可以乐饥。虚虚实实，壶子示机。秘在其中，味乎味之。

茶琖铭

卢仝之碗温如玉，盈而持之戒倾覆。一口吸尽江水绿，胸膈清凉齿颊馥。

茶筒铭

壶可隐，美在中也。口不缄，欲其通也。厌疾恶寒，不可以风叶。如有用我者，不宜于夏，而宜于冬也。

茶船铭

以舟载水，非水载舟。时行时止，匪沉匪浮。虽然有水厄焉，君子于是怀盈满之惧，而抱倾覆之忧。

——以上选自陈得善《石坛山房全集》卷三

作者简介

陈得善（1855—1908），字一斋、蕙斋，又字三蕉，别号南乡子。少年聪慧，下笔千言。购书数千卷，致力于研读诗文，学业日进。诗有别才，不屑于缔章绘句而自成一家。清光绪三十年(1904)岁贡。著有《石坛山房全集》十卷，其中《联语录存》收联20副。《石坛山房全集》2019年由团结出版社出版。

二十五、陈汉章

珠山茶歌

珠山山高似天都，神人书剑疑有无。

风云呵护语录濡，淑气旁薄钟扶舆。

发苗旗枪春之初，撷瀹佳味胜醍醐。

樊子馈我双鹦壶，两腋生风七碗茶。

数年渴病疗相如，何须双井求云欤。

会当分植三千株，家家珍藏珠山珠。

（第二句自注："俗传山顶有兵书宝剑。"）

①注：樊子即樊家桢，系陈汉章妹夫，协助《民国象山县志》纠错出一小册子。

茶

（用"尤"韵五言二韵）

谁是余甘氏，新茶味最幽。

碧云凝玉碗，绿乳满金瓯。

春风啜茗时

（得时字五言六韵）

顶似醍醐灌，襟初淡荡披。

和风修茗事，小啜正春时。

芳信头香递，余甘舌本知。

香团红杏坞，烟飐绿杨枝。

品漫双旗门，清都两腋滋。

诗人醒待解，闲旷话花期。

正月十九日至焦山杂咏

（十首选一）

松廖阁上茶初碾，石壁庵中香已拈。

粥鼓斋鱼扰清供，雨余蔬笋十分甜。

和柳翼谋

（二首选一）

未许聆风吹剑首，几曾索米渐矛头。

朗吟涵盖乾坤句，小海鲥鲜发越讴。

闲斗新茶矜雀舌，自炊苦笋说猫头。

穷途日暮当裹足，文物风流属鳌头。

——以上选自陈汉章《缀学堂诗稿》

诗清都为饮茶多

（得诗字五言六韵）

近日茶多饮，清香沁密脾。

不劳斟浊酒，自在吐新诗。

独擅吟坛胜，何需试院炊。

啜应干七碗，作不费三思。

得句光风地，含膏雾月时。

二徐相赠答，少饭亦疗饥。

（注：第8句"三"原误作"王"）

——选自《陈汉章全集》第二十册《甲戌窗稿》

竹深留客处

（得留字五言六韵）

如许清凉到，深深绿竹修。

既将人免俗，又为客频留。

贞干沿篱畔，安车息道周。

甘茶丛里炙，茂叶觯中浮。

馔具供鲜笋，枝粗系小骝。

何方投辖处，渠水听悠悠。

——选自《陈汉章全集》第二十册《丙子窗稿》

茶句二则

五言二十六韵

《三月十二日会后湖芳园补禊》第二十韵茶句：

> 挐舟逐鱼跃，说茗试龙焙。

五言十三韵《赠柳衍东》第七韵茶句：

> 谈艺辨雌霓，茗饮解吻渴。

——以上两则均选自陈汉章《缀学堂诗稿》

作者简介

　　陈汉章（1864—1938），谱名得闻，字倬云，号伯弢，象山东陈村人。4 岁开始识字，10 岁时已赋诗一百余首。清光绪十一年（1885）得副贡，十四年（1888）中举人，次年会试不售。曾任京师大学堂、北京大学国学、史学、哲学等系教授，后又被聘为南京中央大学史学系主任、教授。初受业于德清俞樾，继问业定海黄以周，毕生致力于经史之学，学术博洽，著作等身，遍及四部，被誉为国学大师。晚年辞归故里，出资修建道路，救济村里孤寡老人，多有善举。2014 年，浙江古籍出版社整理出版 28 册《陈汉章全集》，共计 1500 万字。

二十六、陈昌垂

《马冈施茶碑》碑文

昔晁错谓人情一日不再食，则饥；终岁不制衣，则寒。自茗饮兴，亦一日不可废。农、工、商奔走赤日中，汗流浃背，得一瓢之饮，等于珍馔重裘之锡，诚仁人所宣亟亟者也。冠盖山之麓村曰马冈村，前有庙，黄土二姥岭居其右，乌石、东溪在其左，并为行人憩息也，盖亦《周官》鄙里有庐之遗意焉。然黄土、乌石诸处，均结茶社以济行人，亦如《周官》之庐有饮，而马冈盖阙焉，行人过此以为憾。余母胡氏倡捐集赀，与某某氏各出己金，以成此盛举，并置大路头村田三亩，收其岁，入作煮茶工赀，乃镂石为记其事。

——选自陈汉章、陈昌垂合著《毓兰轩训语》

作者简介

陈昌垂（1842—1902）名绍尧，字延龄，又字南屏，晚号玉几山樵。贡生，敕封文林郎，诰授奉政大夫，晋赠中宪大夫。昌垂公少孤持门户，不治举子业，一心扑在教育子女上。并多盛德于乡里，饥给米，暑施饮，寒给衣，疾馈药，死助棺，捐田50余亩，助育婴、普济两堂。象山乡试无会馆，从弟妇孔孺人愿出资，昌垂公就去杭州购地买材，任其劳苦，学馆才得以落成。

公有四子六女：子得闻、得新、得中、得英（得中幼殇，得英早逝）。得闻、得新都成大器，得闻（汉章）乙酉副贡，戊子举人，广东直隶州州同；得新（陈畲）辛丑、癸卯两科进士，官至四品吏部员外郎。六个女儿皆嫁士族。

本章主要参考文献

《虚堂和尚语录》，中华典藏网，www.zhonghuadiancang.com/foxuebaodian/11004/

《竺仙和尚语录》，知乎网，https://zhuanlan.zhihu.com/p/369214159

《楚石梵琦禅师语录》国学典籍网 http://ab.newdu.com/book/s314335.html

张如安编著：《宁波历代饮食诗歌类编注释》，宁波出版社 2022 年版。

张如安编著：《宁波茶通典·茶诗典》，中国农业出版社 2023 年版。

作者简介：张如安（1963—），宁波北仑人。1985 年毕业于浙江师范大学中文系。宁波大学汉语言文学系教授。浙江省、宁波市文史研究馆馆员。在多种学术刊物上发表了近两百篇论文。独著、合著《浙东文史论丛》《汉宋宁波文学史》《元代宁波文学史》《宁波历代饮食诗歌类编注释》《黄宗羲诗文选》《黄宗羲年谱》《姚江文化史》《北宋宁波文化史》《南宋宁波文化史》《明清宁波文学家评传》《宁波中医药文化史》《鄞县望族》《同治〈鄞县志〉点校本》《中国象棋史》《中国围棋史》《宁波历代文选》（散文卷）、《宁波历代文选》（诗词卷）等 30 多种。为浙东地方文化以及中国古代文化研究作出了杰出贡献。

竺济法（1955—），浙江宁海人。茶文化、谱牒学者，宁波东亚茶文化研究中心研究员，宁波市文史研究馆馆员，中国国际茶文化研究会学术委员会委员，《中华茶通典·人物典·明清卷》《宁波茶通典》副主编。著有《茶史求真》《品茶品味品人生——习近平主席茶文化理念浅析》《宁波茶通典·茶人物典》《奉茶撷英》《名人茶事》《非常儒商——储吉旺传》《中华茶人诗描》一、二集等十多种，主编《习近平茶语汇集》《浙江宁海储氏宗谱——兼中国储氏文化史》《余姚柿林沈氏宗谱》《宁海樟树高氏宗谱》《茶禅东传宁波缘》《科学饮茶益身心》《"海上茶路·甬为茶港"研究文集》《越窑青瓷与玉成窑研究文集》《茶与人类美好生活》等十多种。在海内外发表论文 100 多篇，其中在国家人文核心期刊发表论文 30 多篇。

附录二
象山茶文化要事年表及奖项名单

象山茶文化要事年表

南北朝

南北朝梁时，陶弘景（456—536），字通明，自号华阳隐居，谥贞白先生，丹阳秣陵（今江苏南京）人。他是南朝齐、梁时期的著名道家学者、炼丹家以及医药学家。

民国《象山县志》记载："陶弘景晚年隐居象山炼丹，遗留下了丹亭、丹灶、丹井。"陶弘景在蓬莱观前建炼丹庐，庐内造有八卦形的炼丹灶。因投丹于井中，故得名"丹井"。相传他在井西还建造了一座茶亭，名为丹亭，这被认为是象山最早的茶亭。

唐时象山立县后，人们在山中挖出了蓬莱观碑。碑上记述了观、井、药炉等事物。因此，老百姓逐渐将蓬莱山改称为炼丹山。

唐

茶兴于唐。陆羽《茶经》"八之出"记载："山南：峡州、襄州、荆州、衡州、金州、梁州；淮南：光州、义阳郡、舒州、寿州、蕲州、黄州；浙西：湖州、常州、宣州、杭州、睦州、歙州、润州、苏州；剑南：彭州、绵州、蜀州、邛州、雅州、沪州、眉州、汉州；浙东：越州、明州、婺州、台州；黔中：思州、播州、费州、夷州；江南：鄂州、袁州、吉州；岭南：福州、建州、韶州、象州。"《茶经》"八之出"指的是茶叶产区，这是陆羽最早划分的我国八大茶区。唐神龙初年，象山置县，属台州。广德年间，改属明州（引自1987年版《象山县志》）。《茶经》虽然没有明确提及象山茶，但其在"八之出"中提到的"明州"已经包含了象山地区。

《浙江省农业志》载："唐代，人们饮茶已很普及，浙江茶叶生产迅速发展。产区遍及10个州的56个县，即湖州：乌程、安吉、武康、德清、长城……明州：奉化、慈溪、象山、鄞县。"唐代时，象山与奉化、慈溪、鄞县被列为宁波茶叶的四大产地。

宋元

《宋会要辑稿·食货二九》："绍兴三十二年（1162），明州：鄞县、象山……产茶510435斤。"

南宋淳熙十二年（1185），虚堂智愚（1185—1269）出生于象山珠水溪。俗姓陈，号息耕叟。绍定二年（1229），担任嘉兴兴圣寺住持，以临济宗峻烈禅风而闻名于世，南宋理宗和度宗二代皇帝皈依其门下。咸淳元年（1265）八月，住持五山之首的径山寺，成为该寺第40代住持。他是日本茶道的代表人物之一。在日本收藏的南宋高僧墨迹中，虚堂智愚禅师的作品有36件，其中13件被日本政府认定为国宝或重要文化遗产。他的书法在日本茶会中广受欢迎，与他的弟子南浦绍明一起对日本茶道产生了深远的影响。

《续藏经》中收录了《虚堂智愚禅师语录》10卷，约2.5万字，内容包括诗、赞、偈颂等500多首作品，其中有多首与茶相关的诗作。这些作品不仅展示了虚堂智愚在文学上的造诣，也反映了茶文化在南宋时期的盛行和禅宗对茶道的独特贡献。

宋嘉定十六年（1223），位于西沙岭顶的古驿道上始建了西沙驿亭。这条古道因其长达十里的路程而被称为"十里西沙"，它连接了象山县的墙头镇和西周镇，东起岭下村的倒马坑，西至儒雅洋的欧阳桥凉亭。西沙驿亭和欧阳桥凉亭都是象山历史上著名的早期茶亭之一，见证了古代茶文化的繁荣与交流。

元至元二十九年（1292），竺仙梵仙出生于明州（今宁波）象山县。竺仙梵仙（1292—1348），法讳梵仙，道号竺仙，自号来来禅子，晚年号思归叟。他是临济宗杨岐派僧人，也是中日茶禅文化交流的重要代表人物之一。18岁时进入杭州灵隐寺，师从瑞云松隐，得法号"梵仙"，后来又获得"竺仙"的道号。他著有《竺仙和尚语录》，其中有多处关于茶事和茶诗的记载。

南宋淳祐十一年(1251)，日本高僧道元的弟子彻通义介登上径山，向虚堂智愚请教佛学要义。而在1252年，另一位日本僧人无象静照也来到中国，登上径山跟随石溪心月学习佛法。之后，他还遍访了育王、天童、净慈等著名寺院，并多次参学于虚堂智愚等高僧。

日本天皇的皇子义尹（一说为后鸟羽尊成天皇或顺德守成天皇之子）在南宋宝祐元年(1253)和景定五年(1264)两度来到中国，分别在天童的义远和净慧、径山的虚堂智愚处学习佛法。而在南宋咸淳三年(1267)，义尹回到日本后创建了大慈寺，弘扬曹洞宗法。值得一提的是，在他第二次来中国期间，曾专门前往径山拜访虚堂智愚，并请求为道元的语录写跋。《中国佛学人名辞典》中提及，虚堂智愚还应高丽国王之邀前往高丽居住了8年，其间讲经传法；甚至到了明嘉靖年间，还有高丽的传法弟子前来径山凭吊他。

元元贞二年（1296），楚石梵琦出生。释梵琦（1296—1370），俗姓朱，字楚石，又字昙耀，象山泗洲头镇塘岸村人。他是元末明初的著名高僧。梵琦9岁时在海盐县天宁永祚寺出家为僧，16岁时前往杭州昭庆寺受戒。当时英宗下诏书写金字《大藏经》，他被选中进京参与此项工作。在元帝泰定年间（1324—1327），他还曾奉宣政院之命开堂讲法。梵琦先后住持过江浙一带的6座寺院，晚年居住在海盐天宁寺的西侧偏房，自号西斋老人。他的弟子们整理编撰了《楚石梵琦禅师语录》共20卷，其中包含了涉及茶的诗词偈颂30多则。

明

明万历三十六年（1608）刻本《象山县志》（吴学周修、陆应阳纂）载："茶出珠山者佳。郑行山出佳茗，珠山尤多。"

清

清雍正十一年（1733），倪象占（约1733—1801）出生，原名承天，后字九三，号韭山，象山丹城大碶头人。清乾隆二十一年（1756）补诸生。著有《蓬山清话》《抱经楼藏书记》《象山杂咏》《青棂馆集》《韭山诗文集》等。在《蓬山清话》中载："昔人言茶曰蒙顶……然山高处产茶必佳，象山蒙顶不必冒他处，而茶实佳品。珠溪村在东乡珠山下，是吾里所称珠山茶，前代固已驰名。"其《九山类稿》中，收录了一则为茶亭募集资金的《施茶募引》，并包含13首与茶相关的诗词，其中两首特别描绘了家乡的佳茗与泉水。

晚清时期，宁波府学教授冯登府（1783—1841）因编修道光《象山县志》而对象山的茶、井、泉产生了浓厚兴趣，他创作了5篇与茶相关的诗文，并与象山知县童立成有和诗之作。

清嘉庆十七年（1812），黄土岭的钱起嘉与妻俞氏捐建了一座名为水月亭的茶亭，并立下了《义茶记》古碑。现存的普福寺位于普明禅寺西侧，丹西街道珠水溪村普明路与迎恩路交叉口附近的珠水溪路220号。

清咸丰十年（1860），墙头王莳兰、王莳蕙兄弟创立了红木犀诗社，该诗社在象山历史上具有重大影响。其留下了丰富的作品，包括姚燮编辑的诗集和多首茶诗。这些作品构思奇巧，气韵风雅，兼具文质之美，艺术成就颇高。

清同治四年（1865），呑底茶亭建成。该茶亭位于晓塘乡黄埠岭山腰的路旁，为半穿廊式结构，共有3间。采用砖石构造，立有8根石柱，地面铺设弹石，东、南两面均设有门。亭内有碑记留存。

清末至民国初年，蒙顶山的法师多次东渡日本弘扬佛法。如今宝福寺佛殿前的七彩茶花，便是由当时东渡的象山僧人功诠等人引入的。

中华民国

陈汉章（1864—1938），浙江象山县东陈乡东陈村人，北京大学、南京中央大学历史系主任，经史学家，教育家，一代鸿儒，国学大师。陈汉章胞弟陈得新为举人，赐进士，曾任工部主事。陈汉章堂兄陈得善亦有科举功名，为著名诗人。陈汉章、陈得善分别留有多首茶诗和茶铭，陈汉章父亲陈昌垂作有《马冈施茶碑》碑文。

民国时期，民间采摘野生茶叶，土法焙制，以供饮用。

民国九年（1920），纪传长、任筱甫、俞怀白、丁希圣等人共同修建了三湾路廊。该路廊现整体保存完整，建筑高大宏伟，斗拱上刻有精美图案，是象山县内保存最好的路廊之一。

中华人民共和国

20 世纪 40 年—60 年代

1949 年，象山解放时并无茶园记录，亦无人工栽培茶园的记载。

20 世纪 50 年代初，象山仅有 200 亩零星野生茶园，年产茶 0.5 ~ 1 吨。茶叶加工采用土法烘焙，主要产出毛烘青茶。

1954 年，象山县茶园增至 320 亩，产茶 1 吨。

1956 年，大雷山、蒙顶山开始垦山建人工栽培茶园。象山的茶叶产业开始缓慢发展。至 1965 年，象山县已有茶园 2450 亩，产茶 12.5 吨。

1966 年，中共象山县委指派县委委员董万祥主持县林业局工作，他带领人员赴嵊县等地采购了 20 余吨茶籽，新辟了 2500 余亩茶园。并聘请嵊县制茶师傅传授技术，手工炒制珠茶。政府大力发展茶叶生产，集体种茶有资金补助；投售茶叶有奖售政策；从种茶到茶叶初制全程有技术保障。大批昔日的荒山疏林被改造成了茶园。茶叶产量快速增长的同时品质也得到了不断提升。

1967 年 9 月 13 日，象山县革命委员会上报浙江省军管会要求分配茶叶专业技术人员。同年 11 月，省里分配了两名浙农大茶叶系毕业生到象山工作，从此象山有了专业的茶叶技术人员。同时杨蓬岙引进樊岙优良茶种，将原来的桃树园改种为茶树，并经改良培育成了高山茶。

20 世纪 70 年代

1971 年，象山引进珠茶炒干机进一步提高了珠茶的生产效率。

1975—1982 年是象山茶叶生产的鼎盛时期。中共象山县委组织了社、队干部 4000 余人次赴杭州梅家坞、绍兴上旺及新昌、嵊县等地参观学习取经。当时茶叶畅销，市场收购价格也随之提高。国家实行奖励粮票、布票、化肥等政策以鼓励茶叶生产；同时推广新品种和科学种茶、采茶、机械化制茶等先进技术使茶园面积不断扩大，随之产量也迅速增长。

1975 年，象山引进了福鼎白毫良种，种植了 500 亩新茶园。全县茶园面积增加到 13969 亩，采摘面积达到 5992 亩产，茶 190 吨。同年，黄避岙乡在燕子山开辟了高登洋茶场；杨蓬岙村在双岩门山、六家山也引种了 100 多亩新茶园，并建起了茶厂开始生产珠茶。

1979 年，大徐、黄避岙、儒雅洋三个公社合办了精制茶厂生产茉莉花茶，年产量达到 100 吨。其中儒雅洋公社（今属西周镇）蒙顶山大队的茶农们人均收入达到了 424 元，成了当时象山县人均收入最高的生产队之一。

20 世纪 80 年代

1980 年，恢复历史名茶生产，珠山白毛尖被评为一类名茶。5 月，送浙江省农业厅参加省第二届名茶评比，再次被评为一类名茶。

1981 年，南庄公社（现属丹西街道）杨蓬岙大队创制蓬莱香茗，产品销往宁波、南京、苏州等地。这一年，象山茶厂成立，包于民、陈为民、陈志斌 3 人组成茶厂第一任领导班子。茶厂选址在城西象石公路右侧山坡上，征用五丰、南门、羊行街等大队山地 38 亩。招收土地征用工 20 人（男女不限），精制珠茶出口。

1981 年 9 月 7 日，《人民日报》以《山高雾重宜种茶》为题，报道蒙顶山村 10 户茶农，人均收入超 500 元，为全国年集体分配人均收入最高单位之一。

1982 年，象山引进龙井 43、迎霜、翠峰、浙农 21 等良种，在丹城五丰大队建立母本茶园。县茶园面积达到 25799 亩,投产面积 14164 亩,初制茶厂 130 家,初精制联合加工厂 3 家,珠茶精加工厂 1 家。拥有制茶机械 719 台,年加工能力 1500 吨以上;年产茶叶 1100 吨,国家收购 1028 吨。茅洋乡南充大队茶园面积达到 1080 亩,居宁波市各县之首。南庄公社杨蓬岙大队拥有 100 余亩茶园,亩产 260 公斤。其中有 1.1 亩亩产高达 400 公斤,亩产值 1300 元,为宁波市亩产之最。樊岙公社樊岙大队有茶园 791 亩,年产茶 52.4 吨。全县 38 个公社除大塘公社外,其余 37 个公社均产茶。产区主要集中在儒雅洋、泗洲头、溪口 (今属茅洋乡)、亭溪、大徐、珠溪、黄避岙、东溪、后岭、樊岙 10 个公社,茶园面积共 13313 亩,其中溪口公社 2332 亩,儒雅洋公社 2281 亩。

1982 年,由浙江省农业厅和协作单位象山县林特局共同完成的茶叶矮化密植连生栽培技术推广项目,荣获省农业技术推广二等奖。

1983 年起,茶叶市场出现滞销,茶叶生产受到影响。当年,象山县产茶 980 吨,比 1982 年减产 10.90%。自此,象山茶叶开始由单一的珠茶向多茶类生产转变,经销方式也由统购统销向多渠道、多口岸的经营方针转变。部分珠茶改制为烘青,销往台州、杭州等地茶厂用于窨制花茶。

1983—1984 年,集体所有的茶园纷纷承包到户经营管理。

1984 年,除边销茶继续实行派购外,内外销茶叶全面放开,实行议购议销政策。同时,政府取消了补贴政策。此后,由于交通不便和经营成本高,大批高山、海岛茶园开始抛荒。为应对这一形势,县里开始调整茶类结构,大力开发名优茶。茶叶生产逐渐由产量型向质量效益型转变,名优茶比重明显上升。同年,象山县成功试制出龙井茶。次年,黄避岙茶厂与杭州梅家坞联营生产龙井茶 11.5 吨。出口的天坛牌特级珠茶荣获第二十三届世界优质食品金质奖。

1985 年前,茶叶一直属于国家统购统销的农产品范畴,由供销社统一收购、调拨和销售。任何单位和个人都不得私自经销茶叶。然而到了 1985 年,茶叶产销政策全面放开,茶叶开始进入多渠道销售的新时代。茶叶不仅远销外县、外省,个体茶叶店也如雨后春笋般不断涌现出来,集体和个体商店也纷纷涉足茶叶销售领域。

1985 年 4 月,杭州梅家坞村党支部书记卢正浩带领 45 位炒茶师傅来到高登

卢正浩

洋茶场合作加工龙井茶。在他们的帮助下，黄避岙的茶农们学会了炒制龙井茶的技巧。卢正浩（1933—1991）是著名的茶学家和全国劳动模范，被誉为西湖龙井茶界的领军人物之一。在他的推动下，黄避岙茶厂与杭州梅家坞成功联营生产了 11.5 吨龙井茶。此后龙井茶的生产在象山县得到了广泛推广。贤庠乡茶场、茅洋乡南充村以及南峰岗林区等地也开始生产工夫红茶共计 70 吨；儒雅洋乡茶场则生产了红碎茶 18.2 吨；南庄乡的杨蓬岙大队也创制了蓬莱香茗 0.5 吨并成功销往宁波、南京等地市场。

1986 年 10 月 5 日、11 月 18 日，日本村上博专程至径山寻找无准师范、虚堂智愚墓址，并赠送径山史料，回国后出版《万年正续院址圆照塔址考察》《虚堂智愚禅师考》。1987 年 5 月 21 日，日本永源寺"访中代表团"由筱原大雄率领登山拜祭，并在虚堂智愚祖师墓祭悼。1987 年 9 月 20 日，"日中友好临黄协会"由相国寺有马赖底率领，一行 45 人登访径山，杭州市佛教协会会长俞昶熙陪同祭拜虚堂智愚祖师墓。

1988 年对象山县的茶叶产业来说是一个重要的转折点。这一年县林特局下属的象山茶叶经营部正式成立并开始将茶叶远销至山东以及南京、苏州、宁波、杭州等地市场。随后象山茶庄和茶人之家等经营部也相继开业迎宾，为当地茶叶的推广和销售注入了新的活力。同年 1 月 22 日，象山县茶叶公司成功注册了"丹象"商标，进一步提升了当地茶叶的品牌知名度和市场竞争力。

1989 年对象山县的茶叶产业来说同样是一个收获颇丰的年份。由浙江省农业厅和象山县林业特产技术推广总站共同完成的"茶叶大面积亩产 150 公斤以上模式栽培技术研究项目"荣获省农业科技成果二等奖。这一成果不仅为当地茶叶的高产优质提供了有力支撑，也为象山县茶叶产业的持续健康发展奠定了坚实基础。

20 世纪 90 年代

1992 年 2 月 5 日，象山县黄避岙乡精制茶厂的"嵩雾"牌商标注册成功。

1993 年，由于烘青绿茶市场滞销，茶厂决定恢复珠茶生产。然而，在 1993 年至 1995 年期间，县、乡、村共有 10 家初精制茶厂相继关闭停产。

1993 年，名优茶开发配套技术及其标准化研究项目由浙江省农业厅和象山县林业特产技术推广总站的项保连共同完成，荣获省农业厅技术改进三等奖。同年 6 月，"嵩雾"牌系列名优绿茶产品在评比中脱颖而出，荣获浙江省"嵩雾龙井"二类名茶称号。同年 7 月 4 日，象山名茶加工厂的"丹凯"牌商标注册成功。

1994 年，"象山银芽"在"中茶杯"评比中荣获一等奖。

1995 年，"象山银芽"再次荣获第二届中国农业博览会银奖。然而，在 2001 年启用"半岛仙茗"品牌后，"象山银芽"逐渐退出市场。同年，"象山龙井"也获得了市级名茶证书。此外，项保连主持完成的"象山银芽名茶产品研究"项目不仅荣获中国茶叶学会"中茶杯"全国名优茶评比一等奖，还斩获中国第二届农博会银质奖。另有 8 项科技成果分别获得省、市、县科技进步奖。同时，由项保连等人共同完成的"茶叶生产快速高效综合技术应用研究推广"项目也获得了省级优秀奖。

1996 年，大徐精制茶厂恢复生产珠茶出口。贤庠镇的陈定义收购了大徐精制茶厂，继续恢复珠茶的精制出口业务。2002 年，该厂更名为象山县义超茶叶有限公司，并逐渐发展成为当时象山县最大的茶叶出口生产基地。这是一家集茶叶种植、加工生产、研发销售于一体的宁波市农业龙头企业、浙江省林业龙头企业。至 2011 年，公司实现产值 2.7 亿元，销售收入 2.23 亿元，利税 705 万元，创汇 3500 万美元。然而，自 2014 年以后，因各种原因公司开始走下坡路，直至歇业。

1997 年 11 月 18 日，日本的本至道先生一行 4 人在访问了佛教圣地径山、天童、育王等名刹后，专程来到象山考察临济宗高僧虚堂智愚的行状。

1998 年，象山机制龙井茶荣获省级优质产品奖。名优茶的采摘面积达到 1 万亩，覆盖了象山县茶场的 60% 以上区域。

1999 年年底，象山茶厂完成了转制工作。同时，在这一年里还进行了野生苦丁茶的移栽工作，共移栽了 5 亩。翌年，苦丁茶育苗成功。到了 2003 年，苦丁茶茶园已经发展到 500 亩的规模。应运而生的苦丁茶专业合作社并注册了"茅洋牌"苦丁茶商标，当年产量达到 500 公斤。此外，在 1999 年还进行了"半岛仙茗"的试生产工作。该产品由象山县林业特产技术推广中心创制而成。

2000—2009 年

2000 年，浙江省政府发文规定，其他产地茶叶不准使用龙井茶名称。

同年，茅洋的吴云女士在丹城塔山路率先开设了佳人茶艺馆。随后，天安路和茶坊、丹峰东路文澜阁茶馆也相继开业。

2000 年 4 月 1 日，日本的本至道先生一行 3 人专程来到象山，凭吊虚堂智愚的出家之地普明广福院遗址，并探寻其出生地。在此期间，他们还拜访了虚堂智愚驻锡的名山名刹，并向县佛教协会赠送了《虚堂智愚和尚庆元府力松山廷福寺语录》和《虚堂智愚和尚行状》等复印件。

2001 年，象山半岛仙茗荣获省"龙顶杯"金奖。

2001 年 11 月 14 日，象山县林特技术推广总站成功注册了松兰牌商标。

2002 年，李先平在儒雅洋蒙顶山创制了天池翠名茶。该茶在 2003 年和 2010 年的上海、宁波国际茶文化节中国精品绿茶博览会上连续获得 8 块金牌。2006 年，天池翠茶荣获"全国用户依赖品牌"称号，2007 年又获得宁波市首届"八大名茶"称号。至 2010 年，天池翠生产基地已扩大至 3000 余亩，年产量达 25 吨，产值 500 万元，并连续 5 届被确定为"中国开渔节"的指定用茶。如今，天池翠茶业有限公司已统一使用"半岛仙茗"这一公用品牌。

2002 年，在县农林局的牵头下，象山开展了品牌整合工作，并成立了"象山天茗"和"天池翠"两大茶叶合作社，以集中打造两大品牌。至 2011 年，名优茶销售产值已超 2000 万元，形成了具有象山特色的名茶品牌。其中，象山天茗茶叶专业合作社下设 5 家茶叶专卖店，至 2008 年年末，丹城、西周、石浦等地共有茶叶专卖店 19 家（其中丹城 15 家），年销售象山天茗、象山天池翠、白茶、苦丁茶等茶叶 50 余吨，销售额达 600 余万元。在 2004 年和 2005 年，象山天茗还荣获了"中绿杯"银奖，2007年又获得"中茶杯"优质奖。

2002年7月，黄避岙乡茶场和南峰茶牧发展农场的832亩茶园获得了中国茶叶研究所有机茶认证。至2004年4月，嵩雾牌绿茶在宁波"中绿杯"名优绿茶评比中荣获优质奖。随后在2011年7月，高登洋茶场被评为宁波市农机化示范基地；2015年11月又获得象山县农产品质量安全放心基地称号；2018年更是通过了"丽水山耕"国际认证联盟认证。值得一提的是，2021年4月23日黄避岙乡精制茶厂荣获了有机茶发展杰出贡献奖，该奖项是由中国农科院茶叶研究所和中国茶叶学会有机茶专业委员会联合颁发给持续发展有机茶20年（含）以上的企业，而黄避岙乡精制茶厂是宁波地区唯一入选的企业。

2002年，绿之萌牌南峰香茗也荣获了中国名茶博览会金奖和国际名茶银奖的殊荣。同年11月26日茶场还获得了有机茶认证，并在2003年被评为浙江农业博览会优质奖。

从2003年开始，茅洋苦丁茶场、茅洋小白岩茶场以及象山天茗茶叶专业合作社的茶园相继获得了宁波市无公害茶叶基地的认定。其中茅洋苦丁茶场发展至500亩规模并年产500公斤苦丁茶；茅洋小白岩茶场也有330亩的规模；而象山天茗茶叶专业合作社更是拥有3000亩的茶园。

2003年4月，天池翠名茶经过由浙江大学博士生导师刘祖生、中国茶叶研究所姚国坤、徐南眉研究员等多位专家组成的鉴定委员会的严格评审鉴定，并获得了高度评价。专家们一致认为天池翠名茶采自云雾缭绕的高山茶区，具有制作特优名茶的基础条件，并且外形紧秀挺直、隐绿披毫、汤色清澈明亮、香气嫩香清高、滋味鲜爽甘醇等具有名茶的典型特征特性。

2003年4月7日南峰茶牧发展农场的绿之萌商标，2003年5月8日天池翠茶业有限公司的天池翠商标均成功注册。同年，南充茶场也注册了五狮野茗商标

并在随后几年中通过了 QS 认证、绿色食品认证，以及多次在浙江绿茶博览会、上海国际茶文化节等活动中荣获金奖。

2004 年，天池翠和半岛仙茗的专卖店相继开业，进一步推动了品牌的发展和市场推广。同年 5 月 7 日，象天茗商标也成功注册为象山天茗茶叶专业合作社所有。

2006 年 3 月，西周小学被评为首批宁波市少儿茶艺教育实验学校之一。随后几年中象山县职业高级中学也成立了茶艺兴趣小组并在文秘专业中纳入了茶艺课程内容，并取得了不错的成绩和反响。

2006—2007 年期间，黄避岙乡茶场、茅洋乡小白岩村茶场等多个茶场均通过了省技术监督局食品安全生产 QS 认证，标志着象山茶叶生产逐步走上了绿色食品安全生产轨道。

至 2008 年，象山县茶园面积已达 16920 亩，采摘面积 15330 亩，产量达 1365 吨。其中名茶产量 70 吨，产值 900 万元，占茶叶总产值 51.42%。这显示出象山茶产业的持续发展和提升趋势。

2009 年，茅洋南充茶场率先采用机械化代替纯人工炒制加工方式，进而提高了生产效率和产品质量，并种植了 50 多亩安吉白茶以适应市场需求的变化和消费者口味的多样化趋势。这一举措不仅为象山传统茶产业注入了新的活力和动力，也为未来茶产业的发展探索了新的方向和路径。

2010—2019 年

2010 年 1 月 6 日，宁波市茶文化教育现场会在西周小学举行，正式提出"茶育文化"概念。

2010 年，象山天茗生产基地达到 5000 余亩，产量 35 吨，产值 700 万元。产品主要销往宁波、上海、江苏、北京、广东等地。

2010 年 4 月 24—25 日，第五届中国宁波国际茶文化节暨第五届世界禅茶文化交流会在宁波市召开。时任中共浙江省委常委、宁波市委书记巴音朝鲁为象山获奖茶人颁奖。

2011 年，贤庠镇义超茶叶有限公司珠茶出口量达 1.1 万余吨，产值达 2.47 亿元，成为象山县出口企业重点单位之一。

2011 年，西周镇伊家山村党支部书记俞兴球引进新品种黄金芽，在海拔 300 米高的伊家山上种植了 6 亩，市场价最高达到了 1.1 万元 / 公斤。2015 年 3 月，成功扩种 30 亩黄金芽，取得了较好的经济效益，并带动了村民更换良种。

2012 年 5 月 4 日上午，象山茶文化促进会成立大会在象山宾馆召开，共有团体会员 9 家、个人会员 97 人。会议选举产生了第一届理事会，由象山县人大常委会主任金红旗兼任理事会会长。同时聘请了县委副书记林雅莲、副县长孙小雄为名誉会长。宁波茶文化促进会会长徐杏先等相关领导和嘉宾也出席了成立大会。

2012 年 5 月 11 日，第六届中国宁波国际茶文化节在宁波国际会展中心开幕。象山多家茶场和合作社选送的茶叶获得了"中绿杯"金奖和银奖等荣誉。

2013 年 5 月 29 日，茅洋家水茶场正式成立。

2013 年 5 月，象山茶文化促进会会刊《象山茶苑》创刊号发布。同年，该促进会联合县文联共同举办了"蓬山茶韵"美术、书法、摄影大赛，收到了来自全国 10 余个省份的众多作品参赛。

2013 年开始，象山茶文化促进会每年（后改为两年一次）都会举办名茶评比活动。为了学习借鉴先进经验，促进会还组织了茶叶技术人员、专业合作社负责人、生产加工企业管理人员等前往武义、丽水、安吉、余姚、奉化、临海、新昌、余杭等地进行考察。

2014 年对象山茶文化来说是个丰收年。南充茶场成功开发了野茗红红茶，打破了象山县单一传统绿茶的生产格局。这款红茶在 2017 年获得了中国茶叶学会举办的第十二届"中茶杯"全国名优茶评比一等奖，这也是象山县红茶生产上的最高荣誉。同年，它还斩获了宁波市第三届红茶评比金奖，并在 2019 年获得了"浙茶杯"优质红茶质量推选活动的金奖。中国农业科学院茶叶研究所

叶阳（左）与张会明一起

的专家对其评价极高："品质优异，特色突出，达到五星名茶标准。"

同年，象山茶文化促进会与县文联携手举办了茶文化青少年书法作品大赛，收到了150余件参赛作品，有效地在青少年群体中宣传了茶文化。他们还利用浙江省微茶楼文化发展协会的"百家茶楼"推荐栏目，推出了半岛仙茗茶业发展有限公司、七碗茶馆、海岸咖啡语茶等优秀茶楼，让更多人领略到了象山茶文化的魅力。

在2014年4月18日，象山县第二届"茶文化杯"名优茶评比大赛在县农林局盛大举行。中国国际茶文化研究会、浙江大学、浙江茶文化研究会等单位的茶叶专家齐聚一堂进行评审。大赛共收到39份茶样，其中绿茶33份、白茶6份。经过激烈的角逐，丹城老马茶叶店和茅洋南充茶场选送的条形绿茶以及茅洋乡小白岩村周宏财选送的条形白茶脱颖而出，荣获金奖。同时，天茗新丰店、天茗园西店选送的条形绿茶、珠峰茶场选送的扁形绿茶以及南充茶场选送的条形白茶也获得了银奖的殊荣。

5月9—12日，第七届中国宁波国际茶文化节暨第七届"中绿杯"中国名优绿茶评比在宁波国际会展中心盛大开幕。县天茗茶叶合作社选送的"象山茗"牌象山天茗和南峰岗茶牧发展有限公司选送的"绿之萌"牌南峰香茗在众多名茶中脱颖而出，荣获金奖的荣誉。

8月6日，象山半岛仙茗茶业发展有限公司宁波分公司在宁波金钟茶城正式成立。这也是象山县首家落户宁波茶叶市场的企业，标志着象山茶文化在更广阔的舞台上展翅高飞。

2015年4月，象山县选送的半岛仙茗茶叶在全国192份名优茶中脱颖而出，荣获中国茶叶流通协会"华茗杯"全国名优绿茶评比特别金奖。

4月14日，象山茶文化促进会邀请中国农科院茶叶研究所原所长程启坤到南充茶场指导高档红茶加工。此后，该研究所的茶叶加工工程研究中心主任叶阳等专家也前来象山茶场指导红茶生产。

2015年10月28日，象山半岛茶业发展有限公司的"半岛仙洺"商标获准注册。

2016年4月21日，象山茶文化促进会和县园艺学会共同举办了第三届"茶文化杯"名优茶评比活动。此次大赛在象山县农业农村局举行，共收到茶样 53 份（其中绿茶 42 份、白茶 11 份），并邀请了浙江大学、浙江茶叶集团等单位的茶叶专家进行综合评定。经过评审，多个茶场和公司的茶叶获得了金奖、银奖和优秀奖。

5 月，第八届"中绿杯"名优绿茶评比活动在宁波举行，象山县的多个茶业公司和茶场也获得了金奖和银奖的荣誉。在 2016 年象山茶文化促进会还组织了多场茶文化活动和外出考察学习，为推动象山茶文化的发展作出了积极贡献。

2017 年 4 月，在"华茗杯"全国名优茶产品质量评选中，象山县的茅洋南充茶场和半岛仙茗茶业发展有限公司分别获得了特别金奖和绿茶金奖的殊荣。同时，在第十二届"中茶杯"全国名优茶评比和"浙茶杯"红茶评比中，南充茶场的野茗红红茶也荣获了一等奖和金奖的荣誉。这些成绩不仅展示了象山县茶文化的魅力，也进一步推动了当地茶产业的发展。

9 月，在第十二届"中茶杯"全国名优茶评比中，南充茶场选送的野茗红红茶荣获一等奖。2019 年 6 月，在"浙茶杯"红茶评比中，野茗红红茶又获金奖。

2018 年 4 月 18 日，由象山茶文化促进会、县林学园艺学会联办的第四届"茶文化杯"名优茶评比大赛在象山县举行。大赛共收到茶样 50 份，其中绿茶 41 份、白茶 9 份。经过浙江大学、浙江茶叶集团、中华全国供销合作总社杭州茶叶研究院等单位茶叶专家的认真评审，多个茶场和公司获得了金奖、银奖和优秀奖的荣誉。

4 月 21 日，缨溪诗社与丹山雅集联合举办了 2018 年最美茶园谷雨雅集活动。与会者共同感受了茶艺与诗歌的完美融合。

4 月 25—27 日，中国农科院茶叶研究所的叶阳研究员到象山智门寺茶场进行了红茶生产加工的指导工作。

4 月 30 日至 5 月 1 日，在第九届"中绿杯"质量推选活动中，象山县的多个茶场和公司获得了金奖和银奖的荣誉。

5 月 3 日晚，第九届中国宁波国际茶文化节青林问禅茶会在宁波市宝庆寺成功举办。丹山雅集茶艺团队陈国裕、罗珊珊、梅园园、张茜敏、俞小红、周彩平 7 名成员走出象山，向来宾们展示了精心设计的茶席和娴熟的茶道功夫。

5月13日，由北京中视翰林文化传媒有限公司编导的电影《茶圣·陆羽》在象山影视城开机。影片由著名导演杨士增执导，知名演员营峰、李咏诺饰演男女一号。

7月10日，丹西街道成人学校携手丹山雅集，注册成立了茶艺师培训点。首批22名学员参加茶艺师培训班。

7月13日，象山茶文化促进会第二届会员大会召开。县人大常委会主任、一届理事会会长金红旗作工作报告，县委常委、统战部部长陈爱武出席会议并讲话，宁波茶文化促进会创会会长徐杏先到会祝贺。会议表彰了名优茶评比获奖茶企（农），聘请浙江茶叶集团董事长毛立民、华翔集团董事局主席周辞美为象山茶文化促进会名誉会长。发展会员84人。会议选举金红旗为第二届象山茶文化促进会会长，盛叶荣、章志鸿为副会长，周善彪为秘书长。

7月22日晚，在县老年公寓多功能厅，来自亚、欧、非、美洲的50余名国际志愿者齐聚一堂，参加了一场由县精神文明建设委员会办公室、宁波诺丁汉大学、县民政局、共青团象山县委主办，象山茶文化促进会承办的茶艺表演活动。在活动中，国际志愿者们围坐在一起，聚精会神地观赏了茶文化短片，深入了解了中国茶文化的悠久历史。随后，象山的高级茶艺师们为国际志愿者们献上了精彩的茶艺表演，精湛的茶艺技艺和深厚的茶文化底蕴赢得了与会中外嘉宾的阵阵掌声和赞赏。

7月29日，县农林局团委联合象山茶文化促进会举办"体验茶艺人生发扬传统文化"活动，并邀请高级茶艺师范晓霞授课。

8月23日，丹山雅集茶艺师资团队到径山访禅。

10月26日，象山半岛仙茗茶叶专业合作社成立。涉及象山县数十家茶叶企业、家庭农场、茶叶门店。象山半岛仙茗茶叶公用品牌创立。《象山半岛仙茗生产技术象山县地方标准》发布，委托象山半岛仙茗茶叶专业合作社管理象山半岛仙茗公用品牌，统一专用包装、统一标识、统一加盟店门面、统一技术标准、统一对外宣传平台、统一管理公用品牌。当年开设10家专卖门店：半岛仙茗宁波店、半岛仙茗咏春店、半岛仙茗莱薰店、半岛仙茗靖南西店、半岛仙茗素心店、半岛仙茗新华店、半岛仙茗城站店、半岛仙茗海波店、半岛仙茗品韵店、半岛仙茗一茗店。2019年6月，茶叶公用品牌"象山半岛仙茗"获准商标注册。通过授权形式为茶企茶农服务，而所有权属象山县农业经济特产技术推广中心。目前，业已形成以"象山半岛仙茗"为龙头的产业格局。10亩以上的茶农、茶企绝大多数已加入到"象山半岛仙茗"旗下，拥有10家统一标志的"象山半岛仙茗"专卖门店，基地面积8000亩。2021年授权茶企27家。

11月15日，丹山雅集获"宁波市优秀社区学习共同体"称号。

12月8日下午，象山县首届纪念虚堂智愚禅师茶会在新桥镇灵佑禅寺举行。来自各地的高僧大德、领导专家及社会人士近200人参加此次茶会。茶会由灵佑禅寺主办，浙江省微茶楼文化发展协会象山丹山雅集分号承办。

2018年，象山县林业特产技术推广中心在象山智门寺茶场开发创制望潮红红茶。2019年，"望潮红"商标获准注册。

2019年3月21日，象山半岛茶业发展有限公司的"嫩榫"商标获准注册。

4月19日，象山西周社区教育学院老兵学堂开班。象山七碗茶舍范晓霞讲授第一课——茶艺培训。

4月21日下午，象山县谷雨茶会暨红木犀诗馆授牌仪式，在墙头镇舫前村智门禅寺茶园举行。活动由墙头镇人民政府、象山茶文化促进会、县政协缨溪诗社主办，丹山雅集承办。

4月21—22日，第27届"华茗杯"绿茶、红茶产品质量推选活动中，象山半岛仙茗茶业发展有限公司选送的"半岛仙洺"牌半岛仙茗红茶获金奖。茅洋南充茶场选送的野茗红牌野茗红红茶获优秀奖。

5月9日，宁波建设工程学校驻点丹山雅集。丹山雅集群友赴学校开设培训班、选修课、讲座。

2019年春，象山半岛仙茗茶叶专业合作社邀请中国农业科学院茶叶研究所研究员叶阳到象山讲课，实地指导红茶制作，十多位合作社会员、茶农参加红茶加工培训。叶阳参与制作的100斤嫩栲红茶，一拿到门店就被抢销一空。

5月11—13日，应象山半岛仙茗茶业发展有限公司邀请，中国农业科学院茶叶研究所研究员叶阳到智门寺茶场指导红茶加工。

5月22日，县职业高级中学举办社团文化节。清心茶艺社在展演中受到好评。

6月9日，全国加强乡村治理体系建设工作会议在象山召开。在此期间，墙头学校小学生以"半岛仙茗 象山味道"为主题进行茶艺表演，得到了时任中央农办副主任、农业农村部党组副书记、副部长韩俊等嘉宾们的赞许。

6月30日下午，丹山雅集"诗竹流云"主题茶会，在儒雅洋村文化礼堂举办。诗歌朗诵、古琴演奏、茶艺表演等节目，深受观众喜爱。

9月21日，浙江大学茶叶研究所所长、著名茶文化专家王岳飞博士做客塔山讲堂，为150余名茶促会成员及茶文化爱好者讲授"茶文化与茶健康"。

12月，象山茶文化促进会通过社会组织评估，被评为4A级社会组织。

12月27日，尚茶坊茶室获中国国际茶文化博览会组委会颁发的2019年宁波十佳人气茶馆称号。

12月28日，象山名茶品鉴会举行。与会人士品鉴了象山半岛仙茗绿茶、嫩栲红茶和御金香白茶。

2020 年

3 月 28 日，象山半岛茶业发展有限公司嫩享红商标获准注册。

4 月 18 日，由象山茶文化促进会、县林学园艺学会共同举办第五届象山"茶文化杯"名优茶评比大赛。共收到茶样 65 个，其中绿茶 39 个、白茶 12 个、红茶 14 个。经过评审，茅洋宏财茶场选送的条形绿茶、东陈南堡村明中茶场选送的扁形绿茶、墙头沈记家庭农场选送的条形白茶、象山智门寺茶场周林国选送的勾曲形红茶获得金奖。同时评出银奖绿茶 6 个、白茶 2 个、红茶 2 个，以及优秀奖绿茶 14 个、白茶 3 个、红茶 5 个。

5 月 24 日，象山县"海上茶路话说象山"的茶活动在黄避岙乡高登洋茶场里隆重举行，庆祝 5 月 21 日首个"国际茶日"暨象山名优茶颁奖活动。时任宁波茶文化促进会会长郭正伟、时任象山县副县长吴志辉、时任市农业农村局副局长林宇晧、时任象山茶文化促进会会长金红旗、时任县农业农村局局长章志鸿等参加了这次

活动。时任浙江茶叶集团董事长毛立民、时任宁波茶文化促进会副秘书长竺济法，与主持人交流和分享象山茶文化。

6 月，象山茶文化促进会获县委"两新"工委（"两新"工委指"中国共产党非公有制经济组织和社会组织工作委员会"）、县民政局认定的品牌社会组织。

7 月 1—3 日，在第十届"中绿杯"质量推选活动中，智门寺茶场、泗洲头东石白林茶场和茶香茶牧发展农场选送的 3 个半岛仙茗茶样以及半岛仙茗茶业发展有限公司选送的象山白茶获特别金奖，其中智门寺茶场选送的半岛仙茗茶样在全国 500 多个样品中评分名列第六。另外，茅洋南充茶场选送的野茗红牌红茶在2020 年"浙茶杯"优质红茶推选活动中获银奖。

8 月 7 日，立秋日。晚 7 时，纳素房茶馆组织的"大象空山无我茶会"主题

活动在等慈禅寺举办。

10月25日，重阳节下午，纨素房茶馆在亲和源酒店三楼露天阳台举办九九敬老茶会暨县音协亲和源送温暖演出。亲和源老年公寓入住会员等100余位老人及其子女们参加了这次活动。

11月21日晚，县第二届名茶品鉴会在茅洋举行。象山主要茶企负责人、茶叶经销商及爱茶人士170余人参加品鉴会。

2020年，县农业经济特产技术推广中心把工艺白茶试制列为创新项目，由西庐茶场盛华清负责开发。

2021年

2021年，象山茶文化促进会向县有关部门申报并成立了范晓霞茶艺大师工作室。工作室茶艺师先后深入学校、机关、社区、企业等，为300余名茶艺爱好者授课，举办一系列茶艺公益活动，传播茶文化。

3月7日，象山墙头沈记家庭农场"象丹凯"商标获准注册。

3月20日下午，丹山雅集文化志愿者协会成立。40余名会员代表参加此次大会，选举产生了协会首届理事会理事、监事和协会会长、秘书长，胡其旭任会长。

4月18日，象山茶文化促进会与县林业园艺学会联办第五届"茶文化杯"名优茶评比。获奖名单如下：茅洋宏财茶场选送的条形绿茶、东陈南堡村明中茶场选送的扁形绿茶、墙头沈记家庭农场选送的白茶和智门寺茶场周林国选送的红茶获金奖；同时评出银奖绿茶6个、白茶2个、红茶3个；优秀奖绿茶14个、白茶3个、红茶5个。获得金奖、银奖及优秀奖的分别奖励3000元、2000元和1200元。

4月23日，黄避岙乡精制茶厂获宁波市唯一有机茶发展杰出贡献奖。此奖由中国农科院茶叶研究所质量认证中心和中国茶叶学会有机茶专业委员会颁发。

4月26日，2021年"华茗杯"全国绿茶、红茶产品质量推选活动中，半岛仙茗茶业发展有限公司生产的"波波半岛仙茗"获绿茶类特别金奖、"嫩槚红"获红茶类金奖。

5月9日下午，时任浙江树人大学现代服务业研究院院长、国际茶文化学院院长、世界茶联合会秘书长朱红缨教授做客塔山讲堂，为听众们讲授"饮茶文化与美好生活"。百余人参加了此次讲座。

5月10日，象山茶文化促进会志愿者队伍成立，梁孟丽任队长。

5月13日、5月28日晚，第二个"国际茶日"前后，象山茶文化促进会志愿者们走进塔山、梅园社区，举办"健康饮茶美享人生"茶文化活动。通过"品茶味、送茶包、赠茶书、讲茶课、展茶艺"等多种形式，让茶文化走进家庭，走进居民生活。

5月29日，在宁波茶文化促进会举办的"明州茶论·茶与人类美好生活"研讨会上，象山茶文化促进会、半岛仙茗茶业发展有限公司、七碗茶舍、西周小学被评为先进集体；许成德、陈国裕被评为优秀会员。

6月20日，2021年宁波市"乡村振兴"职业技能大赛象山选拔赛举行。20多名选手齐聚宁波建设工程学校品茗评茶，同台竞技。县农业农村局王敏雪获一等奖，刘晓、吴雪斌分获二等奖，励海亚、李璐、罗会获三等奖。此次比赛由县人力社保局、县教育局、县民政局、县旅发中心、县建管中心、县总工会、县卫健局主办。

7月7日，黄避岙乡精制茶厂"燕子山红"商标获准注册。

9月16日，宁波市农业农村局、宁波茶文化促进会举办的宁波市第五届红茶产品质量推选活动中，象山红茶获 1 金 4 银好成绩：智门寺茶场的"雷雾春"牌红茶获金奖；半岛仙茗茶叶专业合作社的"望潮红"牌红茶、黄避岙乡精制茶厂的"燕子红"牌红茶、茅洋南充茶场的"野茗红"牌红茶、嫩槚茶场有限公司的"嫩槚"牌红茶获银奖。

9 月 20 日，在中秋佳节前夕，"诗意蓬岛中秋传薪雅集"在青草巷特色文化产业街区李宅举行。这是青草巷街区建成后首次举办的中秋赏月茶会，茶会由纨素房茶馆承办。

2022 年

2022 年 1 月 22—23 日，2021 年"乡村振兴"职业技能大赛在宁波广播电视大学象山学院校区举办。县内 500 余名选手参加了大赛，其中参加中级茶艺师考级的共有 182 人。经过角逐，范晓霞技能大师工作室茶艺师冯兰获脱颖而出，获象山县"乡村振兴"技能大赛茶艺项目第一名。郑茜茜获第二名，王孜获第三名。大赛由县人力资源和社会保障局、县总工会、县教育局、县妇女联合会主办，国穗培训学校承办，宁波广播电视大学象山学院协办。

3 月 7 日，黄避岙乡精制茶厂"象北红"商标获准注册。

5 月 9 日，第六届"半岛仙茗杯"名优茶产品质量推选活动举办，共收茶样 71 只，邀请国内知名茶叶审评专家评出绿茶金奖 2 个、银奖 6 个、优秀奖 13 个；白茶金奖 1 个、银奖 2 个、优秀奖 2 个；红茶金奖 1 个、银奖 4 个、优秀奖 7 个。对获得金奖、银奖及优秀奖的分别给予 3000 元、2000 元和 1200 元的奖励。此次活动由象山茶文化促进会举办。著名评茶专家、浙江大学农业与生物技术学院教授龚淑英说："象山的绿茶成绩可喜，特别是一芽一叶的，可圈可点。绿茶中，象山以针形茶做得最好，质比外形好。内质来讲，汤色、香气、滋味三方面表现比较好。象山的红茶做得很好，已走在全省的前列了。"

5 月 19 日，在宁波市农合联、市供销社主办，市茶叶流通协会承办的 2022 年"甬茶杯"优质茶推选评比中，半岛仙茗茶业发展有限公司送样的"波波半岛仙茗"获绿茶类特别金奖，墙头沈记家庭农场送样的"象丹凯"牌半岛仙茗获绿茶类银奖。茅洋南充茶场送样的"野茗红"获红茶类金奖。嫩槚茶场有限公司送样的"嫩享红"、万芽春家庭农场送样的"万芽春"红茶、黄避岙乡精制茶厂送样的"燕子山红"茶、亿隆（宁波）生态农业有限公司送样的"南峰岗"红茶获红茶类银奖。

5月20日下午，第三个"国际茶日"前夕，县渔文化研究会在东门渔村任氏故居举办"敬茶老渔民，分享渔故事"茶会。老渔民代表和来自全市的渔文化工作者共20余人参加了这次茶会。茶会由纨素房茶馆承办。

5月21日上午，庆祝第三个"国际茶日"暨海山品茗会在墙头海山屿举行。活动由县农业农村局、县文学艺术界联合会、墙头镇党委政府、象山茶文化促进会共同举办。时任副县长吴志辉、时任会长金红旗、时任县农业农村局局长章志鸿、时任墙头镇党委书记鲍明华等参加活动，并对获奖的茶人颁奖。

6月28日，金红旗会长带队茶促会部分工作人员，考察鹤浦樊岙茶厂遗址，为研究象山茶文化提供实物依据。

2022年夏，茅洋小白岩村"茶文化"主题公园建成。7月14日，茅洋家水茶场送样的半岛仙茗条形绿茶，获第十一届"中绿杯"名优绿茶产品质量推选活动银奖。

7月14日，第十一届"中绿杯"名优绿茶质量推选活动揭晓，象山县选送的茶样获2个特别金奖、2个金奖、5个银奖。获奖的9个茶样中，半岛仙茗占了7个。白林茶场（加工者马成德）和墙头沈记家庭农场选送的半岛仙茗、半岛仙茗

茶业发展有限公司选送的象山白茶、智门寺茶场（加工者周林国）选送的半岛仙茗获金奖。茅洋宏财茶场、茅洋家水茶场、半岛仙茗公司、嫩槚茶场选送的半岛

仙茗和天茗茶叶专业合作社选送的象山天茗获得银奖。

7月24日，宁波市茶艺师职业技能竞赛在宁波广播电视大学象山学院举办。来自全市的120余名选手同台比拼、切磋技艺。竞赛由象山茶文化促进会和范晓霞技能大师工作室承办。一等奖冯兰获，二等奖姚轶琪、贾凯雁，三等奖蒋煜婷、张吉娜、梁爽。授予竞赛第一名"市首席工人"称号，第二、三名"市技术能手"称号，所有成绩合格者获高级工证书。

8月2日、8月6日晚，象山茶文化爱好者在象山影视城大宋梦华夜宴现场再现宋代点茶技艺。活动通过中央电视台央视综合频道播出，让游客一睹千年前的宋代点茶文化之美。时任象山县委书记包朝阳观看点茶表演。

8月10日下午，象山·宁海·南投三地云端茶叙会举行。两岸茶文化爱好者和专家"云"聚一堂以茶为媒共话发展。来自象山半岛仙茗、宁海望府茶业、台湾竹山茶业的有关代表在各自会场通过网上视频连线以茶为主线品茶香、话桑梓。双方围绕追溯茶文化历史、探讨茶叶种植技术、茶叶品种分类、茶叶制作以及甬台两地茶叶市场规模等增进了了解和友谊。

8月21日晚，自在茶社10位茶艺师和洋沐洋乐队的小伙伴应国际风情街商业街区邀请举办了一场别开生面的风情夜自在茶会。

9月10日，纨素房茶馆在西沪港度假村举行迎中秋茶会。来自各地的茶友们相聚一起品茗赏月。

9月12日22时，央视CCTV-6《中国电影报道》报道了象山影视城推出的嫦娥映月、邀月茶会、梦华中秋游园会等系列活动。活动以团圆、祥和为主题，一轮明月下众人焚香饮茶一起为家国祈福的活动，体现出中国传统文化之美。活动由自在茶会承办。

10月8日—12月4日，日本京都博物馆举办"在京都延续的文化——茶之汤"特别展。该馆8月开始发布的两种展会海报主图均为古人墨迹和一只茶碗。其中书法墨迹系象山籍南宋高僧虚堂智愚手书《述怀偈语》，距今已近800年，足见其在日本之影响。该墨迹（又称"破残虚堂""撕破了的虚堂"）被尊为日本国宝。

11月8日，第15届"森博会"在义乌顺利落下帷幕。半岛仙茗茶叶专业合作社的"象山半岛仙茗"牌绿茶、"嫩享红"牌红茶获金奖。

12月12日，金红旗会长带领象山茶文化促进会理事考察福泉山茶场，并在茶场召开了第二届七次理事会议。会议学习了党的二十大精神，回顾了理事会工作，并成立了换届筹备工作小组。

2023 年

2023年3月4—5日，台湾南投基层交流团一行148人访问象山。在松兰山景区共品佳茗、观赏茶艺表演，在茶香中架起沟通交流的桥梁。

3月7日，丹东街道万象社区邀请纨素房茶艺师九九传授茶艺，为辖区居民讲解茶文化知识，让居民了解茶文化、茶礼仪。

3月11日—17日，金红旗会长率队赴福建省福鼎、武夷山考察茶产业和茶旅融合发

展情况。参观福建省天湖茶业有限公司、绿雪芽白茶庄园、武夷山六棵大红袍母树地、武夷星茶业有限公司、武夷山金日良缘茶业有限公司等，与当地茶企、茶馆业主等举行会谈。副会长章志鸿、秘书长周善彪等一同考察。

4月3日，金红旗会长调研本县茶叶产业发展情况。副会长章志鸿、秘书长周善彪等一同参加调研。先后到茅洋南充茶厂、黄避岙精制茶厂、半岛仙茗茶业有限公司等开展调研，实地走访茶园、茶场，与茶企业主、乡镇政府分管领导、象山半岛仙茗专业合作社有关负责人等开展座谈。就象山目前茶产业发展所遇到的痛点难点、茶叶生产过程的需求和建议展开讨论，并就持续发展象山半岛仙茗公用品牌达成共识。

4月，象山影视城举办了一次春水煎茶活动。茶友们体验了穿越千年前的宋朝繁华时光。CCTV-4频道报道了这次象山影视城演绎的春水煎茶活动的盛况。

4月22—23日，2023年"华茗杯"绿茶、红茶产品质量推选结果揭晓。半岛仙茗茶业发展有限公司选送的"半岛仙洺"牌半岛仙茗获绿茶一级产品称号，

茅洋南充茶场选送的野茗牌象山白茶获绿茶二级产品称号。半岛仙茗茶业发展有限公司选送的嫩享红获红茶特级产品称号。万芽春家庭农场选送的万芽春翠牌红茶和黄避岙乡精制茶厂选送的燕子山红获红茶一级产品称号。茅洋南充茶场选送的野茗红获红茶二级产品称号。

4月28日，象山茶文化促进会副秘书长吴健主持的茶文化慕课（"MOOC"，指大规模在线开放课程，是一种任何人都能免费注册使用的在线教育模式）在两棵树精品民宿开讲。吴健、范晓霞作为首批授课老师开讲，受到了茶文化爱好者的好评。通过建立网络学习平台，并在网上提供免费课程，茶文化爱好者们足不出户就能享受文化服务。

5月20日，第五届中国国际茶叶博览会在杭州市国际博览中心开幕。金红旗会长率20余名会员参加了此次博览会。时任副县长石赟甲到展会现场与参展商广泛交流。半岛仙茗、望潮红在茶博会宁波展区亮相。

5月21日，第四个"国际茶日"暨首届半岛仙茗文化节在象山亚帆中心隆重举行。时任县人大常委会副主任陈柳松、时任副县长石赟甲、时任县政协副主席杨盛昂、金红旗会长参加了此次活动。活动由县农业农村局、县亚运办、县文学艺术界联合会、象山茶文化促进会主办，县戏曲家协会、自在茶社承办，并得到了半岛仙茗茶叶专业合作社、范晓霞技能大师工作室的支持。教练员、运动员与爱茶人士80余人参加了活动。

5月21日下午，"广交天下茗客·义结四海高风"松兰山国际饮茶日暨正山堂品鉴会，在松兰山兰心雅叙举行。来自宁波诺丁汉大学的5位国际友人与茶文化爱好者相聚一堂，以茶会友，体验中国茶文化的魅力。活动由县文化和广电旅游体育局、宁波海丝国际旅游交流中心指导，宁波大目湾开发建设管理中心、象山茶文化促进会联合主办。

5月21日，宁波市庆祝第四个"国际茶日"的活动中，评选出先进集体40家和个人优秀会员47人。象山茶文化促进会、象山半岛仙茗茶业发展有限公司、象山县丹山雅集文化志愿者协会、象山尚茶坊茶室被评为2023年宁波市茶文化促进会获奖名单中的先进集体。象山七碗茶舍经理范晓霞、象山纨素房茶馆经理张重阳、象山黄避岙乡精制茶厂厂长李达震被评为先进个人。

5月22日，在宁波市农民合作经济组织联合会、宁波市供销合作社联合社主办的2022年"甬茶杯"优质茶评比中，象山嫩槚茶场有限公司选送参评的"嫩享红"夺得红茶类特别金奖，这是象山县红茶首次获此殊荣。象山茅洋南充茶场生产的野茗牌象山白茶获绿茶类金奖，象山半岛茶业发展有限公司生产的"半岛仙洺"牌绿茶获绿茶类银奖，象山黄避岙乡精制茶厂生产的燕子山红茶获红茶类金奖。此外，象山墙头沈记家庭农场生产的象丹凯牌红茶和象山天茗茶叶专业合作社生产的象天茗红茶也获得了红茶类银奖。

5月31日，智门寺茶场内，茶农盛华清与郑希敏成功压制出饼茶和巧克力饼茶并实现批量生产。"松兰牌"和"野茗牌"白茶饼也已投放市场。

6月1日，宁波市农业农村局、宁波茶文化促进会联合举办的宁波市第六届红茶产品质量推选活动中，共收到来自全市61家茶叶企业、合作社、家庭农场选送的73个有效样品。最终评选出金奖10个和银奖25个。其中半岛仙茗茶叶专业合作社的望潮红、墙头沈记家庭农场的象丹凯、黄避岙乡精制茶厂的燕子山红以及万芽春家庭农场的万芽春翠均荣获金奖；而天茗茶叶专业合作社的象天茗和茅洋南充茶场的野茗红则获得银奖。

6月9日，2023年宁波茶文化博览会在宁波国际会展中心盛大开幕。象山茶文化促进会会长金红旗、副会长章志鸿率领50余名会员参观了此次茶博会。象山半岛仙茗绿茶与望潮红红茶在博览会上亮相并受到广泛好评。时任宁波市人民政府副市长杨勇以及其他相关领导和嘉宾也相继到象山展馆参观、品茶，并与参展的茶企代表进行了深入的交流。10日上午，时任市农业农村局党组书记、局长李斌也莅临象山展区并对望潮红红茶给予了高度评价。

6月29日，宁波市首届创新茶类"茶王赛"评选结果揭晓。在收到的全市82个送样中，经过专家组的认真审评，最终有4款茶品脱颖而出荣获"茶王"称号，同时还有11款茶品获得金奖和11款茶品获得银奖。西庐家庭农场的松兰牌黄化品种工艺白茶荣获"茶王"称号；涂茨素心家庭农场的象山半岛仙茗牌白化品种条形绿茶、隐逸家庭农场的象山半岛仙茗以及茅洋南充茶场的野茗牌工艺白茶则荣获金奖；而墙头大岙茶场的象山半岛仙茗牌白化品种条形绿茶和茅洋宏财茶场的象山半岛仙茗牌白化品种条形绿茶则荣获银奖。此次活动由宁波市农业技术推广总站主办。

7月21—24日，2023年浙江绿茶（兰州）博览会名优茶质量推选活动揭晓。半岛仙茗茶业发展有限公司选送的"半岛仙洺"牌半岛仙茗、智门寺茶场选送的望潮红牌望潮红红茶获得金奖。

8月21日，2023年"浙茶杯"优质红茶推选活动中，象山县获2银3优。茅洋南充茶场选送的野茗红和墙头沈记家庭农场选送的象丹凯红茶获银奖。智门寺茶场选送的雷雾春、万芽春家庭农场选送的万芽春翠红茶获优胜奖。

9月11日，第十四届国际名茶评比中，象山半岛仙茗茶业发展有限公司选送的波波半岛仙茗获绿茶金奖，万芽春家庭农场选送的万芽春翠牌红茶获红茶金奖。

9月17日，象山茶文化促进会三届一次会员大会在海洋酒店举行。宁波市茶文化促进会会长郭正伟、创会会长徐杏先、浙江省茶叶产业协会会长毛立民、宁波市茶文化促进会副会长兼秘书长胡剑辉、宁波渔文化促进会会长陈秀忠、时任副县长石赟甲、时任县府办副主任沈泳波、时任县农业农村局局长史欣荣、时任县供销合作社主任石雷霆、时任县民政局副局长范兴国、时任县农业农村局副局长周璐、著名茶文化学者竺济法、宁波茶文化促进会办公室主任周海珍和县相关部门科室负责人应邀参加了此次会议。象山茶文化促进会第二届理事会会长金红旗做了《象山茶文化促进会第二届理事会工作报告》。会议审议并通过了象山茶文化促进会第二届理事会监事肖灵亚做《第二届理事会经费收支情况和审计情况的报告》。选举产生象山茶文化促进会第三届理事会理事和监事会监事。选举章志鸿为象山茶文化促进会第三届理事会会长，周璐、周善彪、吴健、陈荣彪为副会长，吴健兼秘书长，李达震为监事长，张建军、奚赛强为监事，陈荣彪为石浦办事处负责人。聘任金红旗为创会会长，毛立民为名誉会长，聘任梁孟丽、史晨呈为副秘书长。象山茶文化促进会下设6个组，分别是：茶综合组（组长：袁航），茶产业组（组长：肖灵亚），茶艺组（组长：范晓霞），茶文宣组（组长：杨惠芳），茶馆组（组长：徐凰鸣），民宿组（组长：林国明）。会议表彰了第二届优秀会员，肖灵亚、史晨呈、吴涧、盛华清、王敏雪、袁宇俊、郑建国、周林国、张会明、谢晨安被评为象山茶文化促进会第二届优秀会员。通报了2022年宁波茶行业先进单位和优秀个人，其中象山茶文化促进会、半岛仙茗茶业发展有限公司、丹山雅集文化志愿者协会、尚茶坊茶室被评为宁波市茶文化促进会先进集体，七碗茶舍经理范晓霞、纨素房茶馆经理张重阳、黄避岙乡精制茶厂厂长李达震被评为优秀个人。

9月23日，宁波亚运分村沙排技术官员指定接待饭店举办"古风渔韵"体验活动，来自印度和其他10余位亚运会沙排项目国际技术官员受邀参加，穿汉服、品茶香、游渔镇。在宁波亚运分村，接待饭店设有汉服馆和茶室，通过汉服妆造旅拍和古韵点茶两个互动项目，体现浓厚的中国传统文化韵味。

9月26日晚，世界帆联主席李全海、首席执行官大卫·格拉汉姆等嘉宾入住下榻象山绿城喜来登度假酒店。在茶艺师们的引领下，嘉宾们品赏了温杯、投茶、润茶、冲茶、品茶等茶艺，在茶香氤氲中感受了浓郁的"中国风"亚运之夜。

9月28日晚，海山第六届中秋茶会在墙头海山屿举行。此次活动由海山寺主办，得到了象山茶文化促进会、丹山雅集、塔山墨香社、良艺影视公司、龙威智能化＆舒腾传媒的支持。

10月21日，象山县茶产业技能培训班在松兰山海景大酒店举行，54名茶农和茶叶爱好者参加了培训。中国农业科学院茶叶研究所主任叶阳研究员作了《红茶加工技术与装备发展》报告。

10月21日，象山县茶叶产业农民合作经济组织联合会举行成立大会，县涉农相关部门有关负责人及各乡镇（街道）茶叶种植户代表共70余人参加。大会表决通过了《象山县农合联章程》《象山县茶叶产业农合联选举办法》等文件，选举产生了县茶叶产业农民合作经济组织联合会第一届理事会，张会明当选为理事长，盛华清任秘书长。县茶叶产业农民合作经济组织联合会聘请了中国农业科学院茶叶研究所茶叶加工工程研究中心研究员叶阳，宁波市茶叶流通协会副会长、中国制茶大师宋光华为协会的技术顾问。

10月21日，象山县第三届名茶品鉴会在松兰山海景大酒店举行。各茶企负责人、茶叶经销商及爱茶人士100余人参加了此次品鉴会。先后品鉴了象山半岛仙茗绿茶、嵩雾牌黄金芽、野茗红红茶、嫩享红茶和象山御金香工艺白茶等产品。此次活动由县茶叶产业农民合作经济组织联合会主办，活动得到了县农业农村局、象山茶文化促进会的支持。中国农业科学院茶叶研究所茶叶加工工程研究中心研究员叶阳，宁波市茶叶流通协会副会长、制茶大师宋光华，国家高级茶艺技师初晓恒等参加了这次活动。

10月29日，2023年宁波市职工茶艺技能精英赛在宁海县总工会举行，象山县参赛选手范晓霞获二等奖。此次精英赛根据综合成绩排名，评选一等奖1名、二等奖2名、三等奖3名、优秀奖10名。第一名将被推荐为"宁波市首席工人"，第二名、第三名将被推荐为"宁波市技术能手"。另外，一同参与此次比赛的范晓霞的学生蒋倩倩获得优秀奖。

11月1日，《"诗清都为饮茶多"——国学大师陈汉章家族的茶诗文》在人民号刊发。人民号是由人民日报客户端推出的，面向全国媒体、党政机关、各类机构和优质自媒体的全国移动新媒体聚合平台。

11月1—4日，第十六届中国义乌国际森林产品博览会举办。黄避岙乡精制茶厂的嵩雾牌印雪白茶、半岛仙茗茶业发展有限公司的"半岛仙洺"牌半岛仙茗绿茶和智门寺茶场的望潮红红茶获金奖，黄避岙乡精制茶厂的燕子山红红茶、茅洋南充茶场的野茗红红茶、茅洋南充茶场的五狮野茗绿茶荣获优质奖。其中，象山半岛仙茗茶业发展有限公司至2023年已在第十一届至十六届连获中国义乌国际森林博览会金奖。

11月4日，"大美象山凤鸣秋韵"中国传统插花与香文化艺术展在等慈禅寺举行。此次邀请了著名的花艺老师和香道老师陈冠伶教授担任活动主讲。纨素房茶馆的茶艺师九九为参观展出的市民们表演了茶艺。

11月5日，第二届宁波技能大赛举行，象山县选手范晓霞、蒋煜婷在第二届宁波技能大赛评茶组赛中分别荣获第二、三名，她们将被授予"宁波市技术能手"称号。

12月5日，由中国国际茶文化研究会主办的全国茶文化"五进"工作经验交流会在金华召开，象山茶促会会长章志鸿出席大会。全国46家单位报送的材料编入大会的材料汇编，促进会的《建设一支强有力的志愿者队伍，努力推动茶文化走进千家万户》也入编其中。

12月6日下午，宁波市妇女活动中心赴墙头镇开展下沉式服务活动。活动中，范晓霞应邀赴墙头立三讲堂与村民们做了茶叶品鉴分享，带领大家领略了茶生活的美好。

12月7日，福建正山堂茶业有限责任公司副总经理龚金海、财务总监胡金堂来象山茶企、茶山考察。龚金海一行先后来到象山茶文化促进会。之后，在创会会长金红旗和会长章志鸿的陪同下，龚金海一行赴茅洋南充茶厂考察。南充茶厂厂长郑希敏介绍了企业的情况。龚金海与郑希敏等就象山目前茶产业发展所遇到的痛点难点、茶叶生产过程的需求和建议展开了讨论，并就推进双方合作进行了充分的交流。8日，龚金海、胡金堂在章志鸿会长、时任西周镇张欢副镇长等的陪同下前往蒙顶山茶场考察。龚金海此行旨在了解象山茶叶并商谈合作事宜。

12月28日，2023年宁波农业博览会在宁波国际会展中心开幕。象山半岛仙茗茶业有限公司生产的象山半岛仙茗绿茶、嫩享红红茶以及茅洋南充茶场生产的野茗红红茶在农博会上展出。

截至2023年12月底，象山县已拥有高级茶艺师1448名，中级茶艺师833名，初级茶艺师347名；评茶技师3人，高级评茶员12人，中级评茶员262人。

象山 1988—2021 年茶叶评比获奖一览表

序号	时间	得奖单位	产品名称	评奖活动名称	名　次
1	1988	象山县黄避岙茶场	龙　井	宁波市名茶认定	名茶证书
2	1992	大岙茶场周成武同志	珠山茶	象山县 1992 年度名茶评比	一类名茶
3	1993	象山县黄避岙茶场	嵩雾龙井	1993 年全省名茶品比会	二类名茶
4	1997	亭岙村周成武、吴根苗	机制龙井	象山县 1997 年度名优茶评比	龙井类一等奖
5	2001	象山县林业特产技术推广中心	松兰牌半岛仙茗	浙江省"龙顶杯"名茶评比	金　奖
6	2002	象山县林业特产技术推广中心	松兰牌半岛仙茗	2002 年中国农业精品博览会	金　奖
7	2004	象山县林业特产技术推广中心	松兰牌半岛仙茗	2004 年"中绿杯"名优绿茶评比	优茶名茶奖
8	2005	象山县林业特产技术推广中心	松兰牌半岛仙茗	2005 年"中绿杯"名优绿茶评比	银　奖
9	2008	象山茅洋南充茶场	野茗牌五狮野茗	2008 年"中绿杯"中国名优绿茶评比	银　奖
10	2008	象山茅洋南充茶场	野茗牌五狮野茗	2008 年第十五届上海国际茶文化节暨茶业博览会	金　奖
11	2010	象山天茗茶叶专业合作社	象山天茗绿茶	2010 年第八届国际名茶评比	金　奖
12	2011	象山茅洋南充茶场	野茗牌明州仙茗	2011 年宁波市茶叶评比	银　奖

续表

序号	时间	得奖单位	产品名称	评奖活动名称	名 次
13	2012	象山茅洋南充茶场	野茗牌五狮野茗	2012年"中绿杯"中国名优茶评比	金 奖
14	2014	象山半岛仙茗茶业发展有限公司	半岛仙洺牌半岛仙茗	2014年"中绿杯"中国名优绿茶评比	金 奖
15	2014	象山天茗茶叶专业合作社	象天茗牌象山天茗	2014年"中绿杯"中国名优绿茶评比	金 奖
16	2015	象山半岛仙茗茶业发展有限公司	半岛仙洺牌半岛仙茗	华茗杯2015全国名优绿茶质量评比活动	特 别金 奖
17	2016	象山半岛仙茗茶业发展有限公司	半岛仙洺牌半岛仙茗	2016年浙江绿茶（西宁）博览会名茶评比活动	金 奖
18	2016	象山半岛仙茗茶业发展有限公司	半岛仙洺牌半岛仙茗	2016年"中绿杯"中国名优绿茶评比	金 奖
19	2016	象山天茗茶叶专业合作社	象天茗牌象山天茗	2016年"中绿杯"中国名优绿茶评比	金 奖
20	2016	象山茅洋南充茶场	野茗牌五狮野茗	2016年"中绿杯"中国名优绿茶评比	银 奖
21	2016	象山茅洋家水茶场	"小白松绿"牌明州仙茗	2016年"中绿杯"中国名优绿茶评比	银 奖
22	2017	象山茅洋南充茶场	野茗牌象山白茶	华茗杯2017全国名优（绿、红）茶产品质量评选活动	特 别金 奖
23	2017	象山半岛仙茗茶业发展有限公司	半岛仙洺牌半岛仙茗	华茗杯2017全国名优（绿、红）茶产品质量评比活动	金 奖
24	2017	象山茅洋南充茶场	野茗红茶	2017年宁波市第三届红茶评比	金 奖
25	2017	象山茅洋南充茶场	野茗红茶	2017年第十二届"中茶杯"红茶评比	一等奖
26	2018	象山半岛仙茗茶业发展有限公司	半岛仙洺牌半岛仙茗	第11届中国义乌国际森林产品博览会	金 奖

序号	时间	得奖单位	产品名称	评奖活动名称	名 次
27	2018	象山半岛仙茗茶业发展有限公司	半岛仙洺牌半岛仙茗	2018年浙江绿茶（银川）博览会名茶评比活动	金 奖
28	2018	象山半岛仙茗茶业发展有限公司	半岛仙洺牌半岛仙茗	第九届"中绿杯"中国名优绿茶评比	金 奖
29	2018	象山县泗洲头东岙白林茶场和象山县林业特产服务中心	"松兰牌"半岛仙茗	第九届"中绿杯"中国名优绿茶评比	金 奖
30	2018	象山天茗茶叶专业合作社	象天茗牌象山天茗绿茶	第九届"中绿杯"中国名优绿茶评比	银 奖
31	2018	象山天茗茶叶专业合作社	象山天茗绿茶	第九届"中绿杯"中国名优绿茶评比	银 奖
32	2018	象山茅洋家水茶场	明州仙茗绿茶	第九届"中绿杯"中国名优绿茶评比	银 奖
33	2019	象山半岛仙茗茶业发展有限公司	半岛仙洺牌红茶	华茗杯2019年绿茶、红茶产品质量推选活动	金 奖
34	2019	象山半岛仙茗茶业发展有限公司	半岛仙洺牌茶叶	第十二届中国义乌国际森林产品博览会	金 奖
35	2019	象山茅洋南充茶场	野茗红茶	2019年"浙茶杯"优质红茶评比	金 奖
36	2019	象山智门寺茶场	"望潮红"红茶	宁波市第四届红茶评比	银 奖
37	2020	象山半岛仙茗茶业发展有限公司	半岛仙洺牌茶叶	第十三届中国义乌国际森林产品博览会	金 奖
38	2020	象山茅洋南充茶场	野茗红茶	2020年"浙茶杯"优质红茶评比	银 奖
39	2020	象山茶飘香茶牧发展农场	半岛仙洺牌半岛仙茗	2020年第十届"中绿杯"全国名优绿茶质量推选活动	特金奖
40	2020	象山县泗洲头东岙白林茶场	象山半岛仙茗	2020年第十届"中绿杯"全国名优绿茶质量推选活动	特金奖

续表

序号	时间	得奖单位	产品名称	评奖活动名称	名　次
41	2020	象山智门寺茶场	雷雾春牌象山半岛仙茗	2020年第十届"中绿杯"全国名优绿茶质量推选活动	特金奖
42	2020	象山半岛仙茗茶业发展有限公司	半岛仙洺牌半岛仙茗	2020年第十届"中绿杯"全国名优绿茶质量推选活动	金　奖
43	2020	象山智门寺茶场	半岛仙洺牌象山白茶	2020年第十届"中绿杯"全国名优绿茶质量推选活动	金　奖
44	2020	象山天茗茶叶专业合作社	象天茗牌象山天茗绿茶	2020年第十届"中绿杯"全国名优绿茶质量推选活动	金　奖
45	2020	象山半岛仙茗茶叶专业合作社	象山半岛仙茗	2020年第十届"中绿杯"全国名优绿茶质量推选活动	金　奖
46	2020	象山茅洋家水茶场	小白松绿牌象山半岛仙茗	2020年第十届"中绿杯"全国名优绿茶质量推选活动	金　奖
47	2020	象山茅洋南充茶场	野茗牌白茶	2020年第十届"中绿杯"全国名优绿茶质量推选活动	银　奖
48	2020	象山天茗茶叶专业合作社	象天茗牌象山天茗白茶	2020年第十届"中绿杯"全国名优绿茶质量推选活动	银　奖
49	2021	象山半岛仙茗茶业发展有限公司	波波半岛仙茗牌半岛仙茗	2021年"华茗杯"绿茶、红茶产品质量推选活动	特金奖
50	2021	象山半岛仙茗茶业发展有限公司	嫩享红牌嫩享红	2021年"华茗杯"绿茶、红茶产品质量推选活动	金　奖
51	2021	象山半岛仙茗茶业发展有限公司	半岛仙洺牌半岛仙茗	第十四届中国义乌国际森林产品博览会	金　奖

序号	时间	得奖单位	产品名称	评奖活动名称	名 次
52	2021	象山茶飘香茶牧发展农场	颗粒红茶	第十四届中国义乌国际森林产品博览会	金奖
53	2021	象山嫩榜茶场有限公司	波波半岛仙茗牌半岛仙茗	2021"黄山杯"首届全国传统名茶产品质量推选活动	金奖
54	2021	象山智门寺茶场	红茶	宁波市第五届红茶产品质量推选活动	金奖
55	2021	象山县黄避岙乡精制茶厂	红茶	宁波市第五届红茶产品质量推选活动	银奖
56	2021	象山县黄避岙乡精制茶厂	红茶（燕子山牌）	2021年甬红杯银奖首届优质红茶推选	银奖
57	2021	象山半岛仙茗茶叶专业合作社	红茶	宁波市第五届红茶产品质量推选活动	银奖
58	2021	象山茅洋南充茶场	红茶	宁波市第五届红茶产品质量推选活动	银奖
59	2021	象山嫩榜茶场有限公司	嫩榜牌红茶	宁波市第五届红茶产品质量推选活动	银奖
60	2021	象山嫩榜茶场有限公司	红茶	宁波市第五届红茶产品质量推选活动	银奖
61	2022	象山半岛仙茗茶叶专业合作社	象山半岛仙茗绿茶	第十五届中国义乌国际森林产品博览会	金奖
62	2022	象山黄避岙乡精制茶厂	嵩雾牌宁波映雪白茶	第十五届中国义乌国际森林产品博览会	金奖
63	2022	象山县半岛仙茗茶业发展有限公司	嫩享红红茶	第十五届中国义乌国际森林产品博览会	金奖
64	2022	象山墙头沈记家庭农场	象山半岛仙茗牌半岛仙茗（条形绿茶）	第十一届"中绿杯"名优绿茶产品质量推选活动	特别金奖
65	2022	象山县泗洲头东岙白林茶场	象山半岛仙茗绿茶	第十一届"中绿杯"名优绿茶产品质量推选活动	特别金奖

续表

序号	时间	得奖单位	产品名称	评奖活动名称	名 次
66	2022	象山智门寺茶场	象山半岛仙茗绿茶	第十一届"中绿杯"名优绿茶产品质量推选活动	金 奖
67	2022	象山县半岛仙茗茶业发展有限公司	半岛仙洺牌象山白茶	第十一届"中绿杯"名优绿茶产品质量推选活动	金 奖
68	2022	象山县半岛仙茗茶业发展有限公司	半岛仙洺牌半岛仙茗	第十一届"中绿杯"名优绿茶产品质量推选活动	银 奖
69	2022	象山嫩榰茶场有限公司	波波半岛仙茗牌半岛仙茗	第十一届"中绿杯"名优绿茶产品质量推选活动	银 奖
70	2022	象山茅洋宏财茶场	象山半岛仙茗绿茶	第十一届"中绿杯"名优绿茶产品质量推选活动	银 奖
71	2022	象山茅洋家水茶场	象山半岛仙茗绿茶	第十一届"中绿杯"名优绿茶产品质量推选活动	银 奖
72	2022	象山天茗茶叶专业合作社	象山天茗绿茶	第十一届"中绿杯"名优绿茶产品质量推选活动	银 奖
73	2022	象山县半岛仙茗茶业发展有限公司	波波半岛仙茗	2022"甬茶杯"优质茶推选评比	特 别金 奖
74	2022	象山茅洋南充茶场	野茗红茶	2022"甬茶杯"优质茶推选评比	金 奖
75	2022	象山黄避岙乡精制茶厂	燕子山红茶	2022"甬茶杯"优质茶推选评比	银 奖
76	2022	象山嫩榰茶场有限公司	嫩享红红茶	2022"甬茶杯"优质茶推选评比	银 奖
77	2022	象山墙头沈记家庭农场	象丹凯牌半岛仙茗	2022"甬茶杯"优质茶推选评比	银 奖
78	2022	象山万芽春家庭农场	万芽春红茶	2022"甬茶杯"优质茶推选评比	银 奖

序号	时间	得奖单位	产品名称	评奖活动名称	名 次
79	2022	亿隆（宁波）生态农业有限公司	南峰岗红茶	2022"甬茶杯"优质茶推选活动	银 奖
80	2022	象山墙头沈记家庭农场	红 茶	2022"浙茶杯"优质红茶评比	银 奖
81	2023	象山半岛仙茗茶业发展有限公司	"半岛仙洺"牌半岛仙茗	2023"华茗杯"茶叶产品对标结果	绿茶一级产品
82	2023	象山茅洋南充茶场	"野茗"牌象山白茶	2023"华茗杯"茶叶产品对标结果	绿茶二级产品
83	2023	象山半岛仙茗茶业发展有限公司	"嫩享红"红茶	2023"华茗杯"茶叶产品对标结果	红茶特级产品
84	2023	象山万芽春家庭农场	"万芽春翠"牌红茶	2023"华茗杯"茶叶产品对标结果	红茶一级产品
85	2023	象山县黄避岙乡精制茶厂	燕子山红牌红茶	2023"华茗杯"茶叶产品对标结果	红茶一级产品
86	2023	象山茅洋南充茶场	野茗红牌红茶	2023"华茗杯"茶叶产品对标结果	红茶二级产品
87	2023	象山半岛仙茗茶业发展有限公司	半岛仙洺牌半岛仙茗	2023浙江绿茶（兰州）博览会	绿 茶金 奖
88	2023	象山智门寺茶场	望潮红牌望潮红	2023浙江绿茶（兰州）博览会	红 茶金 奖
89	2023	象山嫩榟茶场有限公司	"嫩享红"	2023年"甬茶杯"优质茶评比	红茶类特 别金 奖
90	2023	象山茅洋南充茶场	野茗牌象山白茶	2023年"甬茶杯"优质茶评比	绿茶类金 奖
91	2023	象山半岛仙茗茶业发展有限公司	半岛仙洺牌绿茶	2023年"甬茶杯"优质茶评比	绿茶类银 奖
92	2023	象山县黄避岙乡精制茶厂	燕子山红茶	2023年"甬茶杯"优质茶评比	红茶类金 奖
93	2023	象山墙头沈记家庭农场	象丹凯牌红茶	2023年"甬茶杯"优质茶评比	红茶类银 奖

序号	时间	得奖单位	产品名称	评奖活动名称	名 次
94	2023	象山天茗茶叶专业合作社	象天茗红茶	2023年"甬茶杯"优质茶评比	红茶类银奖
95	2023	象山半岛仙茗茶叶专业合作社	望潮红	2023宁波市第六届红茶产品质量推选	金 奖
96	2023	象山墙头沈记家庭农场	象丹凯	2023宁波市第六届红茶产品质量推选	金 奖
97	2023	象山县黄避岙乡精制茶厂	燕子山红	2023宁波市第六届红茶产品质量推选	金 奖
98	2023	象山万芽春家庭农场	万芽春翠	2023宁波市第六届红茶产品质量推选	金 奖
99	2023	象山天茗茶叶专业合作社	象天茗	2023宁波市第六届红茶产品质量推选	金 奖
100	2023	象山茅洋南充茶场	野茗红	2023宁波市第六届红茶产品质量推选	金 奖
101	2023	象山西庐家庭农场	"松兰"黄化品种工艺白茶	2023年宁波市首届创新茶类"茶王赛"	茶王奖
102	2023	象山茅洋南充茶场	野茗红	2023"浙茶杯"优质红茶推选活动	红 茶银 奖
103	2023	象山墙头沈记家庭农场	"象丹凯"红茶	2023"浙茶杯"优质红茶推选活动	红 茶银 奖
104	2023	象山智门寺茶场	"雷雾春"红茶	2023"浙茶杯"优质红茶推选活动	红茶优胜奖
105	2023	象山万芽春家庭农场	"万芽春翠"红茶	2023"浙茶杯"优质红茶推选活动	红茶优胜奖
106	2023	象山茅洋南充茶场	野茗红红茶	2023"浙茶杯"优质红茶推选活动	银 奖
107	2023	象山墙头沈记家庭农场	象丹凯红茶	2023"浙茶杯"优质红茶推选活动	银 奖
108	2023	象山半岛仙茗茶业发展有限公司	波波半岛仙茗绿茶	第十四届国际名茶评比	金 奖
109	2023	象山万芽春家庭农场	万芽春翠牌红茶	第十四届国际名茶评比	金 奖

象山 2013—2022 年名优茶获奖一览表

活动名称	奖 项	茶 类	获 奖 单 位
2013 年第一届"茶文化杯"名优茶评比	金奖	绿茶（条形）	象山丹城老马茶叶店
		白茶	象山茅洋小白岩村周宏财
	银奖	绿茶（扁形）	象山天茗茶叶专业合作社新华店
		绿茶（条形）	象山茅洋南充茶场
		白茶	象山茅洋南充茶场
2014 年第二届"茶文化杯"名优茶评比	金奖	绿茶（扁形）	象山丹城老马茶叶店
		绿茶（条形）	象山茅洋南充茶场
		白茶	象山茅洋小白岩村周宏财
	银奖	绿茶（条形）	象山天茗新丰店
		绿茶（条形）	象山天茗园西店
		绿茶（扁形）	象山珠峰茶场
		白茶	象山茅洋南充茶场
2016 年第三届"茶文化杯"名优茶评比	金奖	绿茶（条形）	象山茅洋小白岩周宏财茶场
		绿茶（条形）	象山小洪山茶叶有限公司
		绿茶（条形）	象山半岛仙茗茶业发展有限公司
		白茶	象山茅洋家水茶场
	银奖	绿茶（条形）	象山天茗新丰店
		绿茶（条形）	象山半岛仙茗茶业发展有限公司宁波分公司
		绿茶（条形）	象山茅洋南充茶场

续表

活动名称	奖 项	茶 类	获 奖 单 位
2016 年第三届"茶文化杯"名优茶评比	银 奖	绿茶（条形）	象山丹城老马茶叶店
		白 茶	象山天茗新丰店
		白 茶	象山伊家山茶场
2018 年第四届"茶文化杯"名优茶评比	金 奖	绿茶（条形）	象山丹城老马茶叶店
		绿茶（条形）	象山半岛仙茗茶业发展有限公司
		绿茶（条形）	象山杨蓬岙茶场
		白 茶	象山茅洋家水茶场
	银 奖	绿茶（条形）	象山半岛仙茗茶业发展有限公司宁波分公司
		绿茶（条形）	象山天茗新丰店
		绿茶（条形）	象山茅洋家水茶场
		绿茶（卷曲形）	象山蚶城茶场
		绿茶（条形）	象山县白林茶场罗成可
		白 茶	象山天茗新丰店
2020 年第五届"茶文化杯"名优茶评比	金 奖	绿茶（条形）	象山茅洋宏财茶场
		绿茶（扁形）	象山东陈南堡村明中茶场
		白 茶	象山墙头沈记家庭农场
		红 茶	象山智门寺茶场周林国
	银 奖	绿茶（条形）	象山半岛仙茗茶业发展有限公司
		绿茶（条形）	象山墙头沈记家庭农场
		绿茶（条形）	象山珠毅家庭农场
		绿茶（条形）	象山县涂茨素心家庭农场
		绿茶（条形）	象山茅洋家水茶场
		绿茶（扁形）	象山茅洋怀玉茶场
		白 茶	象山茅洋家水茶场
		白 茶	象山隐逸家庭农场
		红茶（勾曲形）	象山墙头沈记家庭农场
		红 茶	象山智门寺茶场欧忠诚

活动名称	奖项	茶类	获奖单位
2022年第六届"半岛仙茗杯"名优茶评比	金奖	绿茶（条形）	象山半岛仙茗茶业发展有限公司
		绿茶（条形）	象山墙头大峇茶场
		白茶	象山隐逸家庭农场
		红茶	象山茅洋南充茶场
	银奖	绿茶（条形）	象山天茗茶叶专业合作社育才店
		绿茶（条形）	象山丹城老马茶叶店
		绿茶（扁形）	象山梁明中家庭农场
		绿茶（扁形）	象山涂茨素心家庭农场
		绿茶（条形）	象山墙头沈记家庭农场
		绿茶（条形）	象山茅洋家水茶场
		白茶	象山茅洋家水茶场
		白茶	象山茅洋南充茶场
		红茶	象山县泗洲头东峇白林茶场金华仙
		红茶	象山石浦大金山茶场
		红茶	象山智门寺茶场周林国
		红茶	象山墙头沈记家庭农场

象山茶叶商标一览表

国家商标编号	商标名称	申 请 人	申请法人地址	申请注册日期
50080	丹 象	象山县茶叶公司	象山县丹城镇城西路2号	1988.1.22
630054	嵩 雾	象山县黄避岙乡精制茶厂	象山县黄避岙乡	1992.2.5
667937	珠 山		象山县大徐镇	1992.9.11
741312	丹 凯	象山名茶加工厂	象山县墙头镇大岙村	1993.7.4
1667373	松 兰	象山县林特技术推广总站	象山丹城镇来薰路15号	2001.11.14
3088382	绿之萌	象山南峰茶牧发展农场	象山县贤庠镇岑晁供销社	2003.4.7
3408675	象天茗	象山天茗茶叶专业合作社	象山县丹城南街19号	2004.5.7
3791625	天池翠	象山天池翠茶业有限公司	象山县丹峰西路210号	2003.5.8
3142808	野茗牌	象山茅洋南充茶场	茅洋乡溪口街	2004
15340365	半岛仙泃	象山半岛茶业发展有限公司	丹东街道园西路22号	2015.10.28
31777468	嫩 槚	象山半岛茶业发展有限公司	丹西街道城站路29-2号	2019.3.21
33920685	象山半岛仙茗	象山县林业特产技术推广中心	来薰路15号	2019.6.1
38326539	望潮红	象山县林业特产技术推广中心	来薰路15号	2020.2.1

国家商标编号	商标名称	申 请 人	申请法人地址	申请注册日期
39506478	嫩享红	象山半岛茶业发展有限公司	丹西街道城站路29-2号	2020.3.28
48079979	象丹凯	象山墙头沈记家庭农场	墙头镇亭岙村140号	2021.3.7
49612700	燕子山红	象山县黄避岙乡精制茶厂	宁波市象山县黄避岙乡高登洋	2021.7.7
49599453	象北红	象山县黄避岙乡精制茶厂	宁波市象山县黄避岙乡高登洋	2022.3.7

象山获浙江省科技成果及奖励一览

1. 茶叶矮化密植连生栽培技术推广项目由浙江省农业厅和协作单位象山县林特局完成，1982 年获省农业技术推广二等奖。

2. 茶叶大面积亩产 150 千克以上模式栽培技术研究项目由浙江省农业厅和象山县林业特产技术推广总站项保连完成，1989 年获浙江省农业科技成果二等奖。

3. 名优茶开发配套技术及其标准化研究项目由浙江省农业厅和象山县林业特产技术推广总站项保连完成，1993 年获浙江省农业厅技术改进三等奖。

4. 茶叶生产快速高效综合技术应用研究推广项目由宁波市林业局特产处魏国梁、王开荣和协作单位北仑区、宁海县、象山县林业特产技术推广总站高镇宁、陈祥珠、项保连完成，1994 年获省优秀奖。

象山获宁波市级科技成果及奖励一览

1.名优茶开发配套技术及其标准化研究由宁波市林业局特产处的魏国梁、王开荣以及协作单位宁海县、象山县、余姚市、鄞县林特推广总站的陈祥珠、项保连、徐孟渔共同完成，该研究于1993年荣获宁波市人民政府颁发的宁波市科学技术进步三等奖。

2.茶叶生产快速、高效综合技术应用研究和推广项目由宁波市林特局特产处与象山县林特局技术推广总站的项保连合作完成，该项目于1994年荣获宁波市农村经济委员会颁发的农业科学技术进步二等奖。

3.茶叶生产快速、高效综合技术应用研究和推广项目（与第2点可能存在重复，需要核实）由宁波市林业局特产处的魏国梁、王开荣以及协作单位北仑区、宁海县、象山县林业特产技术推广总站的高镇宁、陈祥珠、项保连共同完成，该项目于1995年荣获宁波市人民政府颁发的宁波市科学技术进步三等奖。

4.白茶新优品系选育及产品开发研究项目由宁波市林业局的王开荣以及宁海县、奉化区、象山县、余姚市林特技术推广中心的秦岭、方乾勇、俞茂昌、李明共同完成，该项目于2007年荣获宁波市人民政府颁发的科学技术进步二等奖。

5.茶园趋性主导绿色防控技术研究和示范项目由象山县农业经济特产技术推广中心完成，主要完成者包括肖灵亚、徐艳阳、洪丹丹、王开荣、姜燕华，该项目荣获2021年宁波市农业实用技术推广奖三等奖。

象山获县级科技成果及奖励一览

1. 海岛地区的茶树栽培技术由象山县林业特产局的项保连完成，于1984年荣获象山县人民政府颁发的1981—1983年度优秀科学技术成果荣誉奖。

2. 珠山茶（毛峰）的创制由象山县林业特产技术推广总站的项保连、方乾勇、周成武、柴林法共同完成，于1993年荣获象山县人民政府颁发的象山县科学技术进步三等奖。

3. 千亩低产茶园改造技术研究由项保连、方乾勇、莫淑茜、柴林法共同完成，于1996年荣获象山县人民政府颁发的1994—1995年度象山县科学技术进步四等奖。

4. 象山银芽的研制由象山县林业特产技术推广总站的项保连、莫淑茜、俞茂昌、应振余共同完成，于1998年荣获象山县人民政府颁发的1996—1997年度科技进步三等奖。

象山获市、县农业丰收奖一览

1. 象山县名优茶开发项目由项保连、方乾勇、俞茂昌、莫淑茜、奚士存、李达震、应振明共同完成，于1993年荣获宁波市人民政府颁发的宁波市1992年度农业丰收奖。

2. 茶叶组合加工提高经济效益项目由项保连完成，于1991年荣获宁波市人民政府颁发的宁波市1990年度农业丰收四等奖。

3. 推广组装的适用技术建立千亩优质丰产茶叶基地项目由项保连、陈峥、朱国杭、柴林法、朱志良、方乾勇、李达震、周阿六共同完成，于1990年荣获象山县人民政府颁发的1989年度县农业丰收二等奖。

4. 有机茶栽培加工技术研究项目由中国茶叶研究所和各县农林局技术人员共同完成，其中象山县农技人员俞茂昌参与了该项目，并荣获农业部颁发的农业丰收二等奖。

象山获省、市、县优秀论文奖一览

1. 项保连撰写的《论海岛茶树栽培技术》于 1983 年荣获宁波地区科学技术协会颁发的 1982 年自然科学优秀论文奖。

2. 项保连和俞茂昌共同撰写的《改革，促进茶叶生产的发展》于 1989 年荣获宁波市茶叶学会优秀论文奖。

3. 项保连撰写的《象山县茶叶发展战略思考》于 1991 年荣获宁波市科学技术协会论文二等奖。

4. 方乾勇和项保连共同撰写的《试论名优茶生产的成本构成与经济效益》于 1991 年荣获宁波市科学技术协会论文二等奖。

5. 项保连和方乾勇共同撰写的《搞好系列服务、促进茶叶生产发展》于 1992 年荣获象山县科学技术协会颁发的自然科学优秀论文二等奖。

6. 方乾勇、罗来兴和项保连共同撰写的《当年移栽茶苗不同条件下抗旱性表现分析》于 1992 年荣获象山县科学技术协会颁发的自然科学优秀论文三等奖。

7. 项保连撰写的《海岛种茶的前景与对策》于 1994 年荣获象山县科学技术协会颁发的自然科学优秀论文三等奖。

8. 莫淑茜撰写的《海岛茶园实现优质高效的技术途径》于 1999 年荣获宁波市委组织部、人事局和科学技术协会联合颁发的自然科学优秀论文三等奖。

主要参考文献

《象山县志》，浙江人民出版社 1988 年版。

《象山农业志》，方志出版社 2019 年版。

何元均：《象山古代史事管窥》，宁波出版社 2010 年版。

《浙江通志·茶叶专志》，浙江人民出版社 2020 年版。

竺济法编：《"海上茶路·甬为茶港"研究文集》，中国农业出版社 2014 年版。

殷志浩主编：《四明茶韵》，人民日报出版社 2005 年版。

(宋)方万里、罗浚纂，(宋)胡榘修：《宝庆四明志》。

朱红缨：《中国茶艺文化》，中国农业出版社 2018 年版。

朱红缨：《中国式日常生活：茶艺文化》，中国社会科学出版社 2013 年版。

朱红缨主编：《六杯茶的美好家生活——头条家政 600 问》，浙江科学技术出版社 2016 年版。

林宇晧编著：《茶语》，浙江人民出版社 2021 年版。

宋妙源编：《虚堂和尚语录》。

中华典藏网，http://www.zhonghuadiancang.com/foxuebaodian/11004/.

《竺仙和尚语录》，知乎网，https://zhuanlan.zhihu.com/p/369214159.

《楚石梵琦禅师语录》，国学典籍网，http://ab.newdu.com/book/s314335.html.

张如安编著：《宁波历代饮食诗歌类编注释》，宁波出版社 2022 年版。

张如安编著《宁波茶通典·茶诗典》，中国农业出版社 2023 年版。

后　记

《象山茶韵》书稿，从酝酿到完稿，历时两年，终于展现在我们眼前。这是象山茶文化促进会成立十年来向社会各界奉献的一份"茶"礼。

两年前，象山茶文化促进会会长金红旗开始动议，希望编写一部能全面总结象山茶业历史，特别是茶文化历史的作品，对象山茶文化的历史发展作一个全面总结。这是一件既有意义又有挑战性的工作。象山茶业的一批拓荒者有的年事已高，有的已远走他乡，有的已仙逝，采访难度比较大。在象山茶文化促进会领导的高度重视下，编写组工作人员克服重重困难，开始搜集资料与采写工作。金红旗会长、周善彪秘书长、吴健副秘书长多次带队赴茶场、访茶人。之后，编写组成员分头执笔。初稿完成后，先后在福泉山茶场、象山茶文化促进会召开三次座谈会征询意见，然后进行了调整与增补。最后，金红旗、周善彪对全书作了统稿，集中大家的智慧，形成了《象山茶韵》书稿。

本书在编写过程中，得到了省文史研究馆馆员、宁波大学教授张如安，著名茶文化学者、宁波市文史研究馆馆员竺济法等专家学者的大力支持。象山县政协原主席王庆祥、陈世灿分别为本书提出了宝贵意见。象山县林业特产技术推广中心高级工程师肖灵亚提供了"象山名茶""科技成果""获奖名单"等珍贵素材，高级农艺师俞贵昌提供了十多本《历年象山茶叶生产资料》，象山丹城仙池茶叶经营部的周海波提供了其岳父、象山县林业特产技术推广总站站长项保连撰写的十分珍贵的象山茶史资料《象山茶叶简志》。张为民、俞素娟、杨忠华、樊亚芬等摄影家为本书提供了大量珍贵的摄影作品。本书第一章由竺济法执笔，其余各章由伊建新执笔，附录一由张如安、竺济法整理。写作过程中吸纳了陈红发、史松林、陈伟权、包于民、孙梅梅、洪斌、吴健、吴涧、肖灵亚、曾素琴、史晨呈、项保连、李达震、张会明、范晓霞、陈国裕、陆俊等人的研究成果及图片资料。象山籍书籍校对专家许土根为全书作了校对。本书还采录了《象山茶苑》原主编许成德生前留下的珍贵研究成果。在此一并表示深深的感谢！

本书茶事以 2023 年 12 月 31 日为截止日期。由于时间紧迫，学识有限，错漏在所难免，敬请读者批评指正。

编　者

2024 年 1 月 30 日